ALM+UFT+LoadRunner
自动化测试实战

周百顺　张伟　刘非　编著

U0378681

清华大学出版社

北　京

内 容 简 介

本书是面向软件自动化测试方向的一门综合性实战教材，依据企业内部标准化软件测试流程，将主流的功能自动化测试工具 UFT、性能自动化测试工具 LoadRunner 和测试管理工具 ALM 进行整合，针对定制的 CRM 软件执行功能测试和性能测试，使用 ALM 对整个测试流程进行管理。

全书分为 4 章，第 1 章主要介绍本书中需要用到的软件测试基本理论；第 2 章主要介绍如何使用 ALM 对整个测试流程进行管理，并针对 CRM 系统的测试进行相应的初始化设置；第 3 章和第 4 章分别完成对 CRM 系统的功能测试和性能测试，并对测试的实施过程进行了详细讲解，使用 ALM 对功能测试和性能测试的流程进行控制和管理。

本书可作为高等院校计算机专业软件测试方向应用型人才培养的参考教材，也可作为初级自动化测试工程师的自学参考用书。

图书在版编目(CIP)数据

ALM+UFT+LoadRunner 自动化测试实战 / 周百顺，张伟，刘非编著. —北京：清华大学出版社，2021.2

ISBN 978-7-302-57524-5

Ⅰ. ①A… Ⅱ. ①周…②张…③刘… Ⅲ. ①软件工具—自动检测 Ⅳ. ①TP311.561

中国版本图书馆 CIP 数据核字(2021)第 025245 号

责任编辑：王　军
封面设计：周晓亮
版式设计：孔祥峰
责任校对：成凤进
责任印制：杨　艳

出版发行：清华大学出版社
　　　　　网　　　址：http://www.tup.com.cn，http://www.wqbook.com
　　　　　地　　　址：北京清华大学学研大厦 A 座　　　　　邮　　编：100084
　　　　　社 总 机：010-62770175　　　　　邮　　购：010-62786544
　　　　　投稿与读者服务：010-62776969，c-service@tup.tsinghua.edu.cn
　　　　　质 量 反 馈：010-62772015，zhiliang@tup.tsinghua.edu.cn
印 装 者：三河市中晟雅豪印务有限公司
经　　销：全国新华书店
开　　本：170mm×240mm　　　印　　张：21　　　字　　数：427 千字
版　　次：2021 年 4 月第 1 版　　　印　　次：2021 年 4 月第 1 次印刷
定　　价：79.80 元

产品编号：087368-01

前　言

本书是面向软件测试方向的一门综合性实战教材，依据企业内部标准化软件测试流程，将主流的功能自动化测试工具 UFT、性能自动化测试工具 LoadRunner 和测试管理工具 ALM 进行整合，针对定制的 CRM 软件执行功能测试和性能测试，并使用 ALM 对整个测试流程进行管理。

本书重点讲述软件测试理论和测试工具在实际测试活动中的应用，可作为软件测试相关方向的教材和学习参考书，建议 96 课时。主要特色如下：

(1) 以企业规范的测试活动为主线，涵盖了分析测试需求、制定测试计划、设计并编写测试用例、开发测试脚本、执行测试、管理软件缺陷、分析测试结果、编制测试报告等各个软件测试活动环节。通过本书的学习，读者可以完整地体验企业内部进行软件测试的全过程，一步一步地成长为自动化测试工程师。

(2) 将测试管理与测试执行完美地融合在一个测试案例中，使得整个测试过程更接近企业内部实战，便于了解项目管理人员与测试工程师间的协同工作机制，更好地适应一线工作需要。

(3) 重视分析过程，倡导"what – how – why"的学习三部曲。本书从对实际问题的分析入手，寻找合理解决方案，并探究其背后的原因；而不仅是简单地讲述测试工具的使用，为读者提供更广阔的成长空间。

(4) 理论指导实战，即学即用。在测试用例的设计过程中，介绍并使用了等价类划分法、边界值分析法、错误推测法等常用设计方法，并考虑了测试覆盖率，测试优先级，测试充分性等因素，提升了测试用例设计的科学性和有效性。

本书编者团队成员均具有企业一线工作经验和高校计算机专业任教经历，分别在航天软件测评中心、中国软件测评中心、NTT 等单位从事软件研发和测试工作多年，主持和参与多项惠普中国、工信部电子工业标准化研究院、航天中认软件测评科技(北京)有限责任公司、河南许继仪表有限公司、国家电网、中车四方车辆有限公司等单位委托的软件质量保证相关项目。同时，中国劳动关系学院在各个企业从事软件测试相关工作的多名校友也为本书的编写提供了大量支持，在此表示感谢。

　　由于笔者水平有限，很多内容来自实际项目的经验总结，书中难免存在不足之处，希望能够与广大同行和读者切磋和讨论。谢谢关注本书的所有读者。

目　　录

第 1 章

软件测试概述

如今，随着计算机软件应用领域的扩大以及人们对软件的要求越来越高，软件系统的规模越来越大，复杂性越来越高，软件错误产生的概率正在不断增加，软件中存在的缺陷和故障所造成的各类损失也在不断发生，甚至带来灾难性后果。软件的质量问题已经成为软件开发人员和终端用户关注的焦点。为了发现软件中的缺陷和故障，保证软件质量，软件测试应运而生。软件测试是软件生命周期中保证软件质量的重要环节，也是发现与排除缺陷最有效的手段之一——通过加强软件测试来控制质量，通过修正缺陷来提高软件产品的质量。

本章主要介绍软件测试的基本概念、分类、测试内容以及测试策略，为后续章节的学习打下基础。

1.1 软件测试相关概念

1.1.1 软件测试的定义和对象

1. 软件测试的定义

目前，业界对软件测试的看法不尽相同，对软件测试的定义也不完全一致，其中公认的定义包含以下三种。

1) IEEE 关于软件测试的定义

1983 年，IEEE 提出的软件工程术语中对软件测试给出如下定义：“使用人工或自动手段来进行测定某个系统的过程，其目的在于检验它是否满足规定的需求或是弄清预期结果与实际结果之间的差别”。该定义明确地指出，软件测试以检验是否满足需求为目标。

2) 广义的软件测试定义

从广义上讲，软件测试是指对软件生命周期内各个阶段进行的复查、评估与检验活动，包括需求评审、设计评审、流程评审、系统测试等，这远远超出了程序测试的范围，通常可称为确认、验证与测试活动(Validation，Verification and Testing，V,V&T)。

3) 狭义的软件测试定义

从狭义上讲，软件测试是根据软件开发各阶段的规格说明书和程序的内部结构而精心设计的一批测试用例，并利用这些测试用例运行程序以发现错误的过程。简单地说，软件测试是为了发现错误而执行程序的过程。

上述三个定义从不同的角度对软件测试进行了阐述，帮助我们理解哪些活动属于软件测试的范畴以及测试活动的意义，即软件测试要发现软件的错误，最终以满足用户需求为目标。

2. 测试对象

在软件测试发展初期，很多人简单地认为软件测试就是为了发现程序中的错误，测试的对象仅仅是程序。实际上，程序只是软件开发过程中编码阶段的产物。在一个完整的软件生命周期中，编码之前还有需求分析、概要设计和详细设计等阶段，程序是多个阶段共同工作的结果。在开发过程中，尽管软件中的错误会在程序中反映出来，但大部分错误是在编码之前造成的。

因此，在测试实践中，测试的对象不仅仅是程序，需求分析和程序设计工作也应列为测试的对象。同时，由于大部分错误都是在编码之前造成的，因此需求分析和程序设计阶段产生的文档比程序更需要引起测试人员的注意。

1.1.2　软件测试的目的

谈到软件测试的目的，很多人认为是为了证明软件的正确性，即把软件中的所有缺陷都找出来。这种观点是错误的，把软件中的所有缺陷都找出来实际上是不可能的，尤其是对于大型的、功能复杂的软件系统，测试人员无法进行穷举测试，也不可能将每个功能的实现代码都弄清楚，因此无法证明软件是没有缺陷的。在测试实践中，软件测试的目的主要包含如下四个方面。

1. 尽可能多地发现软件中的缺陷

软件测试最直接的目的是发现软件中的缺陷，包括需求和设计方面的缺陷、程序中包含的缺陷以及整个软件系统中存在的问题。在这里，软件缺陷包含的内容比较广泛，包括文档内容不全或有错误、软件功能性错误、软件性能不达标、软件界面人性化程度不够或易用性差、软件兼容性差等。

《软件测试的艺术》的作者 Glen ford Myers 曾经这样定义软件测试的目标："一个成功的测试是指揭示了迄今为止尚未发现的错误的测试"。在测试实践中，测试人员应具有怀疑精神，首先要假想程序中存在缺陷，再通过执行测试活动来发现并最终确认缺陷。测试人员只有树立这样的目标，才能设计一些容易暴露错误的测试用例，进而使用这些测试用例尽可能多地发现软件中的缺陷。

另外，测试人员不仅要找出软件中的缺陷，最好还能够对缺陷做进一步的分析，尽量找出缺陷产生的原因和引入阶段。通过分析缺陷的原因，可以帮助开发人员尽快对缺陷进行改正。同时，这种分析也能帮助我们推理出与所分析的缺陷存在关联的其他潜在错误，从而使测试的针对性更强。通过分析缺陷引入阶段，我们可以判断从缺陷的产生到缺陷的发现，跨越了哪几个开发阶段。一个缺陷能跨越某个开发阶段而不被发现，这表明了该开发阶段的确认或验证工作(包括评审、同行评审或产品的检查)出了问题，即出现了 Bug 逃逸现象，项目组可以有针对性地制定出具体的加强措施与改进办法，这也是软件过程改进的一项重要内容。

2. 检查软件是否满足用户的需求

软件测试最终的目的是检查软件是否满足用户的需求，其中包括用户的隐含需求和潜在需求。只有满足用户需求的软件才是好的软件产品，才能得到用户一致的满意和认可。在测试实践中，由于某些原因，测试需求文档可能无法把用户的所有需求都描述出来，这就需要测试人员具备换位思考精神，从用户的角度来挖掘用户的隐含需求和潜在需求，并检查软件是否满足这些需求，如软件易用性、软件性能等。

3. 确保软件符合行业标准

某些软件产品必须符合行业内软件产品的标准才能交付给用户或者上线使用，例如银行类软件系统需要符合银行行业标准要求。对于此类软件产品，测试人员需要依据行业标准文档逐条评审产品是否符合规范，对于不规范的地方生成问题报告单并交由相关人员去修改。

4. 对软件质量进行评价

在测试活动的末期，测试人员需要对软件质量进行度量和评估，并将具体评价写入测试报告中，作为软件是否可以交付给用户或者用户是否可以接受的依据。在测试实践中，经过测试人员和开发人员多轮的"发现缺陷—修改缺陷—确认修改"活动之后，测试人员需要确认哪些缺陷的修改不符合预期，哪些缺陷是开发人员拒绝修改的，并据此来判断测试活动是否正常完成，以及进一步评价软件产品的质量。

1.2 软件测试的分类

软件测试的分类可以有多个维度，下面主要介绍几种常见的分类。

1.2.1 按照开发阶段分类

规范的软件开发过程一般应包含需求分析、概要设计、详细设计、编码、综合测试等阶段，相应地可将软件测试划分为单元测试、集成测试、确认测试、系统测试和验收测试五种类型。开发阶段与测试阶段的对应关系如图1-1所示。

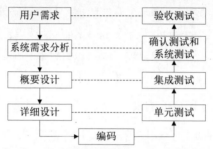

图1-1 开发阶段与测试阶段的对应关系

从图1-1可以看出，单元测试、集成测试、确认测试、系统测试以及验收测试是按顺序依次进行的，而且每种测试都对应着一个开发阶段，这意味着每种测试都需要依据相应开发阶段产生的规范、数据、文档等成果来开展测试。例如，单元测试主要依据详细设计阶段产生的详细设计规格说明书来实施测试。下面具体介绍上述五种测试类型的含义。

1. 单元测试

单元测试(Unit Testing)又称为模块测试，是针对程序中的最小单位(程序模块)进行的正确性检验，目的是发现程序模块内部可能存在的缺陷或错误，验证各个模块代码是否达到详细设计说明书中的预期要求。通常情况下，被测模块不能独立运行，需要测试人员编写辅助其运行的代码(如驱动模块和桩模块)。因此，单元测试人员需要具备一定的编程基础，单元测试通常由开发人员和测试人员合作完成。

2. 集成测试

集成测试(Integrated Testing)也称为组装测试，它是在单元测试的基础上，将所有模块按照概要设计说明书的要求组装成子系统或系统，测试各单元连接过程中是否出现问题，并确认集成的子系统是否具有预期的功能和性能。

已通过单元测试的程序模块集成在一起，很可能会出现新问题。程序在局部反映不出来的问题，可能在全局上暴露出来，这就需要进行集成测试。集成测试的目的是发现并排除模块连接过程中可能出现的问题，最终组装成符合概要设计要求的软件系统。

3. 确认测试

确认测试(Validation Testing)又称为有效性测试。确认测试的目的是检查已开发的软件是否满足需求规格说明书中规定的功能、界面、性能等需求，以及软件配置项是否齐全和正确。

4. 系统测试

经过确认测试的软件，还需要其他因素才能运行起来，这些因素包括硬件、外设、系统软件、支持平台、网络、数据操作员等。

系统测试(System Testing)是将通过确认测试的软件与它运行所需要的因素结合起来构成一个目标系统，进而对这个目标系统的整体功能、性能、界面、安全性、可靠性、兼容性等方面进行测试和评价，以确定系统整体的功能和性能是否满足用户需求。

确认测试与系统测试比较容易混淆，它们都有功能、性能测试的内容，而且依据的都是需求规格说明书。严格来讲，确认测试以功能、界面为主，而系统测试以性能、接口、可靠性、兼容性、安全性等为主。目前，在国内大部分 IT 企业中，确认测试被认为是系统测试的一部分，即将软件放入实际或模拟的运行环境中，先测试功能、界面等特性，然后测试性能、接口等特性。

5. 验收测试

验收测试(Acceptance Testing)是用户级测试，它是为了检验最终软件产品与用户预期的需求是否一致，来决定软件是否被用户接受而进行的测试。验收测试应着重考虑软件是否满足合同规定的所有功能、性能及其他特性，通常由用户或用户聘请的第三方测试机构进行测试。

此外，在软件开发的过程中，需求分析阶段和设计阶段产生的文档成果是后续进行编码和测试活动的依据。因此，除了上述五种测试，测试人员还应该对需求和设计阶段的成果进行审核和验证，即需求测试和设计测试。

6. 需求测试

需求测试(Requirement Testing)主要是针对需求分析阶段产生的各种文档所进行的测试，包括需求文档的完整性、正确性、可行性、可测性等方面的测试。需求分析阶段完成后，测试人员就应尽早参与相关的测试活动，对需求分析提出建议，尽早发现需求文档中可能存在的问题。

7. 设计测试

设计测试(Design Testing)主要是针对总体设计与详细设计阶段产生的各种文档进行测试，同样也包含文档的完整性、正确性、可行性、可测性等测试内容。在开发实践中，需求和设计出现问题必然会导致开发出的代码有缺陷，据实际数据统计，半数以上的软件缺陷是由需求分析或程序设计不当引起的。

由于需求分析和程序设计阶段处于软件开发过程的早期，在这两个阶段发现并修改缺陷的代价远远小于编码之后修改缺陷的代价。因此，项目组应该重视需求测试和设计测试，让测试人员尽早参与到软件开发过程中，借助测试人员的经验来避免一些问题的出现和经济上的损失。

1.2.2　按照测试策略分类

测试策略是指在一定的软件测试标准、测试规范的指导下，依据测试项目的特定环境约束而规定的软件测试的原则、方式、方法的集合。任何一个完全测试或穷举测试的工作量都是巨大的，在实践上是行不通的，因此任何实际测试都不能保证被测程序中不遗漏错误或缺陷。为最大限度地减少这种遗漏，同时最大限度地发现可能存在的错误，在实施测试前必须确定合适的测试方法和测试策略，并以此为依据制定详细的测试案例。

根据测试策略的不同，软件测试可以分为黑盒测试、白盒测试和灰盒测试。

1. 黑盒测试

黑盒测试(Black-box Testing)，顾名思义，可理解为将被测程序放在一个不能打开的黑盒里，程序代码对测试人员是不可见的。具体来讲，所谓的黑盒测试就是测试人员在完全不考虑软件内部逻辑结构和处理过程的情况下，依据软件的需求规格说明书等文档对软件进行的测试。

黑盒测试的执行过程如图 1-2 所示，测试人员无法看到软件或程序的内部实现代码，只需要将实际输出数据与预期输出数据进行比较，若两者不同，则说明程序很可能存在缺陷。验收测试中软件功能相关的测试即黑盒测试。

图1-2　黑盒测试执行过程

2. 白盒测试

白盒测试(White-box Testing)，顾名思义，可理解为将被测程序放在一个透明的盒子里，程序代码对测试人员是可见的。具体来讲，所谓的白盒测试就是测试人员清楚地了解程序内部逻辑和处理过程,检查程序内部结构和路径是否达到预期的设计要求。单元测试主要就是采用白盒测试的策略进行的。

3. 灰盒测试

灰盒测试(Gray-box Testing)是介于黑盒测试和白盒测试之间的一种测试策略，它基于程序运行的外部表现，同时又结合程序内部逻辑结构来设计测试用例。程序的外部表现属于黑盒测试的范畴，它关注软件系统能否具有预期的功能、界面、性能等特性；内部逻辑结构属于白盒测试的范畴，它关注编码的实现以及程序模块间的逻辑关系。一般认为，集成测试就是采用灰盒测试的策略来进行的。

1.2.3　按照测试手段分类

根据测试手段的不同，软件测试可以分为手工测试和自动化测试。

1. 手工测试

手工测试(Manual Testing)又称手动测试，它是指测试工作由人执行，即测试人员根据测试执行的步骤来手动执行测试。手工测试与自动化测试是相对的，手工测试是最传统的测试方法，也是目前大多数 IT 公司使用的测试形式。一般来说，手工测试发现的缺陷比自动化测试发现的要更多，手工测试的质量主要依赖于测试用例的质量、测试人员的经验等因素。

2. 自动化测试

自动化测试(Automation Testing)又称机器测试，它是一项使用计算机代替人进行软件测试的技术，即利用测试工具来开展和实施测试。通过自动化测试技术可自动运行大批量的测试用例，也可完成某些手工测试难以完成的测试用例，从而节省了人力、时间和硬件资源等。例如，在敏捷开发过程中，测试人员可能需要重复测试某些功能很多次，那么可以使用自动化测试工具代替手工测试工具来测试这些功能，将测试人员解放出来去关注软件系统的新功能；在并发性测试中，使用性能测试工具来模拟大批量的访问用户，同时控制这些用户访问软件系统的节奏，可使测试更加准确、经济地进行。

在本书后续章节会详细介绍三种测试工具的使用以及应用案例，分别是测试管理工具 HP ALM(Application Lifecycle Management)，功能自动化测试工具 HP UFT(Unified Functional Testing)和性能测试工具 HP LoadRunner。

1.2.4　按照测试执行方式分类

根据软件测试的执行方式，可将软件测试分为静态测试和动态测试。

1. 静态测试

静态测试(Static Testing)不实际执行被测软件，而是利用人工手段或者静态测试工具完成对程序的静态测试。需求测试、设计测试、文档测试、代码走查、静态代码分析都是不需要执行被测软件就可以开展的测试，因此它们都属于静态测试的范畴。

2. 动态测试

动态测试(Dynamic Testing)是通过执行被测软件发现软件中的错误的一种测试技术。大多数测试都需要执行被测软件，例如黑盒测试等都属于动态测试的范畴。

1.2.5　基于特定目标的测试分类

在实际应用中，还有许多为实现某些特定目标而定义的测试方法，包括功能测试、界面测试、性能测试、安全性测试、可靠性测试、兼容性测试、安装与卸载测试、文档测试、冒烟测试、随机测试、回归测试、产品登记测试、本地化测试等。

1. 功能测试

功能测试(Functional Testing)又称为行为测试，它根据产品特征、操作描述和用户方案，验证软件产品的各项功能是否符合预期的功能需求。功能测试是黑盒测试的主要内容，通常要考虑功能的正确性和容错性。功能的正确性是指在合法输入或合理操作的情况下，某项功能是否正确；功能的容错性是指在非法输入或不合理操作的情况下，某项功能是否具有相应的容错处理能力。

2. 界面测试

界面测试(User Interface Testing)主要是对图形界面的视觉效果、准确性和易用性进行测试。软件产品的界面是用户与软件产品打交道的媒介，因此，如果界面设计不合理，会影响用户体验以及软件产品的推广。测试人员需要从用户的角度去考虑界面是否合理，通常需要考虑如下因素：

- 软件颜色、风格是否搭配。
- 界面文字信息是否正确。
- 界面布局是否合理、人性化。
- 窗体、各种控件是否正常显示和使用，易用性好。
- Tab 键、Enter 键、方向键、组合键、快捷键是否正常使用。
- 需求规定的分辨率下，窗体是否正确显示。

3. 性能测试

性能测试(Performance Testing)是评价软件系统在一定的工作环境中是否符合预期的性能需求的测试，包括负载测试、压力测试、疲劳测试、强度测试和容量测试。性能测试是软件测试活动中的重要内容，本书后续章节会详细介绍性能测试的实施过程。

4. 安全性测试

安全性测试(Security Testing)的目的在于检查软件系统对非法入侵的防范能力。在安全测试期间，测试人员可以假扮非法入侵者，通过各种方式入侵系统，以检查系统的安全性。从理论上讲，只要有足够的时间和资源，没有不可进入的系统。因此，系统安全设计的准则是：使非法侵入的代价超过被保护信息的价值，使非法侵入者得不偿失。安全性测试考虑的要素比较多，例如，系统入口是否安全(如登录)，重要数据是否加密，Cookie 数据是否安全，是否具备日志管理和数据备份功能，是否能够防御SQL 注入攻击和 XSS 注入攻击。

5. 可靠性测试

可靠性测试(Reliability Testing)的目的是测算在一定的环境下，系统能够正常工作的概率。通常采用平均无故障时间(即两次失效之间的平均操作时间)或规定时间内不出现故障的概率来衡量系统的可靠性。软件可靠性测试的测试周期较长，一般采用用户边使用边测试的方式，也可借助自动化测试工具测试。

6. 兼容性测试

兼容性测试(Compatibility Testing)有时也被称为配置测试(Configuration Testing)，但两者含义略有不同。一般来说，配置测试是为了保证软件在其相关的硬件上能够正常运行，如 CPU、磁盘等；而兼容性测试主要是测试软件能否与其他不同的软件协作运行，如各种操作系统和浏览器。

7. 健壮性测试

健壮性测试(Robustness Testing)用于测试系统在出现故障时，是否能够自动恢复或者忽略故障继续运行。在测试实践中，可以人为地输入错误或制造故障来测试系统的容错性和可恢复性，例如，输入非法信息，输入错误的数据类型，断开网络，关闭数据库等操作。为了使系统具有良好的健壮性，要求设计人员在做系统设计时必须周密细致，尤其要注意妥善地进行系统异常的处理。

8. 安装测试与卸载测试

安装测试(Install Testing)主要是为了验证正常情况下安装操作的正确性以及异常情况下安装操作的容错性。通常情况下，软件系统首次安装、升级以及不同的安装方式(如完整安装方式和自定义安装方式)都应该进行安装测试。

卸载测试(Uninstall Testing)主要是对软件的全部或部分程序卸载处理过程的测试，也包含正确性测试和容错性测试。卸载测试主要是关注软件能否卸载，卸载是否干净，对系统有无更改，在系统中的残留与后来的生成文件如何处理等。

在测试安装或卸载操作的容错性时，可以人为地破坏或中止安装或卸载进程，以检验软件产品的容错处理能力。

9. 文档测试

文档测试(Document Testing)主要指对与软件相关的文档进行的测试，包括需求分析文档、程序设计文档、用户操作手册等。其中，需求分析文档和程序设计文档是后续测试活动的依据文档，对这类文档进行测试是为了后面更好地开展测试；用户操作手册等文档是提交给用户的文档，对这类文档测试的目的是提高文档易用性和可靠性，降低技术支持费用，尽量使用户通过文档自行解决问题。

10. 冒烟测试

冒烟测试(Smoke Testing)的对象是每一个新编译的、需要正式测试的软件版本，其目的是确认软件基本功能正常，可以进行后续的正式测试工作。在企业实践中，对于刚开发出来的新版本软件，测试人员可以先确认软件的一些基本功能是否存在严重缺陷，如安装与卸载操作、软件的初始化业务操作、软件的核心业务操作等。如果通过了冒烟测试，就可以依据规范的测试流程进行全面测试。

在测试实践中，某些软件产品可能会陆续生成许多新版本，如果每次都对软件的基本功能重复进行测试，可能会影响测试人员的积极性以及测试的效率，可以考虑引入功能自动化测试工具来代替手工测试。

11. 随机测试

随机测试(Random Testing)主要是依据测试人员的直觉和经验来对软件的功能、界面、性能等特性进行的抽查。在测试实践中，某些缺陷是测试人员不经意间发现的，或者在使用软件的过程中凭借直觉或经验推断而发现的，而发现这些缺陷的步骤并没有记录在测试用例中，因为测试人员可能在设计测试用例的时候并没有想到这些测试内容。

随机测试是根据测试文档执行用例测试的重要补充，是保证测试覆盖完整性的有效方式。

12. 回归测试

回归测试(Regression Testing)是为了验证缺陷修改的正确性以及是否对未被修改部分造成不良影响而进行的测试。在测试实践中，执行完测试之后可能会发现一批软件的缺陷，测试人员需要与开发人员确认缺陷，然后由开发人员去修改缺陷。那么开发人员修改完缺陷之后，缺陷的影响有可能还没有被消除，可能存在以下三种情况。

- 由于某些原因，开发人员遗漏对缺陷的修改；
- 开发人员未完全搞清缺陷产生的实质原因，只是修改了缺陷的外在表现，没有修复缺陷本身；
- 缺陷的修改可能导致原来正确的相关功能出现问题。

因此，在开发人员修复完缺陷之后，测试人员需要重新对软件进行测试，以确认开发人员完全修复缺陷，重新进行的测试活动就属于回归测试的范畴。在实际项目中，通常会进行多轮的回归测试来发现和排除软件的缺陷。回归测试比较烦琐和枯燥，要求测试人员保持耐心和细致；可以借助自动化测试工具进行回归测试。

13. 产品登记测试

软件产品登记测试(Product Registration Testing)是为了帮助软件企业进行软件产品登记而专门设立的一种测试种类，其主要目的是验证软件产品的基本功能是否实现，能否正常运行等。产品登记测试通过之后，由测试机构出具规范的测试报告，用于企业软件产品登记等事务的办理和申报。

14. 本地化测试

软件本地化是指将软件产品的用户界面和辅助文档，从其原产国语言向另一种语言转化，使之适应某一外国语言和文化的过程，例如将英文的手机操作系统更改为中文的操作系统。所谓的本地化测试(Localization Testing)就是对软件的本地化版本进行的测试，通常包括安装测试和卸载测试、界面测试、功能测试、性能测试、兼容性测试。

1.3　软件测试的策略和方法

1.3.1　测试过程的实施策略

1. 采取规范的软件测试流程实施测试，并对测试流程进行管理

软件测试流程是指一个测试过程包括哪些环节以及按照何种顺序去完成这些环节，规范的测试流程是保证测试质量的基础。作为测试负责人，首先要制定软件测试

流程规范，即测试工作有哪些环节，环节的具体执行顺序，每个环节的任务以及需要达到的标准。软件测试的一般流程如图1-3所示。

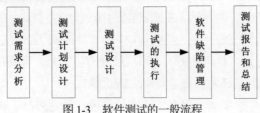

图1-3　软件测试的一般流程

下面介绍软件测试流程的具体步骤。

1) 测试需求分析

测试人员通过对用户需求的分析，熟悉和理解系统的功能特性和非功能特性，并编写测试需求大纲。

2) 测试计划设计

测试人员依据测试需求，设计与编写测试计划文档。测试计划文档描述了测试的背景和原因，测试的内容及范围，测试的环境，测试的资源，测试的进度，测试的策略，以及可能出现的测试风险等内容。测试计划文档是指导后续测试工作的规范性文件。

3) 测试设计

测试人员依据测试需求和测试计划，设计与编写测试用例文档，并依据测试用例开发脚本和设计测试场景方案。测试用例通常包括名称、标识、测试说明、前提条件、测试步骤、预期结果、实际结果、用例状态、设计人员、执行人员等元素。测试设计是测试工作的核心内容，测试设计的好坏决定了缺陷发现的数量，影响软件测试的质量。

4) 测试的执行

测试人员首先要搭建测试环境，然后依据测试用例文档，对被测软件执行手工测试和自动化测试。对于未通过的测试用例，测试人员给出《软件缺陷报告单》。

5) 软件缺陷管理

测试人员与开发人员一起确认《软件缺陷报告单》中的缺陷是否成立，描述是否清楚。如果缺陷成立，则要求开发人员对其进行修正。测试人员应对软件缺陷进行跟踪并督促开发人员去修改缺陷。测试缺陷修改完毕，通常需要对系统进行回归测试。

6) 测试报告与总结

测试人员依据测试的执行情况、缺陷的处理情况以及最终测试结果，生成测试报告文档。在测试报告中，对每轮测试出现的问题和缺陷都进行了分析，对最终遗留的缺陷以及缺陷可能造成的影响也做了说明，为纠正软件存在的质量问题提供依据，同时为软件验收和交付打下基础。整个测试项目完成后，测试组通过总结测试项目中收获以及出现的问题，为以后的测试工作积累经验。

在测试活动中，测试人员可以使用测试管理工具对软件测试的流程进行管理，组织和管理软件测试的所有阶段，引导使用者按照规范的测试流程去实施测试。以测试管理工具 ALM 为例，它包括分布与周期管理、需求管理、测试计划管理、测试执行管理、缺陷管理等核心模块，只要项目组使用了该管理工具，测试人员就必须按照 ALM 的要求及步骤编写发布版本、测试周期、测试需求、测试计划、测试执行、缺陷等内容。如果缺少某项内容，其他步骤就会受到影响或者无法进行。

在测试实践中，借助测试管理工具，项目组中的所有人员就可以遵照统一的测试流程各司其职，协同工作。例如：需求分析人员定义应用需求和测试目标；测试组长制定测试计划，并开发测试用例；测试自动化工程师创建自动化的脚本，并将脚本上传到 ALM 服务器；测试人员运行手动测试和自动化测试，汇报执行结果，并输入缺陷；开发人员登录数据库，检查并修复缺陷；项目经理创建应用状态报告，并管理资源的分配情况；产品经理对应用发布的就绪状态做出决策。通过测试管理工具可使测试过程节省大量的时间，可避免项目组中处于不同位置的各类人员的重复劳动，测试数据的损失和沟通不畅等问题。

2. 引入测试评审，尽早发现问题

测试评审，也称同行评审，是指邀请同行(开发、测试、QA 等人员)对测试的某些中间或最终成果进行检查，找出成果中的问题，并填写相关的评审表单。在测试活动中，问题和缺陷发现得越早，修复的代价就越小，因此最好每个阶段的测试成果都要评审。在测试实践中，可以对测试需求大纲、测试计划、测试用例、测试报告等文档的内容和质量进行评审。

3. 尽早、全面、全程地开展测试活动

1) 尽早测试

测试不应是在编码之后才开展的工作，测试与开发是两个相互依存的、并行的过程，在开发过程中的早期——需求分析阶段就应该开展测试工作。

"尽早测试"主要有两方面的含义，第一，测试人员早期参与到软件项目中，及时开展测试的准备工作，包括测试需求分析，编写测试计划以及准备测试用例。第二，尽早开展测试工作，一旦代码模块完成，就应该及时开展单元测试；一旦代码模块被集成为相对独立的子系统，便可以开展集成测试；一旦有产品提交，便可开展系统测

试工作。

尽早开展测试准备工作，使测试人员能够在早期了解测试的难度，预测测试的风险，有利于制定完善的测试计划和方案，提高软件测试的效率，规避测试中存在的风险。尽早开展测试工作，有利于测试人员及早地发现软件中的缺陷，降低了错误修复的成本。另外，测试人员还可以根据自己的测试经验，对需求分析和程序设计提出建议，尽早地发现文档中的问题。

2) 全面测试

软件是程序、数据和文档的集合，因而软件测试不仅是对程序的测试，还应该对程序的配置项进行测试和审核。需求分析文档、设计文档作为软件的阶段性产品，直接影响到软件的质量。大量实践表明，软件中的大部分错误不是在编码阶段而是在编码之前的需求分析和设计中造成的。

"全面测试"主要包含下面两方面的含义：

- 对软件的所有阶段性产品进行全面测试，包括需求分析文档、设计文档、用户操作手册等。
- 软件开发人员和测试人员均应参与到测试工作中，例如对需求的验证和确认活动，就需要开发人员、测试人员及用户的共同参与，这样才能保证软件最大限度地满足用户的需求。

3) 全过程测试

测试人员要充分关注开发过程，对开发过程的各种变更及时做出响应。例如，根据需求的变更，及时地修改测试需求、测试计划和测试用例，根据开发进度的变更及时调整测试进度和测试策略。

1.3.2 自动化测试工具的选择与实施策略

软件测试是一项繁重的任务，需要测试人员付出大量的时间和精力来完成。很多时候仅靠手工测试难以保质保量地完成测试工作，尤其是那些重复性的测试工作会使测试人员的工作热情和工作质量大大降低。例如，由于软件需求变更频繁，版本更新较快，每次更新都需要测试人员对整个软件进行测试；某些采用迭代开发模式开发的软件需要测试人员多次进行回归测试等。另外，有些测试工作仅靠手工测试是基本不可能完成的，如并发性测试、可靠性测试、单元测试等。因此，在测试活动中，有必要引入测试自动化技术来弥补手工测试带来的不利因素。

所谓的自动化测试就是让计算机代替人进行的测试，通过自动化测试技术可以自动运行大批量的测试用例，也可以完成某些手工测试难以完成的测试用例，从而节省了人力、时间和硬件资源等。测试自动化借助测试工具实施自动化测试。引入自动化带来的主要优点如下：

- **提高软件测试效率**。自动化测试执行用例的速度比手工测试快得多。
- **方便回归测试**。可执行更多、更烦琐的测试。
- **提高测试人员的积极性**。测试人员把时间和精力放在软件中新的项目和容易出错的测试项上。
- **提高测试的准确性**。使软件测试的可信度提高。
- **测试具有一致性和可重复性**。这是因为只要测试脚本不变，每次运行脚本所进行的操作是一致的。
- **测试的复用性**。这是因为测试用例是以脚本形式存在，脚本是一种编程语言，可在多个项目中复用。
- **可执行一些手工测试难以进行的测试**。如并发性测试、白盒相关的测试、安全性测试等。

虽然自动化测试有不少优点，但是自动化测试的实施也有其局限性，项目管理人员切勿盲目地引入自动化测试，否则可能会造成项目成本加大，测试周期加长等后果。一般来说，自动化测试主要有如下缺点：

- 需要测试人员花费一定的时间去编写、调试和维护脚本。
- 需要测试人员具备更高的专业技术水平，如编码能力等。
- 不能实现某些需要人脑去判断结果的测试用例。如界面是否人性化的测试等。
- 工具本身没有想象力，自动化测试对测试设计依赖过大。
- 手工测试发现的错误通常要比自动化测试多。

在实际测试活动中，测试人员可以将手工测试和自动化测试结合起来去实施软件测试，提升测试的效率和质量。管理人员应该结合公司的经费预算、项目特点、测试人员能力等多种因素综合考虑下面的几个问题：

- 是否有必要引入自动化测试？
- 应该选择何种自动化测试工具？公司能否负担测试工具的价格？测试工具是否符合项目技术上的要求？测试人员技术上能否达标？
- 引入自动化测试后，具体实施策略是什么？哪些功能测试项和非功能测试项需要使用自动化测试？如何开展？

合理地引入自动化测试可以使风险大大降低。下面介绍常见测试工具的选择以及实施策略。

1. 测试工具的选择

选择测试工具，首先要以测试的实际需求为依据，了解满足这一需求的各种测试工具，并做进一步的调查。然后，从中选出 3~4 种成熟的、优秀的工具软件作为候选工具，通过使用、评估和分析做最终的决定。

测试工具选择过程中一个常见的误区是功能越强大越好。实际使用过程中，很多功能强大的工具经常出现两个现象：一是工具所提供的很多功能并没有被用到，或者说实际测试过程中并不需要使用；二是部分常用功能的使用过程相对复杂，甚至不够稳定。为不需要的功能花钱是不明智的，同样，仅仅为了节省一些费用，忽略了产品的关键功能或服务质量，也不能说是明智的行为。因此，选择测试工具时，解决问题是前提，适用才是根本。一般可以参考如下客观标准：

- **跨平台性和环境的兼容性**。测试工具应支持不同的运行平台，如各种操作系统和浏览器。这一点，对于互联网应用的测试更重要。如果开发的一套测试脚本需要在 Windows、macOS、Solaris、Linux 等多个平台的 IE、FireFox、Mozilla、Chrome 等多个浏览器上运行，则意味着需要执行的测试用例将增加几倍，自动化测试工具的产出明显。
- **易用性**。例如界面简洁、操作简便、功能针对性强等。
- **支持国际化版本和多种语言**。这对软件国际化测试和本地化测试是非常重要的，也能保证测试工具有很高的覆盖面和产出。
- **支持脚本语言**。最好是类编程语言的脚本语言，支持编写简单的程序结构，如条件分支、循环结构等；可以定义变量，实现参数的传递、多种组合数据的输入。这种脚本语言越接近熟悉的编程语言(如 C、VB 等)，就越容易被接受。
- **脚本语言的简单性，可以推进测试自动化的普及**。如脚本语言支持 HTML 或 XML 格式，就有可能使所有测试人员都有能力投入自动化测试中。
- **面向数据驱动的脚本**。包括支持主流的数据库软件(Oracle、SQL Server、Access 等)、格式文件的数据存取等操作，这有利于测试脚本的代码和数据输入分离，减少脚本维护的工作量，也有利于脚本的扩充和完善。
- **对程序界面中对象的识别能力**。能够识别用户界面的各种对象，记录对象的 ID 等属性(而不是记录其位置的像素坐标)，确保录制的测试脚本具有良好的可读性、修改的灵活性和维护的方便性。否则，只要程序界面稍做改变，在不同的屏幕分辨率下和不同的操作系统或测试环境下，原有的测试脚本就不能用了。
- **便捷的脚本开发环境**。能提供较强的脚本调试功能，支持脚本单步运行、设置断点，可更有效地跟踪测试脚本的执行，并确定错误位置。
- **测试工具的集成能力**。包括对正在使用的开发工具、其他测试工具进行良好的集成。拥有良好的集成能力，可让它们彼此受益。

- **图表功能**。测试结果可以通过一些统计图表来表示，显示直观，一目了然，容易完成对测试结果的分析和解释。具体问题具体分析，选择标准也不是一成不变的，需要灵活的策略。

- **脚本语言的功能性和简单性存在一个平衡的问题**。脚本语言的功能越强大，就越能为测试开发人员提供更灵活的使用空间，但掌握起来要更困难些。

- **客户端和服务端有不同的特点和测试需求，测试工具的选择标准也不同**。对Web 客户端来说，由于 Web 的链接特性、快速变化的 UI 和复杂的逻辑，需要测试工具的录制功能更强、更稳定，而且能适应不同的平台(Windows、Linux、macOS)和浏览器(IE、Firefox、NS)。而服务器一般不存在 UI，主要是对不同协议的支持。

2. 测试自动化的实施策略

在进行自动化脚本开发之前,制定一个好的测试策略可以让我们的工作事半功倍,获得更高的投入产出比。通常，将所有功能性测试和非功能性测试放在一起综合考虑来决定如何实施自动化测试，可借助四个象限表示，如图 1-4 所示。从图中可以看出，测试可分为两个方向，手工测试主要面向业务，自动化测试主要面向技术。根据手工测试、自动化测试及其是否结合，可具体分为以下四类。

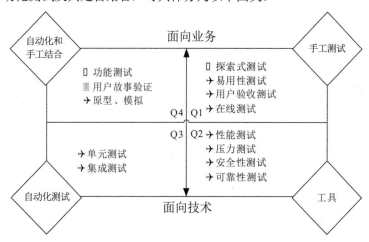

图 1-4　自动化测试的策略

- 测试工作基本是手工方式的。如在易用性测试中，需要判断界面是否美观、操作是否方便等，测试人员可以通过眼睛快速判断，特别适合手工测试。类似的测试工作要实现自动化测试，需要建模，困难和投入都很大。

- 测试工作主要通过工具实现。Q2 象限中涉及的测试需要开发的脚本很少，主要依赖于测试工具的使用。例如，性能测试使用的工具 LoadRunner，其自身能力很强，脚本开发和维护工作量较小。安全性测试工具更是如此，很多规则已经内建好，使用起来比较方便。

- 测试工作的重点是自动化测试脚本的开发，甚至不需要单独的测试工具。如以 Eclipse 为开发环境的软件，开发环境已经集成了 JUnit 这样的自动化测试框架，可将单元测试和开发环境集成起来，完成相关测试工作。这种情况下，自动化测试脚本的开发和维护的工作量较大。

- 自动化测试和手工测试相结合。例如，在功能测试中，要做到100%自动化测试几乎是不可能的，需要根据实际情况来决定自动化测试的比重，其他部分通过手工测试完成。

3. 性能自动化测试工具的选择

在测试实践中，性能测试无法通过手工测试完成，必须借助自动化测试工具。本书所用案例使用 HP LoadRunner 实施性能测试。

LoadRunner 是惠普公司研制开发的性能测试软件，是一种预测系统行为和性能的负载测试工具，它可以模拟成千上万的用户同时对被测系统进行操作，利用较少的硬件资源和较短的时间在模拟环境里重现系统可能出现的业务压力。LoadRunner 能够对整个企业架构进行测试，通过使用 LoadRunner，企业能最大限度地缩短测试时间，优化性能和加速应用系统的发布周期。

LoadRunner 由三大组件组成：虚拟用户发生器(Visual User Generator，VuGen)、控制器(Controller)和分析器(Analysis)。

- VuGen 组件。主要作用是捕获用户的业务流程，并将其录制成脚本。在 VuGen 组件中可以对脚本进行编辑、调试和回放。

- Controller 组件。该组件是 LoadRunner 的控制中心，包含两大主要功能：场景设计和场景的执行与监控。场景设计就是依据测试需求制定脚本执行的策略，使脚本的运行接近真实用户的使用情况。场景方案设计完毕后，就可以执行场景，同时要监控场景的运行情况，包括用户组脚本的运行状态，虚拟用户的执行情况，各指标分析图以及各种资源计数器。

- Analysis 组件。该组件用于对测试结果的显示和分析，包括多种分析技术，常用的有合并、关联、页面细分和钻取技术。该组件还可以产生多种格式(如 Word 格式、HTML 格式)的测试报告。

利用 LoadRunner 进行性能测试的步骤如下：

(1) 分析性能测试需求，制定测试计划，编写测试用例；

(2) 通过 VuGen 设计测试脚本；

(3) 通过 Controller 设计场景运行方案；

(4) 通过负载发生器实现虚拟用户并发执行；

(5) 通过 Controller 监控场景；

(6) 通过 Analysis 分析结果，得出测试报告。

本测试案例选择 LoadRunner 的理由如下：

- 功能强大、专业的性能测试工具；
- 跨平台性和兼容性都很好，支持多种操作系统和浏览器，脚本复用性较好；
- 具有良好的人机交互界面；
- 支持 HTTP/HTTPS 协议，能够发送 HTTP/HTTPS request；
- 提供良好的录制功能和调试环境，支持 C 语言语法；
- 支持集合点、事务、参数化、关联等技术；
- 可轻松创建接近用户真实使用情况的场景运行方案，包括虚拟用户数量、业务流程组合、负载发生器设置、虚拟 IP 地址；
- 能够获取事务平均响应时间、每秒事务数、每秒点击数、吞吐率等数据；
- 集成了实时监测器，可以在测试过程中监控 Web 服务器、数据库服务器、网络的实时性能；
- 能以图表形式展示出结果数据，并提供一定的分析技术去分析结果数据；
- 网上可查阅的资料多，方便自学；
- 可与测试管理工具 ALM 无缝通信。

4. 功能自动化测试工具的选择

在某些 Web 项目中，系统版本更新比较频繁，且需要经常打补丁，每次更新完软件或者打完补丁后，都需要测试人员对整个系统进行测试。在这种背景下，可以使用功能自动化测试工具完成部分测试项的测试，提升测试的效率。那么，应该优先选择哪些测试项来实施功能自动化测试呢？一般来说，使用如下选择规则：

- 系统核心的、重要的功能测试项作为高优先级。
- 常用的、使用频率较高的功能测试项作为高优先级。
- 需求不经常变更的功能测试项作为高优先级。
- 可测性强、容易实现的功能测试项作为高优先级。
- 需要多次测试的功能测试项作为高优先级。

下面依据上述规则，在 CRM 系统中选择优先使用功能自动化测试的测试项。在 CRM 系统中，系统管理模块是核心模块，线索管理模块、客户管理模块、商机管理模块、任务管理模块、日程管理模块都是常用的重要模块，测试人员可以仔细分析这几个模块所包含的业务操作，依据上面的规则，选择优先使用自动化测试的业务操作，具体选择结果如下：

- 在系统管理模块中，优先选择部门添加业务、岗位添加业务和用户添加业务去实施功能自动化测试。
- 在线索管理模块中，优先选择线索创建业务和线索删除业务去实施功能自动化测试。
- 同线索管理模块类似，在客户管理模块、商机管理模块、任务管理模块和日程管理模块中，优先选择创建业务和删除业务去实施功能自动化测试。
- 另外，登录业务和退出业务使用频率较高，优先使用功能自动化测试。

在本案例中，选择测试工具 UFT 11.5 对 CRM 系统的重要业务进行自动化测试。UFT 是惠普公司开发研制的企业级功能自动化测试工具，它将惠普 QuickTest Professional(QTP)和惠普 Service Test(ST)集成在一起，对 GUI 测试和 API 测试都有良好的支持。UFT 有以下特点：

- UFT 主要用于回归测试和测试同一软件的新版本，提供很多插件，如.NET、Java 等；
- UFT 支持录制和回放功能；
- UFT 采取关键字驱动的理念简化测试用例的创建和维护；
- UFT 支持的脚本语言是 VBScript；
- UFT 具有较好的对象识别功能和对象库管理功能；
- UFT 可以与 ALM 无缝通信。

1.3.3 测试用例的设计策略

测试用例是为完成某个特定测试目标而设计的任务描述，通常包含测试操作的过程序列、前提条件、期望结果及相关数据等内容。测试用例是将测试具体量化的方法之一，是执行测试并发现测试缺陷的重要参考依据。因此，在测试活动中，测试用例的设计是测试工作的核心内容。

1. 设计测试用例时需要考虑的因素

1) 测试用例的优先级

在设计测试用例时，需要明确测试用例的优先级，优先级越高的测试用例，越应该优先得到测试，并尽早地、更充分地被执行。测试用例的优先级是由下列三个方面决定的。

- 从客户的角度定义的产品特性优先级，那些客户最常用的特性或对客户使用或体验影响最大的产品特性，都是最重要的特性，其对应的测试用例优先级也最高。根据 80-20 原则，大约 20%的产品特性是用户经常接触的，其优先级高。
- 从测试效率角度看，边界区域的测试用例相对正常区域的测试用例优先级高，因为在边界区域更容易发现软件的缺陷。

- 从开发修正缺陷角度看，逻辑方面的测试用例比界面方面的测试用例优先级高，因为开发人员修正一个逻辑方面的缺陷更难、时间更长或改动范围更大。这种修改，不仅是程序代码的修改，而且可能涉及软件设计上的变更。

2) 测试用例的覆盖率

测试用例是依据测试需求大纲设计的，必须覆盖测试大纲中的所有测试项。判断测试是否完全的重要依据是测试用例对测试需求是否全面覆盖，而这又是以确定、实施和执行的测试用例数量为依据的。

3) 设计测试用例的基本准则

- **测试用例的代表性**。设计测试用例时，应尽量覆盖各种合理的和不合理的，合法的和非法的，边界的和越界的，以及极限的输入数据、操作和环境设置，设计的测试用例应是最有可能发现程序或软件中错误的用例。
- **测试用例的非重复性**。测试用例不应是与原有测试用例有重复效果的，应追求测试用例数目的精简。
- **测试结果的可判定性**。测试执行结果的正确性是可判定的，每一个测试用例都应有相应的预期结果。
- **测试结果的可再现性**。对同样的测试用例，相同的测试执行结果至少可以重现一次。

通常来说，一个好测试用例是指很可能找到迄今为止尚未发现的错误的用例。

2. 黑盒测试方法的综合使用策略

常见的黑盒测试方法有多种，包括等价类划分法、边界值法、错误推测法、因果图法、正交试验法、场景法等。使用黑盒测试方法时，只有结合被测软件的特点，有选择地使用若干种方法，方能达到良好的测试效果。

黑盒测试方法的综合使用策略一般如下：

- 先进行等价类划分，包括输入条件和输出条件的等价类划分，将无限测试变成有限测试，这是减少工作量和提高测试效率最有效的方法。
- 在任何情况下，都必须使用边界值分析法。经验表明，用这种方法设计出的测试用例发现错误的能力最强。
- 可以使用错误推测法追加一些测试用例，这需要依靠测试工程师的智慧和经验。
- 如果程序的功能说明中含有输入条件的组合情况，则一开始就可以选用因果图法和判定表法。
- 对于参数配置类软件，应用正交试验法选择较少的组合方式以达到最佳效果，并减少测试用例的数目。

- 对于业务流程清晰的系统可以使用场景法，即可先综合使用各种方法生成用例，再通过场景法由用例生成用例。
- 当程序的功能较复杂，存在大量组合情况时，可以考虑使用功能图法。

1.3.4 回归测试策略

回归测试是指代码修改后，重新进行测试以确认修改没有引入新错误或导致其他代码产生错误。回归测试在整个软件测试过程中占有很大的工作量比重，在集成测试、系统测试阶段都会进行多次回归测试。在渐进和快速迭代开发中，新版本的连续发布使得回归测试更加频繁，而在极端编程方法中，更是要求每天都进行若干次回归测试。因此，通过选择正确的回归测试策略来改进回归测试的效率和有效性是非常有意义的。

测试组在实施测试的过程中会将所开发的测试用例保存到测试用例库中，并对其进行维护和管理。当得到一个软件的基线版本时，用于基线版本的所有测试用例就形成了基线测试用例库。在进行回归测试时，可根据回归测试策略从基线测试用例库中提取合适的测试用例进行回归测试，保存在基线测试用例库中的测试用例可能是自动化测试脚本，也可能是测试用例的手工实现过程。

1. 测试用例的维护

随着软件的改变，测试用例库中的一些测试用例可能会失去针对性和有效性，还有一些测试用例将完全不能运行，必须删除测试用例库中的这些测试用例。

同时，被修改的或新增的软件功能，仅靠重新运行以前的测试用例并不足以揭示其中的问题，有必要追加新测试用例来测试这些新的功能或特征。因此，测试用例库的维护工作还应包括开发新测试用例。

此外，随着项目的进展，测试用例库中的用例会不断增加，其中会出现一些对输入或运行状态十分敏感的测试用例。这些测试不容易重复且结果难以控制，会影响回归测试的效率，需要进行改进，使其达到可重复和可控制的要求。

2. 测试用例的选择方法

在计划回归测试时，常用的选择测试用例的方法如下。

1) 再测试全部用例

选择基线测试用例库中的全部测试用例组成回归测试包，这是一种比较安全的方法。再测试全部用例具有最低的遗漏回归错误的风险，但测试成本最高。全部再测试几乎可以应用到所有情况，基本上不需要进行分析和重新开发。但是，随着开发工作的进展，测试用例不断增多，重复原先所有的测试将带来非常大的工作量和高昂的成本。

2) 基于风险选择测试

可以基于一定的风险标准从基线测试用例库中选择回归测试包。例如，首先运行最重要、关键的测试用例，而跳过那些非关键的、低级别的或者高稳定的测试用例。

3) 基于操作剖面选择测试

若基线测试用例库的测试用例是基于软件操作剖面开发的，测试用例的分布情况反映了系统的实际使用情况，则在回归测试中可优先选择那些针对最重要或最频繁使用功能的测试用例，释放和缓解最高级别的风险，这有助于尽早发现那些对可靠性有重大影响的故障，此方法可在给定的预算下有效地提高系统的可靠性。

1.4 基于 Web 平台的软件测试

基于 Web 平台的软件系统是指采用 B/S(Browser/Server，浏览器/服务器)架构开发的软件系统，以下简称 Web 软件。在 B/S 架构的系统中，客户的终端计算机不需要安装专门的客户端软件，而是通过客户的终端计算机上的浏览器访问服务器的资源。因此，Web 软件系统具有易用性好、兼容性好、维护及升级成本低等优势，这使得 Web 系统的应用日益广泛，需求量也越来越大。目前，相比传统 C/S 架构的应用软件，Web 软件系统的市场占有率更高，研究基于 Web 应用软件的测试具有很重要的现实意义。

Web 软件具有易用性、交互性、分布性、多用户并发性、平台兼容性等特点，这些特点对软件测试提出了新要求。Web 软件测试的特点主要体现在如下几个方面。

- Web 软件运行在因特网上，用户众多，用户层次差别大；因此，Web 软件要易于各种层次用户的使用，测试过程中需要考虑软件是否易用、是否人性化。
- Web 软件涉及浏览器、Web 服务器和数据库三种软件实体，这三种实体频繁地进行数据交互，需要对实体间的接口以及数据的一致性进行测试。
- Web 软件运行在因特网上，用户通常分布在不同地方，通过开放的因特网访问 Web 服务器，数据有可能被窃取、篡改或删除，因而需要安全性测试。
- Web 软件拥有大量用户群，需要对多用户并发、响应时间、吞吐量、Web 服务器资源利用率等性能指标进行测试。
- Web 软件运行的硬件环境和软件环境多样化，测试时需要考虑不同的硬件、网络协议、操作系统、Web 服务器、浏览器等因素的影响，因而需要兼容性测试。

根据 Web 软件的上述特点，可以有针对性地设计一套 Web 软件测试体系，总结出测试内容，从而指导 Web 软件的测试实践。

在实际应用中，我们通常是从功能、界面、接口、性能、兼容性以及安全六个方面对 Web 软件进行测试。后续章节具体介绍 Web 软件测试的主要内容及测试方法。

1.4.1　Web 软件系统功能测试

1. 链接测试

链接是 Web 应用系统的一个主要特征，它是在页面之间切换和指导用户访问未知地址页面的主要手段，链接测试包括以下三方面的测试内容。

- 测试所有链接是否能够按照指示链接到应该链接的页面；
- 测试所链接的页面是否存在；
- 保证 Web 应用系统上没有孤立的页面，所谓孤立页面是指没有链接指向该页面，只有知道正确的 URL 地址才能访问。

链接测试通常可以借助工具去自动完成，比较常用的软件是 Xenu Link Sleuth。

2. 表单测试

当用户给 Web 服务器提交信息时，就需要使用表单操作，例如用户注册、登录、信息提交等。在这种情况下，我们必须测试提交操作的完整性，以校验提交给服务器的信息的正确性以及容错性。例如：合法的用户信息是否可以被成功注册；用户的生日信息与身份证号码中的生日不匹配时，系统的容错性；输入非法信息时，系统的容错性。

在对表单进行测试时，测试人员需要依据需求规格说明书等文档逐一地对每个表单的功能进行测试。在测试中，可以使用等价类划分法、边界值法、错误推测法等测试方法设计测试用例。

3. Cookies 测试

Cookies 通常用来存储用户信息和用户在某软件上的操作痕迹。当用户使用 Cookies 访问某个软件时，Web 服务器将发送关于该用户的信息，把该信息以 Cookies 的形式存储在客户端计算机上，这可用来创建动态和自定义页面或者存储登录等信息。

如果 Web 系统使用了 Cookies，就必须检查 Cookies 是否能正常工作。测试的内容包括 Cookies 是否起作用，是否按预定的时间进行保存，刷新对 Cookies 是否有影响，Cookies 中的某些重要数据是否加密。在实际应用中，测试人员可以借助软件工具来查看本机的 Cookies，如 IECookiesView、Cookies Manager 等。

4. 界面测试

界面测试通常需要测试的内容有：Web 软件的整体界面风格是否搭配；Web 软件

界面风格与网站主题是否搭配；Web 软件控件的布局是否合理，是否人性化；Web 页面上字体的大小、颜色、样式是否人性化；页面上的提示信息是否正确；页面上的文字是否正确显示等。例如：按钮文字与按钮功能不相符；滚动条拉到最后也不能完全显示网页内容；显示的数据不会自动分行等。

可以说，Web 软件中的每种控件都涉及界面测试的内容，由于 Web 软件中的控件种类众多，这里不一一列举。由于界面是用户与 Web 软件交互的媒介，因此，界面测试要做到心系客户，从客户的角度浏览网站，找出界面不协调，不人性化等错误。

5. 接口测试

通常情况下，Web 站点不是孤立的。Web 站点可能会与外部各种接口和服务器以数据通信的方式协同工作，例如请求数据、验证数据或提交订单。

1) 服务器接口测试

服务器接口测试，即测试浏览器与服务器的接口的正确性。测试人员提交事务，然后查看服务器记录，以验证浏览器提交的数据或操作是否在服务器上有相应的处理。测试人员还可查询数据库，确认事务数据是否已正确保存。

2) 外部接口测试

如果 Web 软件系统有外部接口，则需要测试 Web 软件与外部接口的正确性。例如，电子商务网站可能要实时验证信用卡数据以减少欺诈行为的发生，那么可以使用 Web 接口发送一些事务数据，分别对有效信用卡、无效信用卡和被盗信用卡等信息进行验证。

3) 接口错误处理

考虑到 Web 软件系统可能出现的接口错误，需要测试 Web 系统的容错处理能力。例如，在订单事务处理过程中，中断用户到服务器的网络连接，检验系统是否有相应的容错处理能力。

6. 兼容性测试

兼容性测试主要是检查软件系统是否能与其他软件协作运行。针对 Web 系统的兼容性测试主要包含平台兼容性测试和浏览器兼容性测试。

1) 平台兼容性测试

操作系统的类型很多，最常见的有 Windows、UNIX、macOS、Linux。Web 软件系统的最终用户究竟使用哪一种操作系统，取决于用户系统的配置。这样，目标系统就可能会发生兼容性问题，例如，同一个软件在某些操作系统下能正常运行，但在其他操作系统下可能会运行失败。因此，在 Web 系统发布之前，需要在不同操作系统平台下对 Web 系统进行兼容性测试。

2) 浏览器兼容性测试

浏览器是 Web 客户端最核心的构件,来自不同厂商的浏览器对 Java、JavaScript、ActiveX 或不同的 HTML 版本有不同的支持。例如,ActiveX 控件是 Microsoft 的产品,是为 Internet Explorer 浏览器而设计的,JavaScript 是 Netscape 的产品,Java 是 Sun 的产品。另外,框架和层次结构风格在不同的浏览器中也有不同的显示,甚至由于兼容问题导致根本不显示。此外,不同的浏览器对安全性和 Java 的设置也不完全一样。

Web 系统的功能测试可以兼顾手工测试和自动化测试,对于需要频繁测试的功能可以借助功能自动化测试工具进行,如借助 HP UFT Selenium 提升测试效率。本书后续章节会详细介绍功能自动化测试的基础理论以及利用 HP UFT 实施功能测试的过程。

1.4.2 Web 软件系统性能测试

由于 B/S 架构软件系统的“瘦客户端,胖服务端”的特性,使系统的运行压力集中在服务端,这给服务器各个部件的运行带来了很大的挑战,很可能出现性能瓶颈。因此,相比 C/S 架构软件系统,B/S 架构软件系统应更加关注系统的性能测试。性能测试涉及的内容很多,主要包括连接速度测试、负载测试、压力测试、疲劳测试、强度测试和容量测试。下面简单介绍 Web 软件系统性能测试的这几点。

- 连接速度测试需要测试 Web 系统各功能项的响应时间,一个连接速度慢的系统是不受用户欢迎的,通过连接速度测试找出问题的原因并对系统进行优化。
- 负载测试是确定在各种工作负载下系统的性能,目标是测试当负载逐渐增加时,系统组成部分的相应输出项,如响应时间、CPU 使用、内存的使用来决定系统的性能。
- 压力测试是通过确定系统的瓶颈或不能再接收的性能点,来获得系统能提供的最大服务级别的测试。
- 疲劳测试,又称疲劳强度测试,即在测试系统稳定运行的情况下,能够支持的最大并发用户数。负载测试、压力测试和疲劳测试属于并发性测试。
- 强度测试用于检查程序对异常情况的抵抗能力,检查系统在极限状态下运行性能下降的幅度是否在允许的范围内。
- 容量测试通常与数据库有关,其目的在于使系统承受超额的数量容量来确定系统的容量瓶颈(如同时在线的最大用户数),进而优化系统的容量处理能力。

针对 Web 系统的性能测试通常需要借助自动化测试工具来完成,如 HP LoadRunner、Jmeter 等工具。本书后续章节将详细介绍性能测试的基础理论以及利用 LoadRunner 实施性能测试的过程。

第2章

HP ALM测试项目管理

软件测试工作涉及技术、计划、质量、工具、人员等多个方面，是一项复杂的工作，需要对其进行有效管理。软件测试管理着眼于软件测试过程的组织和策划，是对测试全程实施的管理与控制，将提高测试活动的可视性和可控性。软件测试管理工作贯穿于整个测试过程，一般通过专门的测试项目管理工具辅助完成。目前，比较流行的测试管理工具有HP ALM、禅道、jira、BugZilla、TestLink。其中，BugZilla偏重缺陷管理，TestLink偏重测试用例管理，HP ALM、禅道、jira功能比较全面。本文使用HP ALM对软件测试过程进行管理，HP ALM可与性能测试工具HP LoadRunner和自动化测试工具HP UFT无缝衔接，紧密配合。

HP ALM是惠普公司应用程序生命周期管理软件(HP Application Lifecycle Management)的简称，它可以帮助企业建立软件生命周期管理框架，组织和管理应用程序测试流程的所有阶段，包括指定测试需求、计划测试、执行测试、跟踪缺陷和测试评估。同时，HP ALM还支持分散式团队之间的沟通与合作，有助于项目经理理解项目的里程碑，交付产品、资源、预算等需求，并持续追踪项目的进度，实现高效的管理。HP ALM具有以下特点：

- 为所有测试个体提供基于Web的知识库，并为整个测试流程提供清晰的框架。
- 在应用程序生命周期的各个阶段之间建立无缝集成和顺畅的信息流。
- 支持对测试数据和覆盖范围的统计分析，提供应用程序生命周期每个时间点的精度和质量图。

本章将从测试管理的角度介绍如何通过测试管理工具创建域测试项目，管理测试用户与组，配置测试用例和缺陷，测试过程管理。本书使用的测试管理工具为HP ALM/Quality Center 11.5简体中文企业版。

2.1 被测系统介绍

2.1.1 CRM 系统概述

CRM(Customer Relationship Management)是客户关系管理的简称。为了使读者更直观地理解本书讲述的测试理论和相关操作，我们对一款开源 CRM 系统进行了二次开发和重新编译，并将其作为功能测试和性能测试的目标软件。熟悉被测软件的业务流程是软件测试中重要的一环，可以帮助我们更全面地完成测试任务。

CRM 是一种以"客户关系一对一理论"为基础，旨在改善企业与客户之间关系的新型管理系统。CRM 系统以信息科学技术为依托，实现市场营销、销售、服务等业务的自动化，并建立一个客户信息收集、管理、分析、利用的管理系统，实现从新客户接入到老客户维护及营销的每一个环节。企业可以通过 CRM 系统实现销售、营销、推广、策划、人事等多部门业务对接，优化业务流程，最终达到吸引新客户、保留老客户以及将已有客户转为忠实客户的目标。

本书选取的 CRM 系统采用 PHP 语言开发，是基于 AMP(Apache+MySQL+PHP) 平台的 B/S 架构的客户关系管理系统。CRM 系统的功能结构图如图 2-1 所示：

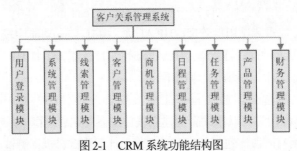

图 2-1　CRM 系统功能结构图

下面对系统的主要模块进行简要说明。

1. 系统管理模块

系统管理模块也称为后台系统管理模块，其功能与 CRM 系统核心的业务逻辑无关，主要用于系统初始化设置和系统整体参数配置。具体包括工作台面板管理、个人资料管理、组织架构管理、权限设置、操作日志、系统设置、公告管理等功能项。

2. 线索管理模块

线索管理模块主要用于分析客户线索的有效性，进而将线索信息转换为客户信息，为业务的开展提供强力的数据支持。具体包括线索创建、批量导入线索、批量导出线索、显示所有线索、查看线索、修改线索、删除线索、搜索线索、线索池管理、转换线索等功能项。

3. 客户管理模块

客户是 CRM 的灵魂，与众多组件均有密切关联。当客户跟踪到一定程度，可以产生一些实质性的合作时，可以将客户信息转换为商机信息。具体包括添加客户、批量导入客户信息、批量导出客户信息、查看客户信息、编辑客户信息、删除客户、搜索客户、添加联系人、批量导入联系人、批量导出联系人、查看联系人信息、编辑联系人信息、删除联系人信息、搜索联系人等功能项。

4. 商机管理模块

商机的字面意思为商业机会，这里可理解为项目。商机与客户、线索、联系人等组件均有密切关联，是整个业务进程的中心枢纽。有意向的线索客户可转换为商机，已有客户亦可产生新商机，可通过系统对商机客户进行业务状态跟踪分析。具体包括添加商机、导出商机信息、查看商机信息、编辑商机信息、删除商机、搜索商机、商机推荐等功能项。

5. 日程管理模块

用于个人工作日程安排，类似于工作计划，让工作开展井然有序。具体包括添加日程、导出日程信息、查看日程信息、编辑日程信息、删除日程、搜索日程等功能项。

6. 任务管理模块

上级可通过此模块为下级安排工作任务，下级则通过模块接收、推进并完成任务。具体包括添加任务、导出任务、查看任务信息、编辑任务信息、删除任务、搜索任务、分配任务等功能项。

7. 产品管理模块

用于记录公司产品信息，协助业务进展需求。具体包括添加产品、批量导入产品、批量导出产品、修改产品信息、添加产品类别、删除产品、搜索产品等功能项。

8. 财务管理模块

主要用于业务跟进过程中的财务状态录入。具体包括添加财务信息、查看财务信息、编辑财务信息、删除财务信息、导出财务信息、搜索财务信息等功能项。

以上针对系统的主要功能做了简要的介绍，关于 CRM 系统的详细需求、各个模块的接口信息、CRM 系统主要数据表等，可从封底二维码下载本书配套电子文档。

2.1.2 PHP 简介

本书使用的 CRM 系统采用 PHP 语言进行开发，需要进行相关的部署。为更好地理解系统和完成测试，本节将针对 PHP 做简要介绍。

PHP 是一种专门为 Web 设计的服务器端脚本语言。在一个 HTML 页面中，可以嵌入 PHP 代码，这些代码在每次被访问时执行。PHP 代码将在 Web 服务器中被解释并且生成 HTML 或访问者可见的输出。

PHP 的特性如下所示。

- PHP 独特的语法混合了 C、Java、Perl 以及 PHP 自创新的语法，熟悉类 C 语言的用户可以立即高效地使用 PHP。
- PHP 可以比 CGI 或者 Perl 更快速地执行动态网页，与其他编程语言相比，PHP 是将程序嵌入 HTML 文档中去执行，执行效率比完全生成 HTML 标记的 CGI 要高许多。PHP 具有非常强大的功能，几乎所有 CGI 的功能 PHP 都能实现。
- PHP 支持几乎所有流行的数据库和操作系统。
- PHP 可以用 C、C++进行程序的扩展，程序执行效率更高。

PHP 的优势如下：

- 开放源代码。可以访问其源代码，也可以免费使用、修改并且再次发布。
- 快捷性。程序开发快，运行快，便于学习，实用性强，更适合初学者。
- 跨平台性强。可以在 Windows、UNIX、macOS、Linux 的不同版本中编写 PHP 代码，通常代码不经过任何修改就可以运行于不同的操作系统。
- 执行效率高。PHP 消耗相当少的系统资源，使用一个独立的廉价服务器，就可以满足每天几百万次的点击量。它支持的 Web 应用小到电子邮件的表单，大到整个站点，例如 Facebook 和 Esty。
- 便捷灵活的图像处理。PHP 默认使用 GD2 进行图像处理，也可以配置为使用 image magick 进行图像处理。
- 面向对象的特性。PHP 具有良好的面向对象特性，例如继承、私有、抽象类和方法、接口、构造函数等。PHP 完全可以用来开发大型商业程序。
- 丰富的内置函数库。PHP 是为了 Web 开发而设计的，因此提供了很多内置函数来执行 Web 任务。可立即生成图像，连接到 Web 服务和其他网络服务，解析 XML，使用 Cookie 以及生成 PDF 文档，这些任务只需要少量代码行就可以实现。

2.1.3 PHP 开发环境

俗话说"工欲善其事，必先利其器"，使用一款优秀的应用开发环境对 PHP 开发会起到事半功倍的作用。用于应用程序开发环境的软件被称为集成开发环境(Integrated Development Environment，IDE)。

IDE 本身就是一个应用程序，IDE 是用于程序开发环境的应用程序，功能包括代码编辑器、编译器、调试器和图形用户界面，集成了代码编写功能、代码分析功能、代码编译功能等一体化开发软件套件。例如微软的 Visual Studio 系列、Delphi 系列、开发 HTML 应用程序的 Dreamweaver 都属于 IDE。IDE 可以独立运行，也可以和其他程序并用，例如 Basic 语言在微软 Office 办公软件中可以使用，可以在微软 Word 文档中编写 Basic 程序。

PHP 语言的 IDE 有多种，主流使用的有如下几款 IDE。

1. Zend Studio

Zend Studio 是 Zend Technologies 公司开发的 PHP 语言基础开发环境(IDE)，也是 PHP 官方 IDE。优点是在代码自动完成、生成、提示、调试上有非常强大的功能。缺点是 Zend Studio 对 HTML、CSS、JS 的操作支持不太好，比如 CSS 选择器不能自动提示。

2. Aptana

Aptana 是一个基于 Eclipse 的基础开发环境(IDE)。优点是对 HTML、CSS、JS 的操作支持得非常好，代码自动补齐、代码提示做得非常好。缺点是对 PHP 代码自动提示不完善，Aptana3 之后，集成了 Python 和 Ruby on Rails，软件运行占用内存过高，响应速度较慢。

3. NetBeans

NetBeans 是由 Sun 公司(2009 年被甲骨文收购)在 2000 年开发的。优点是跨平台、免费、软件运行时占用内存小。缺点是对 HTML、CSS、JS、PHP 操作的支持效果一般。

本书案例采用 EasyPHP 部署 CRM 软件系统，EasyPHP 软件包和 CRM 系统的安装与配置请参考配套电子文档(请扫封底二维码获取)。

2.2 测试过程管理

2.2.1 HP ALM 管理流程

HP ALM 是 HP Mercury 公司研发的一款过程管理软件，前身是大名鼎鼎的 Mercury TestDirector(简称 TD)，TD 主要用于测试过程管理。随着 TD 版本的升级，在

9.0 版本之后更名为 QualityCenter(简称 QC)，从名字可以看出，QC 已经上升为质量管理领域的工具。在 QC11.0 版本之后更名为 HP ALM，扩展为整个应用生命周期的全过程管理工具。本书只介绍 HP ALM 测试管理部分的内容，软件版本为 HP ALM/Quality Center 11.5 简体中文企业版。

使用 HP ALM 系统可以规范和管理软件测试的流程，其将测试过程管理分为指定版本、指定需求、计划测试、执行测试、跟踪缺陷五个阶段，如图 2-2 所示。

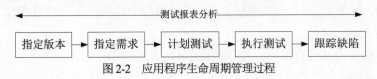

图 2-2 应用程序生命周期管理过程

1. 指定版本

通过制定一个发布周期管理计划来有效地管理被测软件版本发布和测试周期，并根据计划跟踪应用程序发布的进度，以确定发布是否正常进行。

2. 指定需求

熟悉被测软件的需求并确定测试需求。该阶段可以管理测试需求并在需求、测试和缺陷之间跨多个发布和周期执行多维跟踪。HP ALM 提供对需求覆盖率和关联缺陷的实时可见性，以评估质量和业务风险。

3. 计划测试

计划测试是指根据测试需求创建测试计划。在 HP ALM 中，测试计划模块主要用于管理测试用例，包括测试用例的创建，以及与测试需求、测试周期和发布关联等内容。

4. 执行测试

选择要执行的测试用例并添加到测试集中，完成测试的执行工作。HP ALM 支持健壮性测试、功能性测试、回归测试和其他测试。

5. 跟踪缺陷

提交测试缺陷并跟踪其修复进度。分析缺陷以及缺陷的趋势，可帮助项目组做出有效的"执行/不执行"决策。HP ALM 支持完整的缺陷生命周期管理，从初始问题检测到缺陷修复以及确认缺陷修复。

另外，HP ALM 可以汇总测试执行情况、缺陷生成情况等报表，以供测试人员评估软件的质量。

2.2.2 缺陷管理流程

软件缺陷(Software Defect)，又称为 Bug，是指软件系统(包含程序、文档及数据)中存在的不符合用户需求的、破坏系统正常运行的问题和错误。IEEE 729-1983 对缺陷有一个标准的定义：从产品内部看，缺陷是软件产品开发或维护过程中存在的错误等各种问题；从产品外部看，缺陷是系统所需要实现的某种功能的失效或违背。在软件测试过程中，与缺陷类似的概念还有错误(Error/Mistake)、失效(Failure)、异常(Anomaly)等。缺陷管理对评估和改进产品质量、提高测试效率、改进开发过程和测试过程都有重要的意义，主要表现如下。

- 为开发人员及其他人员提供问题反馈，在需要的时候可以鉴别、隔离和纠正这些缺陷。
- 为项目管理人员提供被测软件系统的质量信息，在需要的时候作为调整测试进度的依据。
- 为测试过程改进和开发过程改进提供有用的数据和信息。

软件测试管理的一个核心内容就是对软件缺陷生命周期进行管理，每个缺陷在整个周期内会有多种状态，测试员、程序员、管理者从一个缺陷产生开始，通过对缺陷状态的控制和转换，管理缺陷的整个生命历程，直至它走入终结状态。

1. 缺陷的状态

在软件缺陷生存周期中，缺陷可以有多种状态，每种状态意味着缺陷当前所处的处理阶段。不同的 IT 企业所定义的缺陷状态不尽相同，测试人员可以根据企业的实际需要来增加、修改或减少缺陷的状态。一般来说，常见的缺陷状态包括新建(New)、拒绝(Rejected)、开放(Open)、已修正(Fixed)、重新开放(Reopen)、已关闭(Closed)，具体说明如下。

- 新建：缺陷首次提交到缺陷库中，此时缺陷的状态为"新建"状态。
- 拒绝：如果开发人员拒绝修改某个缺陷，可以将该缺陷的状态设置为"拒绝"状态，一般来说，"拒绝"状态可以由项目经理或开发人员设置。拒绝修改的理由可能是开发人员认为不是缺陷，或者缺陷描述不清楚，或者不能复现，或者所提缺陷虽然是个错误但还没到非改不可的地步，故可忽略不计等原因。
- 开放：开发人员确认并同意修改该缺陷后，可以将该缺陷的状态设置为"开放"状态，该状态可以由项目经理或开发人员设置。
- 已修正：开发人员修改缺陷之后，可以将该缺陷状态设置为"已修正"状态。
- 重新开放：测试人员在验证缺陷修改结果时，认为修改不正确或不彻底，可以将该缺陷的状态设置为"重新开放"状态。

- 已关闭：测试人员在验证缺陷修改结果时，认为缺陷已正确修改，可以将该缺陷的状态设置为"已关闭"状态。

2. 缺陷处理流程

前文提到，在软件缺陷的生命周期中，缺陷可以有多种状态，而状态的变化是由不同角色人员的操作触发的。在实际项目中，通常需要依据缺陷的状态以及项目组成员角色来制定适合本公司项目的软件缺陷处理流程。软件缺陷处理的一般流程如下：

- 测试人员针对程序中的缺陷(Bug)生成软件缺陷问题报告单。
- 测试方与开发方、产品方一起确认软件的缺陷描述是否清楚，缺陷是否成立。如果缺陷成立，则根据缺陷的优先级将缺陷加入缺陷库的合适位置。否则，关闭该缺陷。
- 开发方按照缺陷的优先级依次处理缺陷库中的缺陷。在此期间，测试方需要跟踪缺陷，与开发方交流，督促开发方尽早修改缺陷。
- 测试方确认缺陷修改是否正确，如果缺陷修改正确，则关闭缺陷；否则让开发方重新修改或者写明不能修改的理由。

上述内容只是描述了软件缺陷处理的一般流程，并未涉及缺陷的状态及其变化。下面通过一个具体案例，介绍包含缺陷状态及其变化的软件缺陷处理流程。

假定项目组当前包含四种角色，分别是测试经理、测试人员、开发经理和开发人员，软件缺陷处理流程可以规定如下。

(1) 测试人员针对程序中的缺陷(Bug)编写软件缺陷问题报告单，将其指派给开发经理，并将缺陷的状态设置为"新建"。

(2) 开发经理收到通知后，查看新建的缺陷。如果确认是一个缺陷，开发经理就将这个缺陷指定给某位开发人员处理，并将缺陷的状态改为"开放"。如果发现这是产品说明书中定义的正常行为或者经过与开发人员的讨论之后认为这并不能算作缺陷，开发经理将这个缺陷返回给测试经理，并将缺陷的状态设置为"拒绝"。

(3) 开发人员收到通知后，查看并处理该缺陷。当开发人员进行处理并认为已经解决之后，就可以将这个缺陷的状态设置为"已修正"，并将其返还给测试人员。

(4) 测试人员收到通知后，查看并验证缺陷修改情况。如果经过再次测试发现缺陷仍然存在，测试人员将缺陷再次传递给开发人员，并将缺陷的状态设置为"重新开放"。如果测试人员经过再次测试确认缺陷已经解决，就将缺陷的状态设置为"已关闭"。

(5) 如果测试经理收到某缺陷被拒绝的通知，验证该缺陷，如果确实不能算作缺陷，则关闭缺陷，将缺陷状态设置为"已关闭"。如果认为的确是一个缺陷，则修改缺陷描述，并将其重新指派给开发经理，并将缺陷的状态设置为"新建"。

根据上述流程，缺陷状态变化的情况如图 2-3 所示，其他测试人员使用 T 表示，测试经理使用 TM 表示，开发人员使用 D 表示，开发经理使用 DM 表示。

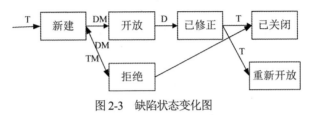

图 2-3　缺陷状态变化图

在 CRM 系统测试实施过程中，使用上述缺陷状态分类、四种人员角色以及缺陷处理流程来管理软件缺陷。项目组成员角色，如表 2-1 所示。

表 2-1　CRM 项目组成员

项目管理员			PM1		
开发组	开发人员	D1	测试组	测试人员	T1，T2
	开发经理	DM1		测试经理	TM1

根据图 2-3 描述的缺陷状态变化情况，缺陷状态修改规则如表 2-2 所示。在后续 HP ALM 初始化设置中，需要按表 2-2 的要求设置缺陷状态修改规则。

表 2-2　CRM 项目角色权限

项目	人员		修改缺陷状态转换规则
CRM 系统测试	项目管理员：PM1		修改所有缺陷
	开发	开发经理：DM1	修改缺陷时，状态字段限制：新建 | 开放、新建 | 拒绝、开放 | 已修正、重新开放 | 已修正
		开发人员：D1	修改缺陷时，状态字段限制：开放 | 已修正、重新开放 | 已修正
	测试	测试经理：TM1	修改缺陷时，状态字段限制：拒绝 | 已关闭、拒绝 | 新建、已修正 | 已关闭、已修正 | 重新开放
		测试人员：T1、T2	修改缺陷时，状态字段限制：已修正 | 已关闭、已修正 | 重新开放

2.3 HP ALM 初始化设置

初次使用 HP ALM 进行测试过程管理时，需要首先进行角色用户的设置以方便管理，主要包括站点管理用户、项目管理用户和普通用户。

1. 站点管理用户

站点管理用户可以登录 HP ALM 的站点管理后台系统，进行域、项目、用户等重要管理。一般由项目经理或测试经理完成相关操作。

2. 项目管理用户

项目管理用户可以登录到 HP ALM 的项目管理系统中，进行用户权限分配、自定义组、实体、工作流等重要管理。一般由测试组长或者有经验的测试工程师担任此角色，完成相关操作。

3. 普通用户

普通测试用户也可以登录到 HP ALM 的项目管理系统中，以便完成版本管理、需求管理、编写测试用例、执行测试用例、提交缺陷等工作。参与当前测试项目的测试工程师通常都具有这一权限。

角色用户设置完成后，通常由站点管理用户和项目管理用户完成设置域、项目、用户、用户权限、缺陷和用例的属性和规则等，这些设置通常被称为 HP ALM 初始化设置。

2.3.1 启动站点管理

站点管理是对整个 HP ALM 系统维护的入口，通过站点管理，可以创建和维护 HP ALM 项目、用户和服务器。如果想使用 HP ALM 管理项目的测试过程数据，则首先需要使用站点管理进行相应的设置。具体操作如下所示。

1. 打开 HP ALM 主页面

打开 Web 浏览器，输入 HP ALM 服务器的 URL(http://< HP ALM Platform 服务器名或IP地址:端口>/qcbin/)进入 HP ALM 主页面，如图2-4所示。需要注意的是，HP ALM 11.5 只能运行在 IE7、IE8、IE9、IE10 上，不支持在 Chrome 和 Firefox 等非 IE 内核的浏览器上的运行。

2. 进入站点管理页面

在 HP ALM 主页面上单击"站点管理"，如果客户机首次访问站点管理或者客户机网络信息(如 IP 地址)发生了变化，则要求浏览器安装 HP ALM 相关组件，等待安装完成后，进入登录界面输入安装时所设置的站点管理员用户名和密码，单击"登录"按钮后进入站点管理的工作界面，如图 2-5 所示。

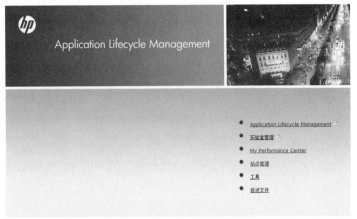

图 2-4　HP ALM 主页面

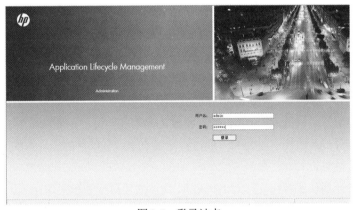

图 2-5　登录站点

首次使用 IE 浏览器访问 HP ALM 的站点管理时，客户机会从服务器自动下载文件，HP ALM 随后会对安装在本机上的文件执行版本检查。如果服务器上有更新的版本，则将该新版本文件下载到本地。

3. 站点管理页面功能介绍

在站点管理的主工作界面，可以看到站点项目、实验室管理、站点用户、站点连接、许可证、服务器、数据库服务器、站点配置、站点分析、项目计划和跟踪子项，如图 2-6 所示。

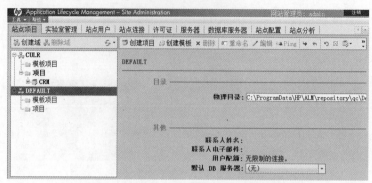

图 2-6　HP ALM 站点管理的主工作界面

HP ALM 站点管理工作界面的各个子项的含义如下。

- 站点项目：管理 HP ALM 项目，包括添加新域和项目、查询项目中的数据、还原项目、升级项目、重命名项目以及激活或停用项目等功能。
- 实验室管理：管理 Lab_Project 详细信息和定义管理员。
- 站点用户：添加新用户并定义用户属性，包括更改密码。
- 站点连接：用于监视当前连接到 HP ALM Platform 服务器的用户。
- 许可证：监控正在使用中的 HP ALM 许可证的总数，并修改许可证密钥号码。
- 服务器：修改 HP ALM Platform 服务器信息，例如日志文件和邮件协议。
- 数据库服务器：管理数据库服务器。这包括添加新数据库服务器、编辑数据库的连接字符串、更改数据库的默认管理员用户名和密码以及更改用户密码。
- 站点配置：修改 HP ALM 配置参数，例如邮件协议。
- 站点分析：监控一段时间内通过特定节点连接到项目的经许可的 HP ALM 用户的数量。
- 项目计划和跟踪：安排对 HP ALM 站点的项目计划和跟踪计算。

2.3.2　创建域和项目

在 HP ALM 中，提供域和项目两级管理体系。项目是管理的基本单位，可以理解为存取测试过程中各种数据信息的数据库，收集和存储与测试流程相关的数据；域是项目的集合。在企业级实际应用中，HP ALM 中通常会管理很多不同项目，把项目按"域"分组进行管理有助于提升管理的效率，尤其是项目很多的情况，每个域都可包含一组相关的 HP ALM 项目。

在具体操作层面，在 HP ALM "站点管理"中可以添加新域，然后在域下创建项目。可以创建空 HP ALM 项目，也可以将现有项目的内容复制到新项目中，还可以还原对现有项目的访问。创建项目后，可通过定义和运行 SQL 语句来查询项目内容，以及停用或激活对项目的访问。

在本书配套的实验中,将创建 CULR 域,进而在此域下创建 CRM 项目。域的创建操作较为简单,读者可自行完成,下面重点介绍创建项目的具体操作。

(1) 在 HP ALM 主工作界面的左侧窗口中选中域 CULR 下的项目,右击选中工具栏中的"创建项目"按钮,打开"创建项目"对话框(见图 2-7)。

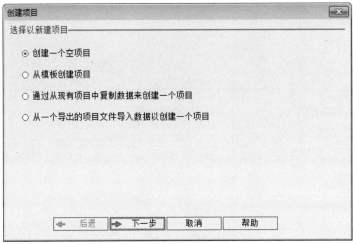

图 2-7 创建项目方式

(2) 如图 2-7 所示,HP ALM 可以创建一个空 HP ALM 项目,可以通过复制现有模板项目的自定义创建新项目,也可以通过从现有项目中复制数据来创建一个项目,还可以通过从已导出的项目文件导入数据来创建一个项目。本书以创建一个新 HP ALM 项目为例,选择"创建一个空项目",单击"下一步"按钮,打开如图 2-8 所示的对话框。

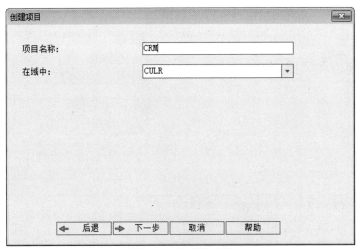

图 2-8 创建项目信息

(3) 在图 2-8 所示的对话框中，输入项目名称，域名为 CULR。需要注意的是：项目名称不能超过 30 个字符，且不能包括任何以下字符：= ~ ' ! @ # $ % ^ & * ( ) + | { } [ ] : ' ; " < > ? , . / \ - 。在该实验中，项目名称输入 CRM，然后单击"下一步"按钮，打开图 2-9 所示的对话框。

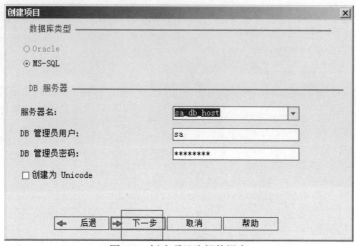

图 2-9　创建项目选择数据库

(4) 在数据库类型选项中，可以选择 Oracle 或 MS-SQL，本地实验环境安装的数据库为 MS-SQL 数据库。默认情况下，显示为域定义的服务器名、DB 管理员用户和 DB 管理员密码的默认值。如果定义了其他数据库服务器，可在服务器名列表中进行选择，并输入相应的数据库管理员和密码。单击"下一步"按钮，进入如图 2-10 所示的界面。

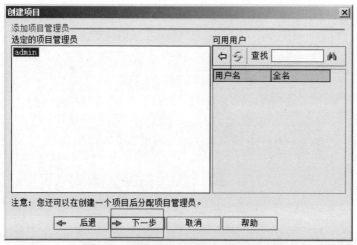

图 2-10　创建项目"添加项目管理员"

（5）添加项目管理员。左侧列出当前的项目管理员，可以从右侧的可用用户列表中分配项目管理员。分配成功后，对应的用户名将从"可用用户"列表移到"选定的项目管理员"列表。项目管理员用户可以在项目中添加和管理其他用户。单击"下一步"按钮后，如果在 HP ALM 平台上安装有一个或多个扩展，则以下对话框将打开，如图 2-11 所示。实际操作时，也可在创建项目之后再分配项目管理员。

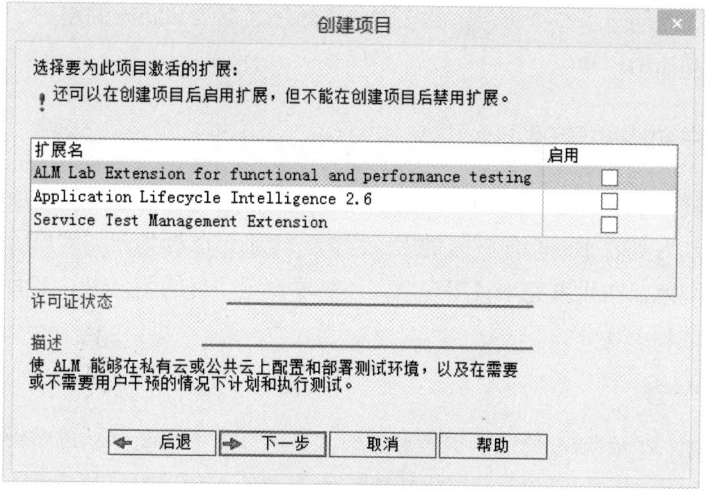

图 2-11　项目扩展

（6）在"扩展"列表中，根据需要选中要启用扩展的复选框。本次实验先不启用扩展，单击"下一步"按钮，进入图 2-12 所示的界面。此时，对话框中将显示项目摘要信息，查看项目信息，要更改任何详细信息，请单击"后退"按钮。

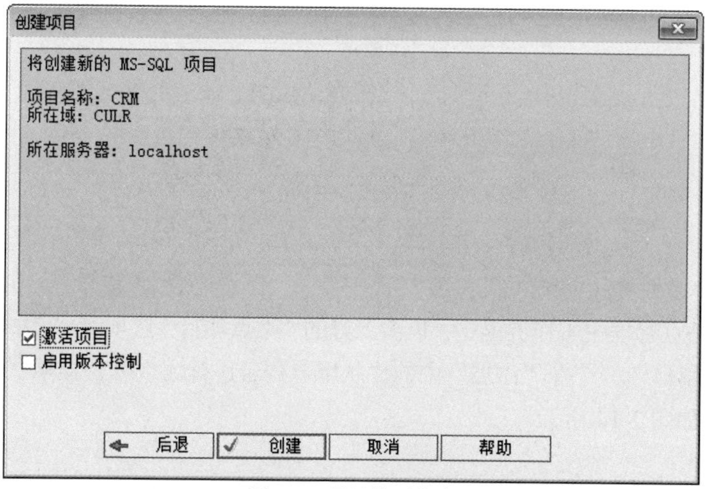

图 2-12　项目摘要信息

(7) 激活并创建项目。选中"激活项目"选项，以确保当用户通过 HP ALM "登录"窗口登录到项目时，可以看到新创建的已激活项目。确定项目信息无误后单击"创建"按钮，创建项目将持续几分钟时间。

项目创建完成后，在站点项目管理模块的左侧导航面板能够看到 CULR│"项目"下已经有了项目 CRM。双击项目名称，在右侧的属性栏中能看到项目的详细信息。至此，我们已经创建了一个项目，并在项目下添加了名为 admin 的用户，下面介绍如何在项目中添加用户和组。

2.3.3 用户和组的管理

项目创建完毕后，还需要站点管理员为该项目分配项目组成员，即项目用户。项目用户可以加入具有不同功能权限的用户组内，组则可以视为一类用户所具有的权限列表集合。因此，在设置完项目用户后，还需要设置项目的用户组。下面分别介绍用户和组管理的相关操作。

1. 用户管理

(1) 在 HP ALM 站点管理主工作界面中，单击界面上方的"站点用户"选项卡，打开用户管理界面，然后单击工具栏按钮 弹出用户创建界面，在该界面可以添加项目用户信息，如图 2-13 所示。用户创建完成后，可以在用户列表中右击该用户名来设置密码。需要说明的是，用户名是用户登录 HP ALM 项目的账号，需要记录好。在本案例中创建用户 PM1、TM1、DM1、D1、T1、T2。

图 2-13　"新建用户"对话框

(2) 在站点管理主工作界面中，单击上方的"站点项目"选项卡，选中项目 CRM，单击"项目用户"，选择"添加"中的"从用户列表进行添加"，显示"项目用户"管理页面，如图 2-14 所示。

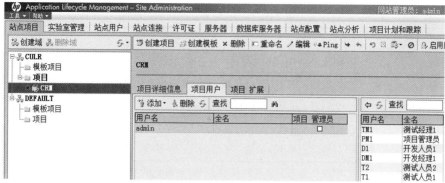

图2-14 "项目用户"管理页面

(3) 在 CRM 项目用户管理页面中，右边用户列表中显示的用户都是不属于当前项目 CRM 的用户。这里要把这些用户添加到项目中，从右边用户列表中选中用户 D1、DM1、PM1、T1、T2、TM1，然后单击"添加到项目"按钮⇐ 。用户从右边列表转移到左边列表，如图2-15"项目用户"列表页面所示。

图2-15 "项目用户"列表

(4) 如图 2-15 所示，CRM 项目添加用户成功。选中用户 PM1 右侧的"项目管理员"复选框☑，即将用户 PM1 设置为该项目管理员，其他用户默认为项目的普通用户。

2. 用户组管理

每个用户组都有一组权限，这些权限由 HP ALM 项目管理员赋予。HP ALM 系统预定义了 5 个默认的项目组，分别是 TDAdmin(超级管理员)、Project Manager(项目经理)、QATester(测试人员)、Developer(开发人员)和 Viewer(观察人员)。这 5 个默认项目组执行不同的权限，如表2-3所示，相应权限不能更改。

表 2-3　HP ALM 默认组权限

项目组	权限
TDAdmin	组成员在 HP ALM 项目中具有完全权限
Project Manager	组成员在需求、测试计划、测试实验室和缺陷等 HP ALM 模块中具有完全权限。还具有一些管理权限
QATester	组成员在需求、测试计划和测试实验室中具有完全权限。在缺陷模块中，只能添加和修改缺陷，不能删除。还具有一些管理权限
Developer	组成员仅限于修改需求、测试计划和测试实验室模块中的附件。在缺陷模块中，只能添加和修改缺陷，不能删除。还具有一些管理权限
Viewer	组成员在整个 HP ALM 项目中只具有查看的权限

1) 创建用户组

一般在实际工作中，HP ALM 的 5 个默认权限组的权限和实际工作中需要的权限不一样，这就需要重新设置适合自己的权限组，因此需要重新创建组，可以更改组的权限。根据实际情况新建以下几个组：开发组(CRMDeveloper)、开发经理(CRMDevManager)、测试组(CRMTester)、测试经理(CRMTestManager)。创建用户组的步骤如下：

(1) 在 HP ALM 主页中，点击 Application Lifecycle Management 链接，进入 HP ALM 项目登录页面，如图 2-16 所示。

图 2-16　HP ALM 项目登录

(2) 在图 2-16 所示的 HP ALM 项目登录页面中，在"登录名"和"密码"框中分别输入由站点管理员分配的项目管理员的用户名和密码，单击"身份验证"按钮，HP ALM 将验证用户名和密码，并确定该用户可以访问的域和项目。在域列表中，选择 CULR 域。在项目列表中，选择 CRM 项目。单击"登录"按钮，连接到项目。进入该项目的 ALM 主页面，如图 2-17 所示。

图 2-17　ALM 主页面

(3) 在图 2-17 所示的项目页面中，单击工具栏上的"工具"下拉列表，选择"自定义"，进入"项目自定义"页面。在"项目自定义"页面中，单击左侧"组和权限"链接，将打开"组和权限"页面，如图 2-18 所示。

图 2-18　"组和权限"页面

(4) 新建一个名为 CRMDeveloper 的用户组。在图 2-19 所示的"组和权限"页面中，单击"新建组"按钮将打开"新建组"对话框。如图 2-19 所示。

图 2-19　"新建组"对话框

在"组名"框中输入新组的名称 CRMDeveloper，在"设置为"下拉列表中选择一个和要创建的组权限接近的组 Developer，将现有用户组的特权分配到新组。HP ALM 这样设置的目的是使组创建过程简化，将已有权限赋予新组。单击"确定"按钮保存。

(5) 新建一个名为 CRMTester 的用户组。重复第(4)步，在"新建组"对话框的"组名"框中输入 CRMTester，在"设置为"下拉列表中选择 QATester。

(6) 新建一个名为 CRMDevManager 的用户组。重复第(4)步，在"新建组"对话框的"组名"框中输入 CRMDevManager。在"设置为"下拉列表中选择 Developer。

(7) 新建一个名为 CRMTestManager 的用户组。重复第(4)步，在"新建组"对话框的"组名"框中输入 CRMTestManager。在"设置为"下拉列表中选择 QATester。

完成开发组(CRMDeveloper)、开发经理(CRMDevManager)、测试组(CRMTester)、测试经理(CRMTestManager)的创建之后，要为这些用户组设置组权限和成员，而常用的权限主要集中在对缺陷的处理上。在案例中，用户组成员及其权限信息如表 2-4 所示。

表 2-4　成员信息表

组	成员	是否能创建缺陷	缺陷状态管理规则
CRMDeveloper	D1	否	开放|已修正；重新开放|已修正
CRMDevManager	DM1	否	开放|已修正；重新开放|已修正；新建|开放；新建|拒绝
CRMTester	T1 T2	是	已修正|已关闭；已修正|重新开放
CRMTestManager	TM1	是	已修正|已关闭；已修正|重新开放；拒绝|已关闭；拒绝|新建

2) 配置用户组成员和权限

接下来，依据表 2-4 所列的信息来配置用户组成员和权限信息。在这里，以配置 CRMDeveloper 组权限与成员为例，详细介绍配置过程的主要步骤。

(1) 在图 2-20 所示的"新项目组列表"页面中，左侧项目组列表中选中组 CRMDeveloper。单击右侧工具栏的"权限"选项卡，单击"缺陷"选项卡，取消选中"缺陷"下的"创建"复选框，即不能添加缺陷，只能修改更新缺陷。

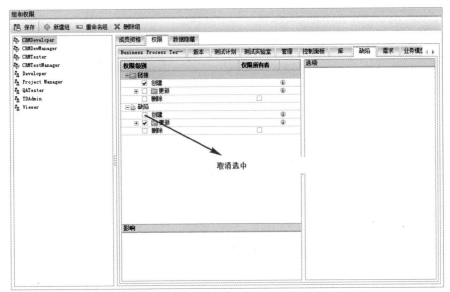

图 2-20　修改 CRMDeveloper 缺陷权限

(2) 在修改 CRMDeveloper 缺陷权限页面中，单击"缺陷"下的"更新"前的+（见图 2-20），选择"状态"字段，设置缺陷字段的转换规则，即修改该字段时的约束规则，编辑缺陷转换规则。缺陷状态字段限制为：开放 | 已修正、重新开放 | 已修正。如图 2-21 所示。

图 2-21　CRMDeveloper 缺陷转换规则

(3) 将d1加入CRMDeveloper组中。在图2-22所示的"CRMDeveloper缺陷转换规则"页面中，单击工具栏的"成员资格"选项卡，在成员资格"在组中"用户列表下，同时选中d1，单击加入标签 ⊡ ，单击"保存"按钮。添加用户组用户之后的界面如图2-22所示。

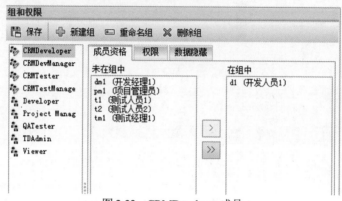

图2-22　CRMDeveloper成员

至此CRMDeveloper组的成员、缺陷管理的规则已经设置完毕，按照上面的规则设置其他三个组的权限。

2.3.4　缺陷配置

不同的项目对缺陷配置有不同的需求，为了适用不同需求的项目，HP ALM允许一个项目定制自己的实现内容。例如，在缺陷记录表中，系统提供了一些常用的默认字段，但是测试人员在测试时非常关注发现缺陷时的浏览器版本，这时可以在缺陷记录中添加一个"浏览器版本"字段，并为这个字段定义可选择的内容，如IE、Firefox、Safari、Chrome等。同时，测试人员也非常关注缺陷是在哪种测试类型下发现的，这时可以在缺陷记录中添加一个"缺陷类型"字段，并为这个字段定义可选择的内容，如"功能测试""性能测试""安全测试""接口测试"等。

在本案例中，需要将字段"浏览器版本"和"缺陷类型"添加到缺陷记录表中。具体做法是：先在"项目列表"中添加要新建的字段名及取值，然后在"项目实体"中将已创建的字段添加到缺陷实体中。相关操作步骤如下所示。

1. 新建项目列表

1) 新建"缺陷类型"项目列表

(1) 在"项目自定义"页面中，点击"项目列表"链接，打开"项目列表"页面，如图2-23所示。

图2-23 项目列表

(2) 在"项目列表"页面中，单击工具栏上的"新建列表"按钮，弹出"新建列表"窗口，输入需要新建的列表名"缺陷类型"，单击"确定"按钮，"缺陷类型"列表就会显示在项目列表中。

(3) 在"缺陷类型"页面中，单击右侧工具栏上的"新建项"按钮，弹出"新建项"窗口，输入需要新建的项名"功能测试"。

(4) 重复第(3)步，分别新建项"安全测试""性能测试""接口测试"，单击"保存"按钮。如图2-24所示。

图2-24 新建缺陷类型项

2) 新建"浏览器版本"项目列表

新建"浏览器版本"项目列表的步骤与新建"缺陷类型"项目列表的步骤相似，

这里不再赘述。"浏览器版本"项目的列表名称为"浏览器版本"，可选项为Chrome33、Chrome34；IE7、IE8、IE9、IE10；FireFox27、FireFox28、FireFox29，如图2-25所示。

图2-25　新建浏览器版本项

2. 将新建字段添加到缺陷实体中

(1) 在"项目自定义"页面中，点击"项目实体"链接，打开"项目实体"页面，选中"缺陷"下的"用户字段"，如图2-26所示。

图2-26　"项目实体"页面

(2) 在"项目实体"页面中，单击"新建字段"按钮，标签输入"浏览器版本"，字段的类型是"查找列表"，在"查找列表"下拉框选择"浏览器版本"，然后单击"保存"按钮，如图2-27所示。

图 2-27 创建浏览器版本用户字段

(3) 重复步骤(2)，添加缺陷类型字段，如图 2-28 所示。

图 2-28 创建缺陷类型用户字段

3. 添加缺陷字段自定义

自定义缺陷模块对话框，可以为每个用户组设置不同的缺陷信息可见字段，还可为每个用户组设置可见字段的排列顺序。例如，可只为测试经理用户显示"分配优先级"字段，并将该字段设置在缺陷的其他字段之前。在本案例中，使用项目管理员用户 PM1 登录项目，进入项目自定义页面，然后进行缺陷字段自定义设置操作。

(1) 在"项目自定义"界面中，点击"工作流"链接，打开"工作流"页面。如图 2-29 所示。

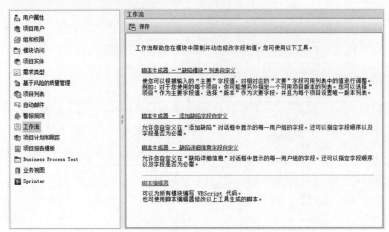

图 2-29　"工作流"页面

(2) 打开"脚本生成器-添加缺陷 字段自定义"对话框。如图 2-30 所示。

(3) 以设置用户组 CRMTester 的缺陷信息为例,不需要把在界面显示的字段都移至左边的空白处可用字段中,可见字段包含所选用户组当前可见的字段的名称及排序优先级。其中,选中复选框的可见字段为必填字段,要求在使用时必须输入一个值。单击"应用脚本更改"按钮保存自定义结果,如图 2-31 所示。

图 2-30　"脚本生成器-添加缺陷 字段
自定义"对话框

图 2-31　保存自定义结果

操作说明:选择字段名并单击箭头按钮(> 和 <),可在可用字段和可见字段之间移动名称;单击双箭头按钮(>> 和 <<)可将所有名称从一个列表移动到另一个;还可在列表之间拖动字段名;可使用向上和向下箭头来设置字段对于所选用户组的显示顺序,还可上下拖动字段名;可单击应用并查看按钮保存更改,并在脚本编辑器中查看生成的脚本。

使用上述步骤分别为用户组 CRMDeveloper、CRMDevManager、CRMTestManager设置缺陷自定义字段。

2.3.5 用例配置

不同的项目对测试用例有不同的需求，HP ALM 允许一个项目定制自己的实现内容。例如，在创建用例记录表时，系统只提供了一些常用的默认字段，具体项目可能需要额外增加用例被审查，或者标记测试用例的优先级等字段。

上述操作与缺陷字段配置过程相似，下面仅以为测试用例添加"用例审查"和"用例优先级"两个列表项列为例，对测试用例字段的配置过程做简单说明。其中，"用例审查"列表项包含两个可选项："未审查"和"已审查"，默认为"未审查"。"用例优先级"列表项包含三个可选项："低""一般""高"，默认为"一般"。具体操作如下所示。

(1) 在"项目自定义"页面中，点击"项目实体"链接，打开"项目实体"页面，选中"测试"下的"用户字段"，如图 2-32 所示。

图 2-32   "项目实体"页面

(2) 在"项目实体"页面中，单击"用例审查"按钮，为"标签"输入"用例审查"，字段的"类型"是"查找列表"，从"查找列表"下拉框选择"用例审查"，然后单击"保存"按钮，如图 2-33 所示。

图 2-33   创建"用例审查"字段

(3) 重复步骤(2)，添加"用例优先级"字段，如图 2-34 所示。

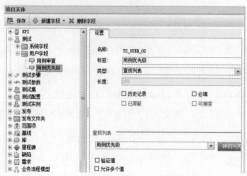

图2-34　创建"用例优先级"字段

2.3.6　模板配置

在HP ALM中，可以使用脚本编辑器创建工作流脚本，并在脚本中对某些输入字段进行自定义设置。HP ALM默认支持VBS脚本。本节将介绍如何通过脚本编辑器来定制需求模板、测试计划模板和缺陷模板。

在主页选择"工具"｜"项目自定义"命令，进入"工作流"页面，点击"脚本编辑器"链接，弹出"脚本编辑器"页面，如图2-35所示。

图2-35　"脚本编辑器"页面

1. 配置需求模板

1) 实现内容

- 在新建需求时，审阅状态默认值为"未审阅"。表示该新建的需求需要测试负责人等相关人员进行需求评审，评审后，才能将状态置为"已审阅"。
- 新建需求时，在需求描述中自动加入描述内容大纲，格式为：

一：测试需求概述

1.

2.

二：测试要点分析

1.

2.

2) 配置方法

在如图 2-35 所示的"脚本编辑器"页面中，单击"需求模块脚本"，单击 Req_New，在右侧编辑区加入如下设置模板的代码，保存。

```
Sub Req_New
    On Error Resume Next
    Req_Fields("RQ_REQ_REVIEWED").Value="未审阅"
    Req_Fields("RQ_REQ_COMMENT").Value="一：测试需求概述"&vbCrLf&_
    space(1)&"1."&vbCrLf&_
    space(1)&"2."&vbCrLf&_
    vbCrLf&"二：测试要点分析"&vbCrLf&_
    space(1)&"1."&vbCrLf&_
    space(1)&"2."
    On Error GoTo 0
End Sub
```

操作页面如图 2-36 所示。

图 2-36　需求模板脚本

2. 配置测试计划模板

1) 实现内容

主要是对新增的两个字段"用例审查"和"用例优先级"赋默认值。"用例审查"的默认值为"未审查"，表示该用例未经过评审；由测试相关负责人进行用例审查后，设置为"已审查"，表示该用例通过，可以进行下一步的测试工作。"用例优先级"默认为"一般"，如果用例需要优先安排进行测试，则将该用例的优先级设置为"高"。

2) 配置方法

在如图 2-36 所示的"脚本编辑器"页面中，单击"测试计划模块脚本"，单击 Test_New，在右侧编辑区加入如下设置模板的代码，保存。

```
Sub Test_New
    On Error Resume Next
        Test_Fields("TS_USER_01").Value="未审查"
        Test_Fields("TS_USER_02").Value="一般"
    On Error GoTo 0
End Sub
```

操作页面如图 2-37 所示。

图 2-37　测试计划模板脚本

3. 配置缺陷模板

1) 实现内容

- 新建缺陷时，缺陷的默认状态为"新建"。
- "注释"中，测试人员需要加入"【功能模块】""【重现步骤】""【错误结果】""【正确结果】""【缺陷备注】"。
- 新建缺陷下，在缺陷描述中，自动加入描述内容大纲，格式为：

[功能模块]：模块名
[重现步骤]：
1.
2.
[错误结果]：错误结果
[正确结果]：正确结果
[缺陷备注]：缺陷备注

2) 配置方法

在如图 2-36 所示的"脚本编辑器"页面中,单击"缺陷模块脚本",单击 Bug_New,在右侧编辑区加入如下设置模板的代码,保存。

```
Sub Bug_New
    On Error Resume Next
    Dim Template
    Template = "<html><body>"
    Template = Template & "<font color=""#000080""><b>[功能模块]: </b></font>"
    Template = Template & "<font color=""#000000"">模块名</font><br>"
    Template = Template & "<font color=""#000080""><b>[重现步骤]: </b></font><br>"
    Template = Template & "                1、<br>"
    Template = Template & "                2、<br>"
    Template = Template & "<font color=""#000080""><b>[错误结果]: </b></font>"
    Template = Template & "<font color=""#CE0000""><b>错误结果</b></font><br>"
    Template = Template & "<font color=""#000080""><b>[正确结果]: </b></font>"
    Template = Template & "<font color=""#006000""><b>正确结果</b></font><br>"
    Template = Template & "<font color=""#000080""><b>[缺陷备注]: </b></font>"
    Template = Template & "<font color=""#737300"">缺陷备注</font><br>"
    Template = Template & "</body></html>"
    Bug_fields("BG_STATUS").Value="新建"
    Bug_Fields("BG_DESCRIPTION").Value = Template
    On Error GoTo 0
End Sub
```

操作页面如图2-38所示。

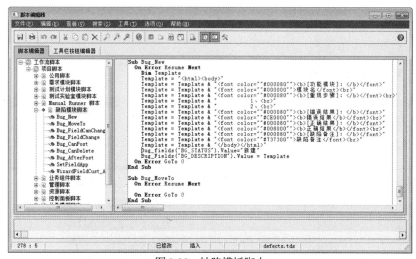

图 2-38　缺陷模板脚本

2.4 创建发布树

HP ALM 通过定义发布和周期来组织和跟踪即将进行的发布。本书的 2.2.1 节介绍了 HP ALM 的工作流程，从中可以看出，测试流程始于在 HP ALM 管理模块中定义发布，管理模块的基础是发布树。

本节以 CRM 系统的测试为例，从项目管理员的角度介绍发布和周期的设置，以及如何在 HP ALM 系统中创建发布树，包括创建发布版本和测试周期。

2.4.1 定义发布树

1. 定义发布树

在 HP ALM 中，通过在管理模块中定义发布开启测试进程。发布树中包含一个发布文件夹，发布文件夹中包含程序的不同版本。发布由周期组成，每个周期都有一个预定义的目标。发布的起止日期必须包含发布中的所有周期，周期之间可以是独立存在的，也可在相互没有干扰的情况下重叠。例如，项目经理可以决定使回归测试周期和性能测试周期重叠。

在本案例中，针对 CRM 系统的发布，定义了三个测试周期，分别是功能测试、性能测试和回归测试。具体测试周期的名称和含义如下。

- CYCLE 1-功能测试：测试此次发布的程序需要实现的既定功能。功能测试完成后，开发团队修正测试中记录的缺陷。
- CYCLE 2-性能测试：根据指定标准测试应用程序的性能，如程序支持的并发用户数量和程序响应时间。
- CYCLE 3-回归测试：重新进行测试以确认新修改没有引入新错误或导致其他代码产生错误。

2. 发布树的分层架构

HP ALM 通过创建发布树来定义发布树的分层架构。CRM 系统测试发布树的分层结构如表 2-5 所示。

表 2-5　发布树的分层架构

标记	层次名	功能说明
📁	发布文件夹	发布树下的发布文件夹
🎯	发布	发布文件夹下的发布
○	周期	发布下的周期

默认情况下，管理模块的左侧面板显示"发布"文件夹，它是预定义文件夹，不能删除。如果需要使用不同的发布名称，可以根据需求重命名"发布"文件夹并向其中添加发布。创建新文件夹时，就在"发布"文件夹中创建了一个新级别。根据组织架构的测试流程，可以为每个程序创建一个发布文件夹，或为多个程序创建一个文件夹。

2.4.2 创建发布

以项目管理员用户 PM1 登录到 HP ALM 的项目 CRM 管理页面中，左边导航选择"管理"，单击"发布"按钮，进入"发布"模块，如图 2-39 所示。

图 2-39 HP ALM 的"发布"模块

1. 创建发布文件夹

在 HP ALM 中，新建"发布"文件夹的具体步骤如下。

(1) 在"HP ALM 发布模块"页面中，单击工具栏上"新建发布文件夹"图标，弹出"新建文件夹"输入框页面。

(2) 在"新建发布文件夹"输入框中输入发布文件夹的名称，如"CRM 系统"。单击"确定"按钮后，发布文件夹创建成功。

2. 创建发布

"发布文件夹"创建完成后，可在该文件夹下创建发布，具体步骤如下。

(1) 在"HP ALM 发布模块"页面中，选中已创建的发布文件夹"CRM 系统"，单击工具栏中的新建发布按钮，弹出"新建发布"页面。

(2) 在"新建发布"页面中，输入发布名称，如 CRM1.0，然后设置发布的开始日期和结束日期，如 2018/11/1-2018/11/30。单击"确定"按钮，发布创建成功。

2.4.3 创建周期

发布创建完成后，用户可以在发布下创建多个测试周期，具体操作如下。

(1) 在"HP ALM 发布模块"页面中，选中已创建的发布 CRM1.0，单击工具栏中的新建周期按钮，弹出"新建周期"页面。

(2) 在"新建周期"页面中，输入周期名称，CYCLE 1-功能测试，然后设置周期的开始日期和结束日期，比如 2018/11/1-2018/11/30。单击"确定"按钮，周期创建成功。

(3) 重复创建周期的步骤，添加其他两个测试周期名称，分别是"CYCLE 2-性能测试""CYCLE 3-回归测试"。然后，设置各周期的开始日期和结束日期，单击"确定"按钮，周期创建成功。

如图 2-40 所示为 CRM 系统程序的发布树，显示 CRM 系统文件夹的树包含版本 CRM1.0 和它的周期。

图 2-40　CRM 系统发布树

2.5　实验

实验一：EasyPHP 和 CRM 系统安装与配置

一、实验目的

现实工作环境中，在测试工作开展前，项目相关人员应该将被测系统安装部署好，以便后续的脚本开发和测试执行工作可以正常开展。本实验旨在使大家了解并独立搭建 CRM 系统 Web 端测试环境。具体目标如下：

1. 掌握 EasyPHP(Apache+MySQL+PHP)在 Windows 上的部署；

2. 掌握 CRM 系统搭建与安装；

3. 掌握访问与配置 CRM 系统方法。

二、实验的环境及设备

服务端：Apache 2.1(含)以上版本、MySQL 4.0(含)以上版本、PHP 4.3.0(含)以上版本；

客户端：Windows 操作系统、macOS 操作系统、Linux 操作系统；

软件版本：EasyPHP 5.2.10。

三、实验内容

1. EasyPHP 安装与配置；

2. CRM 系统的安装与配置；

3. PHPMyadmin 的使用与 CRM 系统数据库操作；

4. 熟悉主要数据表。

四、实验步骤(详见电子文档 — CRM 系统安装说明)

1. 成功安装 EasyPHP，并且将描述语言改为中文；

2. 将 CRM 系统源码复制并且解压缩到 EasyPHP 安装目录的 www 文件夹下；

3. 使用 EasyPHP 配置地址访问 CRM 系统(默认为 127.0.0.1)；

4. 进入 CRM 系统安装配置页面，输入数据库主机名、数据库端口号、数据库名、数据库用户名、数据库密码、表前缀、管理员账号和管理员密码；

5. 使用安装时设置的管理员密码登录 CRM 系统；

6. 将 EasyPHP 安装目录下的 PHPMyadmin 文件夹复制到 www 文件夹下；

7. 通过访问路径[服务器 IP 地址]：[端口号]/phpmyadmin，可以打开 MySQL 后台管理页面，熟悉 CRM 系统的各表数据。

实验二：ALM 初始化环境设置

一、实验目的

为了提高测试流程的便捷性，ALM 要求初次登录进行初始化，为当前项目建立相应的域和项目组，将相应用户添加到所处组内，对其在项目进行中的权限进行规范，并根据项目的不同特点创建个性化缺陷。这样能够简化项目管理流程，实现数据信息共享，使责任更分明，减少各部门间互相推诿的现象。具体目标如下：

1. 熟练掌握 ALM 站点管理中创建域和项目，并添加相应成员的操作；

2. 熟练掌握 ALM 组成员权限设置和分配的操作；

3. 熟练掌握 ALM 缺陷配置、用例配置、模板配置的方法；

4. 熟练掌握 ALM 创建发布树的方法。

二、实验的环境及设备

服务端：Windows Server

客户端：Windows 7 64 位

软件版本：HP ALM/Quality Center 11.5

三、实验内容

1. 创建域和项目，并且将项目成员添加到域中；

2. 根据项目成员职责添加相应权限；

3. 添加缺陷和用例的用户字段，设置需求、用例和缺陷的模板；

4. 创建发布树。

四、实验步骤

1. 创建域并编写域名，例如 CULR；

2. 创建项目并编写项目名，例如 CRM；

3. 添加多个用户，并设置密码，将其中的一个用户设置为项目管理员。例如：PM1、DM1、TM1、D1、T1、T2，其中，PM1 为管理员用户(备注：本门课后期会以小组为单位完成一个完整的 ALM 项目，为了便于操作，可以将每个成员都设置为管理员)；

4. 将上述用户添加进 CRM 项目中；

5. 新建 4 个用户组，分别为开发人员、开发经理、测试人员、测试经理。

其中，开发人员和开发经理皆选择 ALM 已有组 Developer，继承组 Developer 的权限；测试人员和测试经理皆选择已有组 QATester，继承组 QATester 的权限。然后，在已有组权限的基础上，进一步设置用户组的权限。

6. 设置组的权限并添加组成员，设置规则如表 2-6 所示。

表 2-6　设置规则

项目	人员		可否创建缺陷	修改缺陷状态转换规则
CRM 系统	项目管理员：PM1		是	修改所有缺陷
	开发	开发经理：DM1	否	修改缺陷时，状态字段限制：新建|开放、新建|拒绝、开放|已修正、重新开放|已修正
		开发人员：D1	否	修改缺陷时，状态字段限制：开放|已修正、重新开放|已修正
	测试	测试经理：TM1	是	修改缺陷时，状态字段限制：拒绝|已关闭、拒绝|新建、已修正|已关闭、已修正|重新开放
		测试人员：T1、T2	是	修改缺陷时，状态字段限制：已修正|已关闭、已修正|重新开放

- 开发经理组：

  ◆ 不能添加和删除缺陷，只能修改和更新缺陷；

- ◆ 缺陷状态字段限制为：开放｜已修正、重新开放｜已修正、新建｜开放、新建｜拒绝；
  - ◆ DM1 加入开发经理组。
- 开发人员组：
  - ◆ 不能添加和删除缺陷，只能修改和更新缺陷；
  - ◆ 缺陷状态字段限制为：开放｜已修正、重新开放｜已修正；
  - ◆ D1 加入开发人员组。
- 测试人员组：
  - ◆ 缺陷状态字段限制为：已修正｜已关闭、已修正｜重新开放；
  - ◆ T1、T2 加入测试人员组中。
- 测试经理组：
  - ◆ 缺陷状态字段限制为：已修正｜已关闭、已修正｜重新开放、拒绝｜已关闭、拒绝｜新建；
  - ◆ TM1 加入测试经理组。
7. 参考 2.3.4~2.3.5 节，对缺陷、用例和模板进行配置。
8. 参考 2.4 节创建发布和周期。

五、实验思考

理解在本案例中，4 种角色、6 种状态下的软件缺陷处理流程。

第 3 章

CRM系统功能测试实践

在测试实践中，功能测试是一项十分常见的测试内容，也是各软件研发企业比较重视的一种测试类型。软件系统作为产品，其丰富的功能应用是用户最关注的部分之一，这就需要软件研发企业投入足够的人力、物力和时间来对系统的各项功能进行详细的测试，以便发现软件中存在的功能缺陷并进行改正，从而使软件系统正确、有效地运行。

目前，在国内的 IT 企业中，功能测试是初中级软件测试工程师主要的工作内容。对于初入测试行业的新人来讲，理解和掌握功能测试的原理、技术和常见测试工具的使用具有非常重要的现实意义。

本章以 CRM 系统功能测试项目为例，详细介绍功能测试的实施过程。所谓的功能测试就是对软件系统的功能特性进行测试，具体来讲，它是根据产品特征、操作描述和用户方案，验证软件产品的各项功能是否符合预期的功能需求。功能测试属于黑盒测试的范畴，即测试人员不需要考虑程序内部结构及代码实现，只需要依据需求文档、用户合同等内容进行测试。

在实践测试活动中，功能测试可以与界面测试、兼容性测试、性能测试一起考虑，即在进行功能测试的同时，测试人员还要考虑被测对象是否存在界面、兼容性、性能上的问题。例如，在测试活动中，打开一个功能页面，测试人员不是立刻去执行功能测试用例，而是先要看看该页面的颜色、风格、布局、标题、文字等界面测试点是否合理、人性化，是否满足用户需求；在执行功能测试用例时，测试人员要同时考虑响应时间、兼容性等非功能特性是否存在缺陷。将功能测试与界面测试等多种相关测试一起进行，可缩短测试的周期，提升测试的效率。

在 CRM 系统功能测试中，以手工测试为主，辅以自动化测试，优先选择使用频率高的核心业务来开展自动化测试。其中，手工测试的一般工作流程如图 3-1 所示。

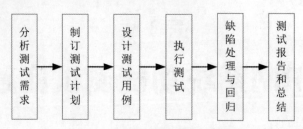

图 3-1　手工测试的一般工作流程

在本案例中，使用测试工具 UFT11.5 来实施功能自动化测试。功能自动化测试是手工测试的有益补充，也是初级测试工程师走向中、高级测试工程师必备的基础。引入自动化之后的功能测试流程与手工测试的流程大致相同，主要区别在于自动化测试需要在设计测试用例之后开发自动化测试脚本并执行。另外，自动化测试用例的格式与手工测试用例也不同。本章将同时开展对 CRM 系统的手工测试和自动化测试。

3.1　测试需求分析

"测试需求"这个名词在业界没有权威的定义，多数意见认为测试需求就是解决"测什么"的问题。具体说，就是依据初期的系统需求，确定需要测试的功能特性和非功能特性，以及测试通过的标准，并初步评估出测试的规模、复杂度和风险。测试需求分析是一切测试活动的起点，通过测试需求分析，测试工程师可熟悉被测系统的业务，明确测试的内容与重点，从而有针对性地制定测试的方法与策略。

测试需求在整个测试活动中占有重要地位，它对测试计划的编制具有指导作用。只有明确了测试需求，测试工程师才能决定测试如何进行，测试的环境、进度及人员，测试中需要的技能、工具及知识，测试中可能遇到的风险等，上述这些内容构成了测试计划的基本要素。因此，测试需求分析的结果决定了测试计划的质量。

测试需求是设计测试用例的依据。在测试中，测试用例通常是以测试需求为纲，将被测系统的业务用具体的步骤描述出来。如果没有测试需求，测试用例的编写就没有参照，不可能设计出详细的、覆盖率高的测试用例。

3.1.1　测试需求的收集途径

按照规范的流程，测试需求是从被测系统的相关需求文档中获取的，如《用户需求文档》《需求规格说明书》《用户访谈记录》等文档。但是，在实际项目中，由于主观的、客观的原因，可能会出现需求文档缺失或者不完善的情况，常见的情况有以下几种。

- 项目人员只重视编码而忽视文档的质量，导致文档不完善，可测性很差；
- 采用敏捷开发模式，开发周期短，缺少详细的软件需求文档；
- 用户需求变更频繁，而需求文档没有及时更新，导致文档内容与实际需求不符。

没有完善的软件需求文档，很难获取完整的测试需求，这给测试人员带来了很大挑战。作为测试人员，除了督促相关人员补充合格的需求文档之外，还应该尽可能地从其他途径收集测试需求，常见的测试需求收集途径如下。

- 从系统的业务目标、结构、功能、数据、运行平台、操作等多方面进行综合分析，了解测试需求。
- 以旧版本系统或者同类的软件系统为参考，借鉴系统以往的测试需求、测试用例、软件缺陷等文档资料去挖掘测试需求。
- 通过与客户、产品设计人员、开发人员充分沟通去获取需求。
- 参加公司提供的业务培训，了解系统的业务。
- 从易用性、用户体验等角度思考需要验证的需求。
- 从测试标准、行业规范等角度考虑系统的测试要求。

在测试活动中，我们可以结合多种途径去收集测试需求，务必确保软件的功能及其他特性被正确理解。因此，测试需求分析人员必须具备良好的理解能力与沟通能力。在本书的 CRM 系统测试中，项目组提供了《CRM 用户需求文档》《CRM 需求规格说明书》等文档，作为我们进行测试需求分析的依据。

3.1.2　测试需求分析的工作

严格来讲，测试需求分析需要依次完成下面的工作。

1) 审核需求文档，确保文档内容完整、正确，可测性强

需求文档是测试需求分析的数据来源，测试人员先要对系统的相关需求文档进行审核，主要看文档是否齐全；内容是否齐全，是否正确；文档的可读性和可测性如何。文档审核发现的问题可以生成《文档审核问题报告单》，并交给开发人员补充和修改。

2) 阅读需求文档，熟悉系统的业务，画出系统的功能结构图、业务流程图等

借助这些图可以帮助我们清晰地了解系统的功能架构，为更好地熟悉和测试被测系统提供帮助。如果开发项目正规，那么在项目的需求文档中会给出系统的功能结构图，测试工程师可以根据这个功能结构图组织测试。如果没有图，就需要先画出功能结构图。

3) 在全面了解被测系统需求的基础上，明确测试范围

测试范围通常包括测试的目标，以及需要测试的功能、界面、性能等。

4) 根据系统的特点，制定具体的测试策略

例如，自动化测试的引入与测试工具的选择，测试优先级的设置等内容。在测试活动中，某些测试项可以考虑使用自动化测试去提升测试的效率，保证测试的准确性。自动化测试不可盲目引入，需要测试组充分评估引入自动化测试可能带来的好处和风险，尤其是风险，如资金的投入产出比(ROI)，测试工具对系统是否有良好的支持，测试周期可能会增加，人员技术可能不达标，测试脚本不易维护等多种风险。测试优先级是要确定哪些测试点优先级高，需要先测试；哪些测试点优先级低，可以以后测试。优先级的确定，使测试人员清晰了解核心的功能、特性与流程有哪些，客户最关注的是什么，由此可确定测试的工作重点在何处，以便在测试进度发生问题时，实现不同优先级别的功能、模块、系统迭代递交或取舍，从而缓和测试风险。

5) 对用户需求进行细化和分解，编写测试需求大纲

将需求细化和分解成测试要点，合并重复的测试要点，并将测试要点整理写入测试需求大纲。测试需求大纲设计得越详细，对所要进行的任务内容就越清晰，测试工程师就更容易把握测试的质量和进度。测试需求设计的好坏与整个测试过程紧密相关，一个良好的测试需求通常需要具备以下 5 个特征。

- 完整性、充分性：测试需求必须充分地覆盖软件需求的所有功能性要求和非功能性要求，不能有遗漏。
- 准确性：测试需求中的每项内容都必须是描述清楚的，且正确地反映了测试任务和用户的要求。
- 可追溯性：从测试需求可向上回溯到系统需求，向下追踪到测试用例。
- 一致性：测试需求中各部分内容的描述是一致的，不存在相互矛盾的地方。
- 可行性：每一项测试需求在已有的条件下都是可以测试、可以实施的。

6) 评审测试需求

测试需求大纲编写完毕后，需要对其内容进行评审。评审有两种形式：正式评审和非正式评审。正式评审是指通过正式的小组会议完成评审工作，小组成员可以是测试组成员，也可以是产品设计人员、开发人员、QA 人员等。而非正式的评审不需要将评审人员集合在一起评审，而是通过电子邮件、网络会谈等交流形式对测试需求进行评审。两种形式各有利弊，一般来说，非正式评审效率更高，更容易发现问题。具体评审时，可以灵活地采用这两种方式。

按照上述过程分析 CRM 系统测试需求的步骤如下。

(1) 仔细阅读《CRM 用户需求文档》《CRM 需求规格说明书》等文档，给出系统的功能结构图。通过文档的阅读，我们可以了解 CRM 系统的用途、功能架构以及主要的业务流程。通过给出的系统功能结构图，可以明确系统的整体功能结构状况，以便后期可以更全面、充分地分析与提取测试需求。通过阅读需求文档和分析系统的功能结构可以得知：CRM 系统包含用户登录、系统管理、客户管理、商机管理、日程管理、任务管理、产品管理、财务管理等模块。

(2) 在熟悉系统需求的基础上，明确 CRM 系统的测试范围。需要测试的模块包括后台管理模块、线索管理模块、客户管理模块、商机管理模块、日程管理模块、任务管理模块。测试人员需要依据系统需求对这几个模块进行功能测试、界面测试、性能测试。

(3) 确定了测试范围后，需要设置测试的优先级。经过我们分析，后台管理模块是系统的核心配置模块，因此，优先测试该模块。根据企业的正常流程，通常先有线索，从线索中找到客户，再从客户中找到商机，因此，可以先测试线索管理模块，再测试客户管理模块，然后测试商机管理模块。

实际测试中，由于 CRM 系统版本更新比较频繁，且需要经常打补丁，每次更新软件或者系统打完补丁，都需要重新测试功能。同时，每次软件缺陷修改完毕后，都需要做大量的回归测试。因此，适合引入功能自动化测试以减少大量的重复性劳动，提升测试的效率和准确性。这里，我们使用测试工具 HP UFT 对相关典型业务进行功能自动化测试。在测试管理方面，使用测试管理工具 HP ALM 对整个测试流程进行管理，使测试过程更加规范。

下面，我们将进行功能测试需求的分析与提取工作，并生成测试需求大纲，用于指导后续的测试计划和测试用例的编写。

3.1.3　功能测试需求的分析与提取

功能测试需求就是将每个要测试的功能项描述出来，描述语言要简洁、清楚，且要覆盖每个功能项的正确性要求和容错性要求。例如，对于用户登录功能，既要测试合法用户是否能够成功登录，又要测试非法用户登录，系统是否有容错处理。

为便于讲解，下面以"线索管理"功能模块为例，详细描述该模块测试需求的提取过程。《线索管理需求规格说明书》已在附录 B 中给出，测试人员主要依据该文档进行测试需求的提取。

线索管理是员工使用频率比较高的模块。线索是公司挖掘潜在客户的第一步，线索可以来自网络、媒体、广告等多种渠道，随着员工对线索的跟进，线索可转换为客户，客户可能会带来商机，为公司带来利益。线索管理包括创建线索、批量导入和导出线索、查询线索、修改线索、删除线索、生成线索池、线索转换等功能，该管理模块的功能结构图，如图 3-2 所示。

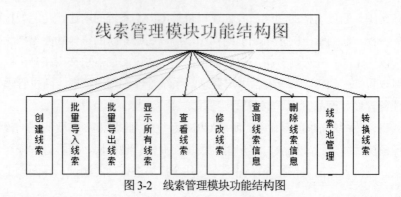

图3-2　线索管理模块功能结构图

功能结构图不仅可使测试人员对线索管理的功能架构有一个清晰的了解，还能帮助我们提取出完整的测试需求。下面我们就依据用户需求规格说明书，对线索管理的功能需求进行细化和分解，从而能够获取该模块对应的测试项，然后将测试项进行合并，并写入功能测试需求大纲中，为后续需求树的建立做好数据上的准备。测试需求大纲的编写要遵守充分性、准确性、一致性、可追溯性及可行性这5个特性。线索管理模块的功能测试需求大纲如表3-1所示。

表3-1　线索管理模块的功能需求

功能需求				
模块	功能	需求标识	测试需求	来源
线索管理模块	创建线索	CRM-CM-01	(1) 添加线索信息，包括线索负责人，联系人姓名，称呼，所属公司，职位，手机号码，邮箱，地址，下次联系时间，下次联系内容，备注。 (2) 可以连续添加新线索。 (3) 可以返回线索管理页面。 (4) 线索负责人只能选择登录用户本身或者登录用户的下属员工。 (5) 联系人姓名不能为空。 (6) 手机号不能为空，且符合正则表达式'/^1[358][0-9]{9}$/'的要求。 (7) 邮箱不能为空，且符合正则表达式：'/^(\w+([-+.]\w+)*@\w+([-.]\w+)*\.\w+([-.]\w+)*)?$/'的要求。 (8) 联系时间使用时间选择控件，必须遵守格式：年-月-日。 (9) 下次联系时间不得早于当天时间。 (10) 对于非法输入，系统应该有相应的错误提示和容错处理	线索管理模块需求规格说明书2.1

(续表)

功能需求

模块	功能	需求标识	测试需求	来源
线索管理模块	批量导入线索	CRM-CM-02	(1) 可将外部存有线索数据的 Excel 文件导入系统中，导入文件允许的类型为.xls。 (2) 系统必须给出 Excel 模板及说明，模板中包含的输入项有：公司名、联系人姓名、职位、尊称、手机号码、邮箱、地址、下次联系时间、下次联系内容、备注。 (3) 文件总大小不能超过 20MB。 (4) 可以取消当前的导入操作。 (5) 线索负责人只能选择登录用户本身或者登录用户的下属员工。 (6) 对于非法输入，系统应该有相应的错误提示和容错处理	线索管理模块需求规格说明书 2.2
	批量导出线索	CRM-CM-03	将系统中的线索导出到外部 Excel 文件，导出的信息包括公司名、联系人姓名、职位、尊称、手机号码、邮箱、地址、下次联系时间、下次联系内容、备注	线索管理模块需求规格说明书 2.3
	显示线索	CRM-CM-04	(1) 可以分页显示已创建的线索信息，包括公司名、联系人姓名、尊称、手机号码、下次联系时间、下次联系内容、负责人、创建人、创建时间、到期天数、操作。 (2) 每页最多 15 个线索，超过 15 个需要分页显示。 (3) 可跳转到指定线索信息页	线索管理模块需求规格说明书 2.4
	查看线索	CRM-CM-05	(1) 可以查看某条线索的详细信息。 (2) 可以为某条线索添加沟通的日志、任务、日程安排，也可以添加文件。 (3) 可添加的文件格式限定为 pdf,doc,jpg,png,gif,txt,doc,xls,zip,docx。 (4) 对于非法输入，系统应该有相应的错误提示和容错处理	线索管理模块需求规格说明书 2.5
	修改线索	CRM-CM-06	(1) 可以修改已创建的线索信息。 (2) 可以取消线索的修改。 (3) 线索输入项的限制与"建立线索"相同	线索管理模块需求规格说明书 2.6

功能需求

模块	功能	需求标识	测试需求	来源
线索管理模块	查询线索信息	CRM-CM-07	(1) 可通过条件查询线索。 (2) 搜索输入文本框，不允许为空。 (3) 可以根据公司名、联系人姓名、职位、尊称、手机号码、邮箱、地址、下次联系时间、下次联系内容、负责人、创建时间、修改时间查询线索。 (4) 搜索匹配算法包括包含、不包含、是、否、开始字符、结束字符、为空、不为空。 (5) 可以分别查询当前用户负责的，最近创建的，最近修改的，下属负责的和下属创建的线索。 (6) 可以分别查询今日需联系，本周需联系，本月需联系，7日未联系的，15日未联系的，30日未联系的线索	线索管理模块需求规格说明书2.7
	删除线索信息	CRM-CM-08	(1) 可删除单条线索信息。 (2) 可批量删除线索信息。 (3) 删除前必须有删除确认提示。 (4) 删除的线索暂时放入回收站，可从中还原被删除的线索	线索管理模块需求规格说明书2.8
	线索池管理	CRM-CM-09	(1) 可将线索放入线索池。 (2) 可将线索批量放入线索池。 (3) 登录员工可以领取线索池的线索。 (4) 可以为本人或下属员工分配线索池的线索，并可以站内信或邮件的形式发送通知	线索管理模块需求规格说明书2.9
	转换线索	CRM-CM-10	(1) 可将线索信息转换成客户信息，需要补足客户的资料，包括客户名称、客户行业、客户信息来源、公司性质、人数、邮编、年营业额、星级评分、客户联系地址、首要联系人信息以及备注信息。 (2) 客户信息。 (3) 联系人手机号码和邮箱要符合规定的格式	线索管理模块需求规格说明书2.10

　　测试需求大纲设计得越详细，越有助于测试计划策略的制定以及测试用例的设计。这里着重强调，测试需求设计务必遵守充分性的原则，也就是说功能测试需求要覆盖系统所有要测试的子功能，每个功能正确性和容错性的测试要求都要有所说明。因为，

一旦测试需求大纲中遗漏了某些测试项，在后续的测试活动中，很可能就遗漏了对这些测试项的测试，那么测试项潜在的Bug就无法发现，会降低测试的质量。

测试需求大纲编写完毕后，需要对其内容进行评审，通常是由项目经理、开发人员、需求人员参与测试需求评审会。在评审会上，测试需求编写人员会介绍测试需求的详细内容，并接受评审人员的问询。最终，评审人员会给出测试需求评审问题反馈单，交由测试需求编写人员去修改。

3.2　在HP ALM中创建测试需求

3.2.1　制定测试需求树规范

在HP ALM的需求模块中创建测试需求树时，测试需求名称一般是由测试的项目名称或需求点(包括功能点)名称等组成。针对CRM系统的测试，制定测试需求树规范如下。

- 需求树大体分级应该遵循的顺序：测试的项目→测试类型→测试项。
- 若测试项范围比较大，可以对测试项继续进行分级，遵循"测试项→低一级测试项"的规范。

以CRM系统测试为例，制定需求树的编写格式如下。

- 一级菜单为CRM系统，二级菜单分为不同的测试类型，如：功能测试，性能测试。
- 功能测试分为线索管理模块、客户管理模块、商机管理模块等测试项；对这些测试项继续进行细分，线索管理模块又可分为创建线索、查看线索和删除线索等子测试项。

3.2.2　创建功能测试需求树

以项目管理员用户PM1登录到HP ALM项目CRM中，左边导航选择需求，进入需求模块，如图3-3所示。

图3-3　HP ALM需求模块

1. 新建需求文件夹结构

1) 创建需求文件树

在"HP ALM 需求模块"页面中，首先要进行各级需求文件夹的创建工作。在本例中，一级需求文件夹为 CRM 系统，二级文件夹为"功能测试""性能测试"，三级以上的文件夹为各测试类型对应的测试项及子项，创建后的文件夹结构如图 3-4 所示。

2) 将需求与发布、测试周期关联

在本案例中，将"功能测试"分配到发布"Release1.0"下的"CYCLE 1-功能测试"周期中。具体操作为：右击"功能测试"，分别选择"分配至发布"和"分配至周期"，即可进行需求与发布、测试周期关联的操作。

图 3-4　CRM 系统测试需求文件夹结构

在 ALM 中，发布、周期和需求的关系说明如下：

- 在把需求分配给周期之后，需求自动地分配给发布；
- 如果把需求分配给周期，需求不会分配给发布中的其他周期；
- 把需求分配给发布不会自动地将其分配给发布中的周期；
- 分配需求到发布和周期之后，可通过 ALM 生成图表和报表来显示周期中覆盖发布和需求的质量和进程。

2. 新建需求组

新建需求组的具体步骤如下。

(1) 在如图 3-4 所示的页面中，单击工具栏中的新建需求按钮 ，弹出"新建需求"页面。在"新建需求"页面中，将需求类型设置为"组"，然后填写需求组名称，可以结合功能项的需求标识来命名需求组，如"CRM-CM-01 创建线索"。测试需求的其他子项信息可根据项目情况填写，如图 3-5 所示。

图 3-5　新建需求组

(2) 在"新建需求"页面中，填写完整的需求信息后，单击"提交"按钮，需求组即可创建成功。"线索管理"模块的功能测试的需求组如图 3-6 所示。

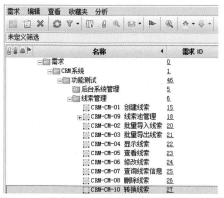

图 3-6　"线索管理"模块的功能测试的需求组

3. 在需求组下创建子功能需求

创建子功能需求的具体步骤如下。

(1) 在"测试需求组"页面中，选择已创建的"CRM-CM-01 创建线索"，单击工具栏中的新建需求按钮 。在弹出的"新建需求"页面中，将需求类型设置为"功能"；填写需求名称，如"放入线索池"；测试需求的其他子项信息可根据项目情况填写，如图 3-7 所示。

图 3-7　新建"功能"类型子需求

(2) 在"新建需求"页面中，填写完整的需求信息后，单击"提交"按钮完成子需求的创建工作。依据线索池管理的测试需求，完善该功能项的子需求树，如图 3-8 所示。

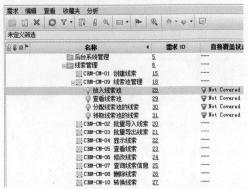

图3-8　线索池管理的"功能"类型子需求

4. 功能测试需求评审

当测试需求树添加完毕后，需要组织人员对测试需求进行评审。评审通过之后，可将已审阅状态从"未审阅"修改为"已审阅"。该设置操作比较简单，具体步骤是：选择需求管理工具栏上的"查看"|"需求详细信息"命令，需求详细信息会展开在右边，选择左边的需求，右边会展开需求详细信息；评审合格后，将右边的已审阅项状态改为"已审阅"，如图3-9所示。

图3-9　功能测试需求评审

3.2.3　测试需求转换为测试用例

创建需求树后，需求将作为基础用来在测试计划模块中定义测试用例。HP ALM中有固定的工具将项目需求转换为测试用例。测试需求转换的目的是将建立好的测试需求直接转换为测试计划模块中的测试用例或测试用例上层文件夹，转换的同时，系统自动将测试用例和测试需求进行关联。转换之前要保证各个测试需求以及评审通过，将测试需求的状态从"未审阅"改为"已审阅"。

测试需求转换为测试用例的具体操作步骤如下。

(1) 在需求树中选择"CRM 系统"文件夹并单击右键，在菜单中选择"转换到测试"命令，进入转换过程的第一步，如图 3-10 所示。此时，系统提供了三种转换方式，测试人员可根据需要进行选择：第 1 种方式是将测试需求目录中的最低层次子需求转换为测试用例的设计步骤；第 2 种方式是将测试需求目录中的最低层次子需求转换为测试用例；第 3 种方式是将所有需求转换为主题(测试用例目录)。

由于本案例中的子需求的细化程度尚不能直接转换为单个测试用例，因此，选择第 3 种方式。

(2) 转换完成后，系统自动完成测试需求到测试用例的转换。单击测试计划模块，可以在测试用例树中看到刚刚由需求转换来的目录结构。如图 3-11 所示。

图 3-10　三种转换方式

图 3-11　已转换的测试用例目录

注意：该方法是快速建立测试用例目录或测试用例的一种手段，可以根据实际情况选择使用。如果测试需求设计的粒度比较小，用例可以是由测试需求直接转换生成的。如果测试需求设计得不是很具体，可以先把需求转换为目录的形式，再在测试计划下手动创建测试用例。

3.3　制定测试计划及方案

俗话说：凡事预则立，不预则废！软件测试同样如此，在测试项目之初就要制定相应的测试计划。软件测试计划是安排和指导测试过程的纲领性文件，项目管理人员可以根据测试计划做宏观调控，并进行相应资源配置；测试人员能够了解整个项目测试情况以及项目测试的不同阶段所要进行的工作；其他相关人员可以了解测试人员的工作内容，进行有关配合工作。

测试计划文档通常是由具有丰富测试项目经验的软件测试工程师编写，主要包括测试的背景和原因、测试的内容及范围、测试的环境、测试所需的资源、测试的进度、测试的策略以及可能出现的测试风险等内容。测试人员在编写测试计划文档时，应该注意以下几点：

- 测试计划不一定要尽善尽美，但一定要切合实际。要根据项目特点、公司实际情况来编制，不能脱离实际情况。
- 测试计划制定出来了，也不是一成不变的。随着软件需求、软件开发、人员流动发生变化，测试计划也要根据实际情况的变化而不断进行调整，以满足实际测试的要求。
- 测试计划主要是从宏观上反映项目的测试任务、测试阶段、资源需求等信息，不需要太详细。

3.3.1　编制测试计划

本小节主要介绍 CRM 系统功能测试计划的编制工作。测试计划文档的模板很多，不同公司用到的模板不尽相同，但是包含的内容大同小异，可根据项目需要进行调整。下面结合 CRM 系统介绍一下测试计划的主要内容。

1. 项目背景

案例中的 CRM 系统是采用 B/S 架构设计开发的一个客户关系管理系统，从功能角度可将系统划分为：系统核心功能管理模块、线索管理模块、客户管理模块、商机管理模块、日程管理模块、任务管理模块等。目前，这些功能模块已经开发完毕，在投放市场之前，需要进行一次全面的功能测试，用于检测系统的功能是否满足用户需求，软件是否易用，界面是否美观、人性化等。本次测试由客户 IT 部门主导监控项目进度。测试团队作为测试的主要实施者，应尽可能地发现软件的功能缺陷，并与开发部门沟通修复缺陷，最终向客户 IT 部门提交测试报告，说明测试的结构。

2. 测试目标

本次测试的测试目标如下：

- 根据功能测试需求设计功能测试用例，尽可能地找出 CRM 系统存在的缺陷，同时建立一套完整的测试用例库，为后续的回归测试做准备。
- 对 CRM 系统的常用的重要业务采用自动化测试，同时规范脚本开发过程，增强脚本的可重用性和可维护性。

3. 测试对象和方法

本次测试需要对 CRM 系统的所有子模块进行功能测试。在功能测试中，以手工测试为主，以自动化测试为辅。经过分析，CRM 系统测试中需要优先使用自动化测试的功能项主要包括以下业务。

- CRM 系统的登录业务、退出业务。
- 系统核心功能管理模块：组织架构中的部门创建业务、岗位创建业务、用户创建业务。
- 线索管理模块：线索创建业务、线索删除业务。
- 客户管理模块：客户创建业务、客户删除业务。
- 商机管理模块：商机创建业务、商机删除业务。
- 日程管理模块：日程创建业务、日程删除业务。
- 任务管理模块：任务创建业务、任务删除业务。

4. 功能测试的软、硬件环境

在进行功能测试前，测试人员必须先搭建好测试平台，主要需要考虑服务器和测试机的硬件配置和软件配置。具体配置要求如下：

CRM 系统服务器使用的操作系统为 Windows Server 2008，其中数据库服务器和应用服务器安装在同一台机器上，服务器的 IP 地址为 192.168.0.120。

测试工作机安装的操作系统为 Windows 7，采用的功能自动化测试工具是 HP UFT 11.5，浏览器使用 IE9.0 以上版本。测试机与 CRM 系统服务器在同一个局域网内。

说明：

由于测试工具 HP UFT 对 IE 浏览器的对象识别比较好，因此，在本次测试中使用 IE 浏览器。

详细配置如表 3-2 所示。

表 3-2　CRM 系统功能测试的环境配置

设备	硬件配置	软件配置
数据库服务器 Web 服务器	PC 机(一台) CPU：2 Core 2.4GHz 内存：4GB 硬盘：500GB	Windows Server 2008 MySQL Apache 2.2
测试机	PC 机(一台) CPU：2 Core 1.7GHz 内存：4GB 硬盘：500GB	Windows 7 HP UFT 11.5 IE9.0 以上 Microsoft Office

测试的网络拓扑结构如图 3-12 所示。

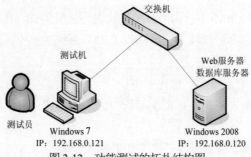

图 3-12　功能测试的拓扑结构图

5. 人力资源及时间安排

在 CRM 功能测试中，首先由一位经验丰富的测试工程师去完成功能测试需求分析、测试计划编写和自动化测试架构的设计，再由一位测试员去完成其余剩下的工作，共需要两位测试人员参与完成本次功能测试，整个测试需要在 10 天内完成。具体的人员和时间进度安排如表 3-3 所示。

表 3-3　人员和时间进度安排表

时间段	具体任务	执行人员	人员职责
第 1~3 天	测试需求分析 测试计划设计 自动化测试架构设计	测试组长	负责测试需求分析，制定测试计划，设计自动化测试架构，组织测试评审，协调管理测试工作与进度，汇报工作
第 4~6 天	测试用例设计 测试脚本开发	测试员	负责设计测试用例，开发测试脚本，执行功能测试，分析测试结果，提交测试缺陷，回归测试，编写测试报告
第 7~8 天	执行测试 测试结果分析	测试员	负责设计测试用例，开发测试脚本，执行功能测试，分析测试结果，提交测试缺陷，回归测试，编写测试报告
第 9~10 天	测试报告	测试员	负责设计测试用例，开发测试脚本，执行功能测试，分析测试结果，提交测试缺陷，回归测试，编写测试报告

6. 测试的要求

1) 测试用例设计

测试工程师在设计测试用例时需要考虑如下要求。

- 测试用例应该能够充分覆盖测试需求中的所有功能测试项。
- 测试用例的设计应该考虑功能的正确性和容错性测试。
- 根据测试项的重要程度和优先级不同，调整测试用例的顺序和粒度。
- 应该结合常用的黑盒测试用例设计方法来设计测试用例，如：等价类划分法、边界值法、错误推测法和场景法等。
- 对于每一个测试用例，测试设计人员应为其指定输入(或操作)、预期输出(或结果)。
- 每一个测试用例，都必须有详细的测试步骤描述。
- 本次测试设计的所有测试用例均要以规范的文档方式保存。
- 在整个测试过程中，可根据项目实际情况对测试用例进行适当的变更。
- 按照系统的运行结构安排用例的执行顺序。

2) 自动化测试实施

在本案例中，部分测试用例采用自动化测试去实施，具体要求如下。

- 优先选择常用的、重要的、比较稳定的、程序容易判断的功能项去实施自动化测试。
- 维护好 CRM 系统脚本的对象库文件。
- 尽可能地使用数据驱动的编程思想，使脚本与数据分开。
- 采用结构化编程思想，将某些独立的操作封装起来。
- 合理地利用脚本复用技术，最大限度地降低脚本开发的工作量。
- 为脚本添加必要的注释信息，增强脚本的可读性。
- 采用规范的措施对脚本进行管理。

3) 缺陷处理

测试执行完毕，测试人员需要对发现的缺陷进行管理，具体要求如下：

- 测试执行过程中，对发现的缺陷应马上记录。
- 对每个缺陷都应该编写相应的软件缺陷报告单。
- 每个缺陷应该有明确的所属模块、缺陷等级等信息。
- 测试人员需要全程跟踪缺陷，直至它被解决。
- 当缺陷被开发人员修改完后，测试人员需要进行回归测试。

7. 测试进入/退出标准

1) 进入标准

以下条件具备后，可以进行本次功能测试。

- CRM 测试环境搭建完毕，原有系统数据已做备份

- 测试用例、功能自动化测试脚本准备完毕
- 业务数据及测试数据准备完毕
- 可以正常访问 CRM 系统界面

2) 退出标准

手工测试用例 100%被执行，依据自动化测试用例，所有自动化测试脚本执行完毕。

8. 风险分析

在测试前期，测试负责人需要分析和评估测试可能存在的风险因素，并制定好应对的措施，以防止影响测试的进度和质量。本测试案例的风险分析情况如表 3-4 所示。

表 3-4　CRM 系统功能测试风险分析表

风险因素	可能结果	风险级别	应对措施
测试员对系统不熟悉，没有完全掌握系统的业务细节	遗漏了对某些功能点的测试	高	组织评审会对测试用例的质量进行评审，以发现是否遗漏了某些功能点的测试
测试机器出现故障	测试环境不能按时准备就绪，延缓测试的进度	高	准备备用机器，延迟性能测试开始时间
业务功能有 Bug	相关功能脚本不能录制	高	开发人员优先解决相关 Bug，缩短解决问题的时间
自动化测试工程师离职	测试无法继续开展	中	从其他测试组抽取一名资深自动化测试工程师作为应急人员

9. 测试交付文档

除了最终的测试报告，测试过程中产生的文档和文件都要保存下来，作为系统是否验收的依据。测试最终需要提交的文档如表 3-5 所示。

表 3-5　CRM 系统功能测试交付文档列表

测试阶段	阶段性文档
测试需求分析	测试需求大纲
测试计划编制	测试计划文档
测试用例设计	测试用例文档
测试脚本开发	测试脚本文件

（续表）

测试阶段	阶段性文档
执行测试	测试结果文件、软件缺陷报告单
回归测试	测试结果文件、软件缺陷报告单
测试报告编写	测试报告文档

除了以上 9 项内容，测试计划还要包括测试的参考资料、测试术语、测试计划制定者、日期、修改记录、评审人员等信息。

3.3.2　评审测试计划

测试计划编写完成后，测试负责人可以组织评审小组对测试计划的内容进行评审，尽早发现测试计划中的问题并对其进行改进。评审人员通常包括产品设计人员、软件开发人员、QA 人员、测试人员等。评审组织者要提前列出评审的重点内容，然后由评审人员根据评审的内容逐条审查，对于发现的问题做好记录工作，最终评审人员将审查的记录提交给评审组长，由评审组长编写《CRM 系统测试计划评审报告》。不同的企业可能用到的评审报告模板不同，但是一般都包括项目名称、评审人员、评审对象、评审内容、评审结论等内容，本项目测试计划的评审报告如表 3-6 所示。

表 3-6　CRM 系统功能测试计划评审报告

项目名称	CRM 系统		项目编号	××××		
部门	测试部		所处阶段	验收测试		
评审组织人	×××		评审组长	××××		
评审方式	□邮件　□会议		评审日期	××××-××-××		
评审人	×××、×××、×××、×××、×××					
本次评审对象与结论						
评审对象	序号	工作产品	版本号	编写人	备注	
	1	《CRM 系统功能测试计划.doc》	×××	×××		
评审内容	文档的名称、标题描述是否清楚；文档内容是否齐全、顺序是否合理；文档的内容描述是否清晰；测试的进度是否符合项目的要求；项目工作量估计是否合理；测试的范围是否合理；项目风险是否考虑充分，是否制定了应对措施					

(续表)

评审概述	CRM 系统功能测试计划评审采用邮件评审的方式；由×××对需要评审的内容逐一进行讲解，并由大家一起讨论、提出优化建议		
发现问题	序号	问题描述及修改建议	提出人
评审结论： (请在结论前 对你选择的 打√)	√通过，不必做修改		
	通过，需要做修改		
	不通过，需要修改后再做评审		
	评审组组长：		
评审确认	评审意见		确认人
	无		

3.3.3　设计自动化测试框架

在自动化测试过程中，为了保证测试脚本的规范性、可读性和可维护性，首先要设计适合项目的自动化测试框架。自动化测试框架实质上就是一种规范的集合，在自动化测试团队开发过程中，经常会遇到很多这样那样的问题。例如：

- 测试脚本不统一，出现很多重复的脚本；
- 对象库中含有很多重复的对象，导致对象混乱；
- 测试结果数据不清晰，查看的时间代价过大；
- 测试脚本不规范，难以修改和复用，导致维护的成本很高。

以上这些只是一些比较常见的问题，其实在自动化测试过程中遇到的问题远远不止这些，要解决这些问题，必须要为其定义适合项目的规范。例如，脚本不统一，可以针对脚本的编写给出严格的规范，以及定制共享函数库；对象库重复混乱，可以采取规范对象库的命名和使用共享对象库的措施；测试结果数据不清晰，可以将每个脚本的关键数据输出到同一个外部文件中，并做好格式处理；测试脚本不规范，难以修改和复用，可以将脚本中的部分内容分离出来。除了上述措施，还包括脚本实行可配置、异常处理措施、测试结果处理、报表管理等常用规范，这些措施规范形成的集合，我们称为自动化测试框架。

自动化测试框架有很多种，没有任何一种测试框架是万能的。在测试实践中，自动化测试工程师应该设计适合本公司项目的测试框架，测试框架一旦制定好了，测试人员就能够根据该框架的规范进行测试脚本的编写。

自动化测试工程师在进行自动化测试时，首先要考虑的就是测试过程与测试脚本的统一管理。不管是手工测试还是自动化测试，都需要依据规范的测试流程来开展测试工作，规范的测试流程是保证测试质量的首要因素。在本案例中，使用测试管理工具 HP ALM 对自动化测试的过程进行控制和管理。测试脚本是一种代码，在测试进行过程中，需要对这些代码进行统一管理。在本案例中，自动化测试用例的测试脚本开发完成后，将上传到 HP ALM 中进行统一管理。如果测试脚本有多个版本，还要考虑脚本的版本控制，可以借助 SVN 等版本控制软件对此进行管理。功能自动化测试工具 HP UFT 与 HP ALM 可以无缝对接，HP ALM 不仅可以对 HP UFT 测试脚本进行管理，还可以对对象库、函数库、场景恢复等资源文件进行管理，使脚本更容易得到控制，在一定程度上可以减少后期维护的成本。

一个完备的测试框架还应该考虑对象的管理、函数库的管理、数据驱动、关键字驱动、错误处理、测试报告管理等内容。下面结合案例介绍以上内容。

1. 对象的管理

在功能自动化测试中，最难的问题之一就是对象的识别和管理，因为脚本中涉及流程上的变动相对来说比较少，变动最大的通常是对象层。在 HP UFT 中，对象识别主要包括以下两种方法。

1) 从对象库中查找并识别对象

对象库是 HP UFT 的一个重要组件，对象库中存放着与被测业务有关的各种对象，在脚本开发和回放过程中，可以从对象库中查看并识别所需要的对象。这种方法实现了编码与对象的分离，方便了对象的维护和管理，但是此对象库文件只适合 HP UFT，很难移植到其他功能自动化测试工具中。

2) 利用描述性编程查找并识别对象

这种方法比较灵活，可移植性好，不必使用对象库组件，仅利用描述性编程语言来查找并识别当前页面的对象，还可以根据需要识别并查找某一类的测试对象。

在本案例中，为了方便对象的维护和管理，优先使用对象库的方式查找和识别对象。如果该方式无法满足需要，再使用描述性编程查找并识别对象。如果使用对象库，就需要构建和管理对象库。为了防止对象库混乱、名称不统一，在构建对象库时，需要测试人员规范对象库中对象的命名，设置对象的层次结构，将对象库中重复的对象删除。对象库构建完成后，可将对象库文件上传到 HP ALM 系统的测试资源中，以便开发测试用例脚本时，测试人员可以将对象库文件关联到当前的用例项目中，实现对象库文件的共享。

2. 函数库的管理

在测试脚本的开发过程中，可以采用结构化编程的思想，将某些复用度较高的脚本单独放在过程或函数中，简化脚本的开发工作量。例如：每个用例脚本中都包含发送邮件的代码，可以将发送邮件的代码单独写在一个函数中，当脚本用到发送邮件的代码时，直接调用该函数即可。另外，如果脚本需要频繁地调用外部函数库中的函数，需要提前将函数库文件关联到当前的用例项目中。

在自动化测试活动中，通常将项目的相关函数放在外部的函数库文件中，实现脚本与函数的分离，函数库文件可以是 qfl、vbs 或 txt 格式。函数库构建完成后，将其上传到 HP ALM 系统的测试资源中，方便测试人员将函数库文件关联到当前的用例项目。此外，有些函数也可封装在动态链接库文件中(以 dll 为后缀名)，使用时通过 Extern.Declare 方法调用动态链接库文件中的函数。

3. 数据驱动

HP UFT 支持数据驱动框架，其最大优点是实现了脚本与数据的分离，便于数据的修改和脚本的维护。测试脚本中的数据不再是硬编码的，相反，数据是被存储在 HP UFT 表中或者外部文件中。一般情况下，我们使用外部的 Excel 表存储数据，测试脚本需要首先连接到外部数据源文件，然后从数据源解析这些数据。其他常用的外部数据源包括文本文件、XML 文件、数据库文件等。

4. 关键字驱动

HP UFT 的一大特点就是支持关键字驱动，主要关键字包括三类：被操作对象(Item)、操作(Operation)和值(value)，用面向对象形式可将其表现为 Item.Operation(Value)。有了这些关键字，测试用例的步骤就可以借助这些关键字表示。例如：某用例步骤"在员工登录页面中的用户名文本框中输入 tester1"的具体实现脚本可表示为：Browser("CRM 系统").Page("员工登录").WebEdit("name").Set tester1，其中，Browser("CRM 系统").Page("员工登录").WebEdit("name")是指被操作的对象，Set 是操作的方法，tester1 是指具体的用户名值。

关键字驱动测试是使用关键字驱动技术开发测试脚本，关键字驱动测试包含以下两个子过程。

① 建立对象库，对测试用例中所用的对象(控件)属性及方法进行封装。

② 编制脚本，使用封装好的对象及其对应的方法，为所进行的操作赋值。

在 HP UFT 脚本开发过程中，可以通过录制方式生成脚本，也可以通过手工编写脚本。在实践中，可以将两种方式结合起来，先用录制方式快速生成基本业务脚本，然后依据用例的要求通过手工方式修改和强化脚本。

5. 异常监控和处理

错误处理在自动化测试过程中一直是一件非常烦琐的事情，我们经常会遇到因为脚本的一个小错误而"卡住"所有其他测试用例的执行，以及在复杂的框架中无法对脚本执行过程中出现的错误进行定位等情况。

错误处理的一般原则为：对于可以预见确切发生时间的错误使用 if err then 形式来进行错误处理操作，如登录之后密码不正确的错误操作等；对于无法预见确切发生时间的错误，通常先使用 HP UFT 的场景恢复技术对错误进行处理，再继续完成后续的操作。

6. 测试报告管理

测试执行过程，HP UFT 会记录每个 Action 的执行情况，可以使用 Reporter 等对象将执行过程中的某些关键信息输出到测试报告中，以便测试人员可以判断测试用例脚本执行通过或失败。此外，为了便于查看批量运行脚本的结果数据，可将所有脚本执行过程中的关键数据统一输出到一个文件中，使测试人员可以更加直观和快速地了解测试执行情况。在脚本开发过程中，为了增强脚本的可读性，还应该对脚本增加必要的注释信息。

本节所涉及的对象库管理、描述性编程、函数及函数库管理、数据驱动、关键字驱动、场景恢复、测试报告等技术都在 3.5 节的测试实例中有所体现。

3.4　设计测试用例

测试计划编制完成后，测试人员就可以开展测试用例的设计工作。在测试活动中，测试用例的设计是测试工作的核心内容，是开发脚本、执行测试并发现测试缺陷的重要依据，测试用例的质量对于测试的覆盖率、测试执行的效率、发现缺陷的数量具有指导性作用。

一般来说，测试用例是为某个特定目标而设计的，它是测试操作过程序列、前提条件、期望结果及相关数据的一个特定集合。测试用例的模板多种多样，不同的企业用到的模板不尽相同，手工测试用例模板与自动化测试用例模板也略微有所差别。一个测试用例通常包含：名称、标识、测试说明、前提条件、测试步骤、预期结果、实际结果、用例状态、设计人员、执行人员等元素。

在本案例中，依据线索管理模块的功能测试需求，分别设计手工测试用例和自动化测试用例。

3.4.1 测试用例的设计准则

测试用例是测试执行的依据，对于挖掘被测软件潜在缺陷具有重要的指导作用，因此，测试用例的设计应该遵守一定的设计准则，使测试用例更加合理、有效地指导后续测试工作，用例设计准则如下。

1. 遵循设计测试用例的基本准则

- **测试用例的代表性**。设计测试用例时，应尽量覆盖各种合理的和不合理的，合法的和非法的，边界的和越界的，以及极限的输入数据、操作和环境设置，设计的测试用例应最有可能发现程序或软件中的错误。
- **测试用例的非重复性**。测试用例不应与原有测试用例有重复效果，应追求测试用例数目的精简。
- **测试结果的可判定性**。测试执行结果的正确性是可判定的，每一个测试用例都应有相应的预期结果。
- **测试结果的可再现性**。对同样的测试用例，被测程序的执行结果应该是相同的。

通常来说，一个好测试用例是指很可能找到迄今为止尚未发现的错误的用例。

2. 测试用例具有充分性

测试用例应该能够充分覆盖测试需求中的所有功能测试项，不能遗漏某些功能项的测试。

3. 应该综合考虑功能的正确性和容错性测试

功能的正确性是指用户输入或操作合理、合法的情况下，被测功能项的正确性；功能的容错性是指用户输入或操作不合理、非法的情况下，被测功能项的容错处理能力。

4. 设计合理的用例执行顺序和粒度

根据测试项的优先级和重要程度不同，调整测试用例的顺序和粒度。在设计测试用例时，测试工程师要思考哪些功能项是支撑功能、关键功能，需要先进行测试。例如，如果系统中包含数据初始化模块，该模块将为其他功能模块的运行提供初始数据，那么该模块就应该优先测试。另外，对于被测系统中的重要、核心的功能项，可以多设计一些测试用例，并将测试用例设计得更详细，以增大这些功能项的测试用例粒度，尽可能多地挖掘其中的软件缺陷。

5. 测试用例描述语言要专业、清晰，无二义性

在测试活动中，测试用例的设计人员和执行人员可能会不同，这就要求设计人员在编写测试用例时注意描述语言的专业性和准确性，以免影响测试的效率。

6. 综合使用测试用例设计方法

结合常用的黑盒测试方法来设计测试用例，如：等价类划分法、边界值法、错误推测法、场景法等。

3.4.2　设计手工测试用例

依据 3.4.1 节的用例设计准则，本节将开展线索管理模块手工测试用例的设计工作。受篇幅所限，本书只抽取线索管理模块中的线索池管理功能项来进行测试用例的设计，下面介绍该功能项手工测试用例的设计过程。

1. 放入线索池功能

在线索管理模块中，可以将线索放入线索池，供其他同事分配和领取。对于该功能，测试人员应该检测正常情况下功能是否正确以及异常情况是否有相应的容错处理。通常在测试中，首先进行功能的正确性测试。因此，先设计正确性测试所需的测试用例，设计时应遵守相应准则，特别要注意考虑边界和特殊数据。放入线索池功能正确性测试用例如表 3-7~表 3-10 所示。

表 3-7　放入线索池功能正确性测试用例 1

测试用例名称	放入线索池功能 1			
测试用例标识				
测试说明	在线索管理界面，验证页面第一条线索放进线索池功能的正确性			
前提与约束	进入线索管理界面，系统至少存在 15 条线索(正好一页)，可以加入线索池			
测试过程				
序号	输入及操作说明	期望测试结果	评估准则	实际测试结果
1	打开"我负责"的线索列表，选择线索列表中的第一条线索，单击"批量操作"下的"批量放入线索池"按钮。	弹出放入线索池确认对话框	与预期结果一致	

(续表)

序号	输入及操作说明	期望测试结果	评估准则	实际测试结果
2	在对话框中，单击"确定"按钮	被选中的线索在当前页面消失。在"线索池"页面中，可看到刚放入线索池的线索	与预期结果一致	

设计人员	张三		设计日期		
执行情况	未执行	执行结果		问题标识	
测试人员				测试执行时间	

表3-8 放入线索池功能正确性测试用例2

测试用例名称	放入线索池功能2
测试用例标识	
测试说明	在线索管理界面，验证页面最后一条线索放进线索池功能的正确性
前提与约束	进入线索管理界面，系统至少存在15条线索(正好一页)，可以加入线索池

测试过程

序号	输入及操作说明	期望测试结果	评估准则	实际测试结果
1	打开"我负责"的线索列表，选择线索列表中的最后一条线索，单击"批量操作"下的"批量放入线索池"按钮	弹出放入线索池确认对话框	与预期结果一致	
2	在对话框中，单击"确定"按钮	被选中的线索在当前页面消失。在"线索池"页面中，可看到刚放入线索池的线索	与预期结果一致	

设计人员	张三		设计日期		
执行情况	未执行	执行结果		问题标识	
测试人员				测试执行时间	

表 3-9　放入线索池功能正确性测试用例 3

测试用例名称	放入线索池功能 3			
测试用例标识				
测试说明	在线索管理界面，验证页面两条线索放进线索池功能的正确性			
前提与约束	进入线索管理界面，系统至少存在 15 条线索(正好一页)，可以加入线索池			

测试过程

序号	输入及操作说明	期望测试结果	评估准则	实际测试结果
1	打开"我负责"的线索列表，选择线索列表中的第一条和最后一条线索，单击"批量操作"下的"批量放入线索池"按钮	弹出放入线索池确认对话框	与预期结果一致	
2	在对话框中，单击"确定"按钮	被选中的线索在当前页面消失。在"线索池"页面中，可看到刚放入线索池的线索	与预期结果一致	

设计人员	张三		设计日期	
执行情况	未执行	执行结果	问题标识	
测试人员			测试执行时间	

表 3-10　放入线索池功能正确性测试用例 4

测试用例名称	放入线索池功能 4			
测试用例标识				
测试说明	在线索管理界面，验证页面全部线索放进线索池功能的正确性			
前提与约束	进入线索管理界面，系统至少存在 15 条线索(正好一页)，可以加入线索池			

测试过程

序号	输入及操作说明	期望测试结果	评估准则	实际测试结果
1	打开"我负责"的线索列表，选择线索列表中的所有线索，单击"批量操作"下的"批量放入线索池"按钮	弹出放入线索池确认对话框	与预期结果一致	

(续表)

序号	输入及操作说明	期望测试结果	评估准则	实际测试结果
2	在对话框中，单击"确定"按钮	被选中的线索在当前页面消失。在"线索池"页面中，可看到刚放入线索池的线索	与预期结果一致	

设计人员	张三		设计日期	
执行情况	未执行	执行结果	问题标识	
测试人员			测试执行时间	

上述四个测试用例，充分考虑了"边界值"，分别对选中第一条、最后一条、两条、页面全部线索时，放入线索池功能的正确性。在实际测试中，某些测试人员会将四个操作步骤写在一个功能测试用例中，这可以作为时间紧张的权宜之计，实际上是不规范的。从严格意义上讲，执行当前测试步骤的前提是上一步是正确的，如果选中第一条线索加入线索池就失败了，那么后续其他步骤就没有执行的意义了，也就是说没有必要再测试最后一条、两条、页面全部线索放入线索池功能的正确性，很明显，这不符测试的要求。

接下来，针对放入线索池功能，考虑在异常操作情况下，该功能是否有相应的容错处理。需要考虑两种异常操作：不选择线索而进行线索池放入操作，以及选择已经在线索池的线索进行线索池的放入操作。下面，针对这两种情况设计测试用例，具体的测试用例如表 3-11 和表 3-12 所示。

表 3-11　放入线索池功能容错性测试用例 1

测试用例名称	放入线索池容错性 1
测试用例标识	
测试说明	在线索管理界面，不选择任何线索进行线索池放入操作，验证放入线索池功能的容错性
前提与约束	进入线索管理界面

测试过程

序号	输入及操作说明	期望测试结果	评估准则	实际测试结果
1	不选择任何线索，单击"批量操作"下的"批量放入线索池"按钮	有相关的错误提示信息	与预期结果一致	

（续表）

设计人员	张三			设计日期	
执行情况	未执行	执行结果		问题标识	
测试人员				测试执行时间	

表 3-12　放入线索池功能容错性测试用例 2

测试用例名称	放入线索池容错性 2
测试用例标识	
测试说明	在线索管理界面，选择已经放入线索池的线索，进行线索池放入操作，验证放入线索池功能的容错性
前提与约束	进入线索管理界面，线索池中至少存在一条线索

测试过程

序号	输入及操作说明	期望测试结果	评估准则	实际测试结果
1	选择已加入线索池的某条线索，单击"批量操作"下的"批量放入线索池"按钮	加入线索池失败，有相关的错误提示信息	与预期结果一致	

设计人员	张三			设计日期	
执行情况	未执行	执行结果		问题标识	
测试人员				测试执行时间	

2. 线索领取功能

线索放入线索池后，登录用户可以在线索池中领取线索，线索被领取后，就会从线索池中删除，而放入用户的线索列表中。线索领取功能比较简单，只有一条测试用例，如表 3-13 所示。

表 3-13　线索领取功能测试用例

测试用例名称	线索领取功能
测试用例标识	
测试说明	在线索管理界面，验证线索领取功能的正确性
前提与约束	进入线索管理界面，线索池中至少存在一条可领取的线索

测试过程

(续表)

序号	输入及操作说明	期望测试结果	评估准则	实际测试结果
1	单击"线索池"按钮	进入线索池管理页面	与预期结果一致	
2	单击某条线索后的"领取"按钮	线索领取成功,被领取的线索从线索池中被删除,出现在用户的线索列表中	与预期结果一致	

设计人员	张三			设计日期		
执行情况	未执行	执行结果		问题标识		
测试人员				测试执行时间		

3. 线索分配功能

线索放入线索池后,登录用户可以将线索池中的线索分配给自己或者下属员工,某条线索被分配后,该条线索就会从线索池中删除,而放入用户自己或者下属员工的线索列表中。另外,在线索分配界面,用户可以在员工列表中搜索员工名字,以便快速找到被分配线索的员工。线索分配时,还可以选择是否给被分配的员工发送站内短消息。接下来,针对该功能项设计测试用例,如表 3-14~表 3-16 所示。

表 3-14　线索分配功能测试用例 1

测试用例名称	线索分配功能 1
测试用例标识	
测试说明	在线索管理界面,当线索分配对象是登录用户自己时,验证线索分配功能的正确性
前提与约束	进入线索管理界面,线索池中至少存在一条可分配的线索

测试过程

序号	输入及操作说明	期望测试结果	评估准则	实际测试结果
1	单击"线索池"按钮	进入线索池管理页面	与预期结果一致	
2	单击某条线索后的"分配"按钮	进入线索池分配界面	与预期结果一致	
3	单击员工名文本框	进入线索分配人选择界面,员工列表中显示当前登录用户名和下属员工名字	与预期结果一致	

(续表)

序号	输入及操作说明	期望测试结果	评估准则	实际测试结果
4	选中当前登录员工的用户名，单击 OK 按钮	返回到线索分配人选择界面，当前登录用户名出现在员工名文本框	与预期结果一致	
5	选择"站内信"前的复选框，单击 OK 按钮	线索分配成功，被领取的线索从线索池中删除，出现在所属员工的线索列表中。当前登录员工正确地收到站内短消息	与预期结果一致	
设计人员	张三		设计日期	
执行情况	未执行	执行结果	问题标识	

表 3-15　线索分配功能测试用例 2

测试用例名称	线索分配功能 2
测试用例标识	
测试说明	在线索管理界面，当线索分配对象是下属员工时，验证线索分配功能的正确性
前提与约束	进入线索管理界面，线索池中至少存在一条可分配的线索，当前用户至少存在一位下属员工

测试过程

序号	输入及操作说明	期望测试结果	评估准则	实际测试结果
1	单击"线索池"按钮	进入线索池管理页面	与预期结果一致	
2	单击某条线索后的"分配"按钮	进入线索池分配界面	与预期结果一致	
3	单击员工名文本框	进入线索分配人选择界面，员工列表中显示当前登录用户名和下属员工名字	与预期结果一致	
4	选中某个下属员工，单击 OK 按钮	返回到线索分配人选择界面，所选员工名称出现在员工名文本框中	与预期结果一致	
5	选择"站内信"前的复选框，单击 OK 按钮	线索分配成功，被领取的线索从线索池中删除，出现在所属员工的线索列表中。该下属员工正确地收到站内短消息	与预期结果一致	
设计人员	张三		设计日期	
执行情况	未执行	执行结果	问题标识	

表 3-16　线索分配功能测试用例 3

测试用例名称	线索分配功能 3
测试用例标识	
测试说明	在线索管理界面，通过搜索找到并选择某位下属员工，验证线索分配功能的正确性
前提与约束	进入线索管理界面，线索池中至少存在一条可分配的线索，当前用户存在多位下属员工，如 tester1，tester2

测试过程

序号	输入及操作说明	期望测试结果	评估准则	实际测试结果
1	单击"线索池"按钮	进入线索池管理页面	与预期结果一致	
2	单击某条线索后的"分配"按钮	进入线索池分配界面	与预期结果一致	
3	单击员工名文本框	进入线索分配人选择界面，员工列表中显示当前登录用户名和下属员工名字	与预期结果一致	
4	输入员工名 tester1，单击"搜索"按钮	显示满足搜索条件的下属员工列表	与预期结果一致	
5	选中某个员工名，单击 OK 按钮	返回到线索分配人选择界面，所选员工名字出现在员工名文本框中	与预期结果一致	
6	选择"站内信"前的复选框，单击 OK 按钮	线索分配成功，被领取的线索从线索池中删除，出现在所属员工的线索列表中。该下属员工正确地收到站内短消息	与预期结果一致	

设计人员	张三		设计日期	
执行情况	未执行	执行结果	问题标识	

针对线索分配功能，本次测试共设计以上三个测试用例，在测试用例执行时，优先执行前两个测试用例，即优先测试分配基本功能，该功能通过后，再测试搜索功能。这是因为，在线索分配功能正确的基础上，搜索功能才有意义。

4. 随机测试

在实际测试过程中，测试人员很难将软件的所有操作细节都设计在测试用例中，因为测试人员大多依据《需求规格说明书》文档中的功能介绍和图示来设计测试用例，对于功能的具体实现细节，就比较难把握。那么，在测试执行过程中，对于每个功能项，测试人员执行完所有的测试用例之后，还可以依据软件的使用情况和自己的测试经验，对功能项进行随机测试。这其实是利用错误推测法的思想进行的测试。

在本次测试中，在每个功能项后，增加一条随机测试的测试用例，具体测试用例如表 3-17 所示。

表 3-17　线索池管理功能的随机测试用例

测试用例名称	线索池管理随机测试			
测试用例标识				
测试说明	在线索管理界面，进行随机测试			
前提与约束	进入线索管理界面			

测试过程

序号	输入及操作说明	期望测试结果	评估准则	实际测试结果
1	随机操作	未发现系统有错误	与预期结果一致	
设计人员	张三		设计日期	
执行情况	未执行	执行结果	问题标识	

5. 线索池管理功能的界面测试

界面测试与功能测试通常是同时进行的，在测试功能的同时，测试人员也应该注意功能所属的界面是否存在问题，是否满足用户的需要。一般来说，不需要对每个页面都单独设计一条测试用例，那样意义不大，可以针对每个功能项设计一条界面测试用例。线索池管理功能的界面测试用例如表 3-18 所示。

表 3-18　线索池管理功能的界面测试用例

测试用例名称	线索池管理界面测试
测试用例标识	CRM-CM-09.12
测试说明	对线索池管理功能的所有相关页面进行界面测试
前提与约束	进入线索管理界面

测试过程

(续表)

序号	输入及操作说明	期望测试结果	评估准则	实际测试结果
1	1.软件系统界面是否规范，颜色、风格是否搭配； 2.页面布局是否合理，人性化； 3.界面文字信息是否准确； 4.系统界面中的窗体与各种控件是否可正常显示和使用，易用性好； 5.Tab 键、Enter 键、快捷键是否可以正常使用	1.软件系统界面规范，颜色、风格搭配； 2.页面布局合理，人性化； 3.界面文字信息准确； 4.系统界面中的窗体与各种控件可正常显示和使用，易用性好； 5.Tab 键、Enter 键、快捷键可以正常使用	与预期结果一致	

设计人员	张三		设计日期	
执行情况	未执行	执行结果	问题标识	

至此，我们已经完成了线索池管理功能项的手工测试用例设计工作，包括界面测试在内，共设计了 12 例。在测试执行过程中，测试人员应该严格按照测试用例的步骤执行测试。其他功能项的测试用例可参考线索池管理功能项的测试用例进行设计，本书不再一一列出。

3.4.3　设计自动化测试用例

手工测试用例设计完成后，开始设计自动化测试用例。依据测试计划，在线索管理模块中，需要进行自动化测试的功能项为线索创建功能项、线索删除功能项。另外，还需要对登录功能项和退出功能项进行自动化测试，下面针对这几个功能项分别设计自动化测试用例。

1. 登录

登录业务比较简单，在登录页面，输入用户名和密码，然后提交登录信息，查看系统的响应是否正确，如图 3-13 所示。

在测试登录功能时，需要考虑两种情况：一种是登录信息合法的情况下，测试登录提交操作是否正确；另一种是登录信息非法的情况下，系统是否有容错性。登录业务的相关测试用例如表 3-19 所示。

图 3-13　CRM 系统的登录页面

表 3-19　登录业务的自动化测试用例

测试目的	对测试登录业务功能的正确性和容错性进行自动化测试				
前提与约束	至少存在一组可登录 CRM 系统的用户名和密码				
测试步骤	(1) 用户打开 CRM 系统首页地址。 (2) 输入用户名和密码，单击"登录"按钮				
测试说明	用户名	密码	期望结果		实际结果
合法用户信息登录	Tester1	1111111	登录成功，进入 CRM 系统主界面		
用户名和密码皆为空			提示用户名或密码不能为空		
用户名为空，密码不为空		111111	提示用户名或密码不能为空		
用户名不为空，密码为空	Tester1		提示用户名或密码不能为空		
错误的用户信息登录	@#￥&*！	111111	提示用户名和密码错误		
测试执行人			测试日期		

在表 3-19 中，共列出登录业务的 5 条测试用例，其中第 1 条是正确性测试的测试用例，后面 4 条是容错性测试用例。在这里，主要利用错误推测法的思想推测用户名或密码为空时，系统是否有容错的响应。

2　创建线索

创建线索功能是线索管理模块的核心功能。在线索管理界面，单击"新建线索"按钮，就可进入线索创建界面，如图 3-14 所示。

图 3-14　CRM 系统的线索创建界面

在线索创建界面，输入合法的线索信息，单击"保存"按钮，即可实现线索的创建。在测试线索创建功能时，同样需要考虑合法输入和非法输入情况下，系统是否都能够给出相应的处理。

依据功能测试需求，在线索信息中，联系人姓名、手机号码和邮箱这三个属性不允许为空，且手机号码和邮箱必须满足特定的格式要求，否则，提交线索失败，有相应的错误提示信息。线索创建的相关测试用例如表 3-20 所示，用例格式与登录业务用例相同。由于一条线索的属性信息很多，而只有联系人姓名、手机号码和邮箱这三个属性有限制条件，因此在测试数据一栏只列出这三个属性具体的用例值，其他属性不做具体要求。

表 3-20　线索创建业务的自动化测试用例

测试目的	对线索创建业务功能的正确性和容错性进行自动化测试
前提与约束	有合法的、可供登录的用户信息。 联系人姓名、手机号码和邮箱属性不能为空。 手机号码和邮箱必须符合特定的格式
测试步骤	用户打开 CRM 系统首页地址。 输入合法的用户名和密码，单击"登录"按钮。 单击导航栏的"线索"按钮，进入线索管理界面。 单击"新建线索"按钮，进入线索创建界面。 输入线索的信息，单击"保存"按钮

(续表)

测试说明	联系人姓名	电话	邮箱	期望结果	实际结果
合法线索信息	UFTtester1	13000000000	T.1-t3@t-t.1	线索创建成功	
合法线索信息	UFTtester1	15000000000	T_.1-t3@t-t.1	线索创建成功	
合法线索信息	UFTtester1	18999999999	2.1-t3@1-1.c	线索创建成功	
联系人姓名为空		13000000000	T.1-t3@t-t.1	提示联系人姓名不能为空	
手机号码为空	UFTtester1		T.1-t3@t-t.1	提示手机号码不能为空	
手机号码使用错误格式	UFTtester1	14000000000	T.1-t3@t-t.1	提示手机号码格式错误	
邮箱为空	UFTtester1	13000000000		提示邮箱不能为空	
邮箱使用错误格式	UFTtester1	13000000000	@1.	提示邮箱格式错误	
测试执行人			测试日期		

在表 3-20 中，共列出登录业务的 8 条测试用例，其中前 3 条是正确性测试的测试用例，后面 5 条是容错性测试用例。在这里，主要是利用等价类法、边界值法和错误推测法来设计具体测试用例的数据，根据被测功能的重要程度，设计不同粒度的测试用例。例如：比较重要的功能，可以依据设计方法多设计一些具体的测试用例。

3. 删除线索

删除线索业务也是线索管理模块的一个常用操作。依据功能测试需求，在线索管理页面，可以对某个或者某几个已创建的线索进行删除操作，线索删除页面如图 3-15 所示。

图 3-15　CRM 系统的线索删除界面

如图 3-15 所示,在线索管理界面,选中要删除的线索,单击"批量操作"下的"批量删除"按钮,即可实现线索的删除操作。在选择要删除的线索时,需要考虑几种情况:删除 1 条线索,删除多余的 1 条线索,删除页面上的全部线索。在本案例中,基于这几种情况,分别设计自动化测试用例。

线索删除功能的前提条件是存在足够多的线索可供删除,在本次测试中,可以利用线索创建业务脚本循环建立多条线索。线索删除测试的相关测试用例如表 3-21所示。

表 3-21 线索删除业务的自动化测试用例

测试目的	对线索删除业务功能的正确性进行自动化测试		
前提与约束	有合法的、可供登录的用户信息。 存在足够多的线索可供删除		
测试步骤	1. 用户打开 CRM 系统首页地址。 2. 输入合法的用户名和密码,单击"登录"按钮。 3. 单击导航栏的"线索"按钮,进入线索管理界面。 4. 选中要删除的线索,单击"批量操作"下的"批量删除",弹出删除确认提示。 5. 在删除确认提示对话框中选择"是",完成线索的删除		
测试说明		期望结果	实际结果
删除 1 条线索		线索删除成功	
删除 2 条线索		线索删除成功	
将页面上的线索全部删除		线索删除成功	
测试执行人		测试日期	

在表 3-21 中,共列出线索删除业务的 3 条测试用例,在设计测试用例时,应该选择边界,对有代表性的测试数据进行测试。

4. 退出 CRM 操作

在 CRM 系统主页面上,单击"退出"按钮,即可完成退出操作,如图 3-16 所示。

图 3-16 CRM 系统主页面中的"退出"按钮

退出操作功能比较简单,退出操作的自动化测试脚本不仅可以测试退出功能的正确性,还可以被其他测试脚本调用。退出业务仅需要设计 1 条测试用例,如表 3-22

所示。

表 3-22　退出业务的自动化测试用例

测试目的	对退出功能的正确性进行自动化测试		
前提与约束	有合法的、可供登录的用户信息		
测试步骤	用户打开 CRM 系统首页地址。 输入合法的用户名和密码，单击"登录"按钮。 在 CRM 系统主页面，单击"退出"按钮，返回到 CRM 系统首页		
测试说明	期望结果		实际结果
退出 CRM 系统	成功退出，返回到 CRM 系统登录页面		
测试执行人		测试日期	

3.4.4　评审测试用例

测试用例是整个测试活动的核心，用例的质量对最终的测试结果有很大的影响。为了确保测试用例的质量，需要组织评审小组对测试用例的内容进行评审。不同于其他测试评审，测试用例的评审人员通常由测试组内部成员构成，由测试组长担任评审组组长。通过评审活动，可以及早地发现测试用例中的缺陷并对其进行改进，以防影响后续测试脚本开发和测试的执行。一般来说，测试用例评审着重于测试用例是否覆盖测试需求、优先级设置、是否冗余、描述是否清晰、测试用例的可执行性等内容。评审人员将审查过程中发现的问题记录下来，最终整理并提交给评审组长，由评审组长编写《CRM 系统测试用例评审报告》。本项目的测试用例评审报告如表 3-23 所示，在表中详细地列出了需要评审的内容。

表 3-23　CRM 系统功能测试用例评审报告

项目名称	CRM 系统		项目编号	××××	
部门	测试部		所处阶段	验收测试	
评审组织人	×××		评审组长	×××	
评审方式	□邮件　□会议		评审日期	××××-××-××	
评审人	×××、×××、×××、×××、×××				
本次评审对象与结论					
评审对象	序号	工作产品	版本号	编写人	备注
	1	《CRM 系统功能测试用例.doc》	×××	×××	

(续表)

评审内容	a. 用例模块(含子模块)划分是否合理，用例优先级是否合理； b. 测试依据和标准是否完整； c. 测试用例是否覆盖了所有测试需求； d. 测试用例是否覆盖了该有的测试类型； e. 是否已经删除了冗余的测试用例； f. 是否包含了正面、反面的测试用例； g. 测试用例是否按照公司定义的模板编写； h. 测试用例目的唯一性如何，即一个用例尽量只测一个测试项； i. 测试用例内容是否正确，是否与需求目标相一致； j. 测试用例描述是否清晰、准确，无二义性； k. 测试设计是否存在冗余性； l. 测试用例是否具有可执行性； m. 测试过程\步骤是否清晰，是否具备可操作性； n. 测试预期结果是否明确、准确，且与测试需求一致； o. 是否使用等价类、边界值、错误推测法等测试用例设计方法； p. 用例是否易于复用		
评审概述	CRM 系统功能测试用例评审采用邮件评审的方式；由×××对需要评审的内容逐一进行讲解，并由大家一起讨论，提出优化建议		
发现问题	序号	问题描述及修改建议	提出人

评审结论：
(请在结论前对你选择的打√)
	√通过，不必做修改
	  通过，需要做修改
	  不通过，需要修改后再做评审		

	评审组组长：		
评审确认	评审意见		确认人
	无		

3.4.5 在 ALM 中创建用例的方法

测试计划管理模块是 HP ALM 的重要模块，在该模块中可以创建和管理测试计划树、各类测试用例等内容，所创建的测试用例是 HP ALM 后续测试执行的依据。功能测试用例设计完毕，并通过评审小组评审后，就可以准备将测试用例导入 HP ALM 测试计划中。

通常情况下，测试人员在测试软件的时候，会根据不同的测试策略创建测试计划树。测试计划树中的各个测试主题目录和主题下的测试用例可以从测试需求模块直接转换过来，转换方法详见本书 3.2.3 节。在本实验中，CRM 系统的测试计划树主题目录就是直接从测试需求中转换而来的。

在 HP ALM 系统中，测试计划树和测试用例可以通过以下三种方式导入或者录入测试计划模块中。

1. 手工录入测试用例

在测试计划模块相应的主题目录下，手工创建测试用例，这是创建测试用例的最直接方法。

2. 使用外部文件批量导入

将测试用例数据写在外部的 Excel 文件或 Word 文件中，然后将这些测试用例数据批量导入 ALM 测试计划模块中。在测试实践中，大多使用 Excel 文件来存放测试用例数据。需要注意两点，一是 ALM 客户机必须安装 HP ALM Microsoft World 插件或 HP ALM Microsoft Excel 插件，这些插件可以从 HP Application Lifecycle Management 插件页安装。二是 Excel 或 Word 文件要遵循一定的格式，其中 Excel 文件中的测试用例元素需要与 ALM 测试用例中的字段一一对应。在这里，以 CRM 系统的登录测试用例为例，给出了一种符合 ALM 批量导入要求的 Excel 模板文件，如图 3-17 所示。

标号	主题目录	测试名称	测试说明	前提与约束	步骤名	测试步骤	预期结果	用例审查	用例优先级	类型
1	CRM系统\功能测试\线索管理\线索管理\放入线索	放入线索池功能1	在线索管理界面，验证页面第一条线索放进线索池功能的正确性。	进入线索管理界面，系统至少存在15条线索(正好一页)可以加入线索池。	步骤1	打开"我负责"的线索列表，选择线索列表中第一条线索，单击"批量操作"下的"批量放入线索池"按钮。	弹出放入线索池确认对话框。	已审查	高	MANUAL
	CRM系统\功能测试\线索管理\线索管理\放入线索	放入线索池功能1			步骤2	在对话框中，单击"确定"按钮	被选中的线索在当前页面消失。在"线索池"页面中，可看到刚放入线索池的线索。			MANUAL

图 3-17　测试用例批量导入 Excel 文件模板

3. 使用测试工具导入自动化用例

将外部的自动化测试脚本上传到 HP ALM 中，作为自动化测试用例。由于 HP ALM 可以与 HP UFT、HP LoadRunner 等测试工具无缝集成，可以将 HP UFT 脚本和 HP LoadRunner 脚本上传到 HP ALM 中，统一管理和批量执行。在测试实践中，将 HP UFT 脚本上传到 HP ALM 中并批量运行这些脚本更有意义，关于具体的操作在本书 3.6.1 节中有详细介绍，这里不再赘述。

3.4.6　在 ALM 中创建手工测试用例

本节主要介绍手工创建测试用例的相关操作。下面依据 3.4.2 节所设计的测试用例内容来创建测试用例，并将测试用例与相应测试需求关联。

1. 创建测试用例

针对 3.4.2 节所列出的测试用例，在 ALM 中构建测试用例的详细步骤如下。

(1) 在 ALM 主页面上，单击页面右侧"测试"栏下的测试计划，即可显示出当前的测试计划树。在测试计划树上，选择测试主题文件夹"放入线索池"，如图 3-18 所示。

图 3-18　测试计划树

(2) 单击测试计划模块工具栏上的新建测试按钮 ，或者选择"测试"|"新建测试"菜单命令，弹出"新建测试"对话框，如图 3-19 所示。

图 3-19　"新建测试"对话框

(3) 在图 3-19 所示的"新建测试"对话框中，需要填写测试用例的一些基本信息，如测试名称和类型等。其中，测试类型包括多种，可选择的测试类型如表 3-24 所示。不是所有 HP ALM 版本都可以使用全部测试类型，有一些测试类型只在 ALM 安装了合适的插件之后才能在测试类型下拉列表中显示出来。

表 3-24 测试类型

测试类型	描述
ALT-Scenario	场景，通过 HP 公司的负载测试工具 Astra LoadTest 测试
Business-Process	业务流程测试。使非技术主题内容专家能够在无脚本环境中构建和使用业务组件，并创建应用程序质量业务流程测试
Flow	由一组顺序固定的业务组件组成，用以执行特定任务的测试
LR-Scenario	场景，由 HP 公司的负载测试工具 LoadRunner 执行
Manual	手动执行测试用例
Qainspect-Test	由 HP 安全测试工具 QAInspect 执行的测试
System-Test	系统测试用例，指示 ALM 提供系统信息、捕获桌面图像或重新启动计算机
VAPI-XP-Test	自动化测试用例，由 Visual API-XP (ALM Open Test Architecture API 测试工具)创建
Service-Test	由 Service Test 执行的测试，Service Test 是一款为无 GUI 应用程序(如 Web Service 和 REST 服务)创建测试的 HP 工具
Quicktest_Test	由 HP 企业级功能测试工具 UFT 执行的测试。此类测试只有从 HP Application Lifecycle Management 插件页安装了相应插件后才可用。

如果是手工测试，需要从"类型"下拉列表中选择 MANUAL；如果要进行自动化测试，需要从"类型"下拉列表中选择相应的自动化类型，不同的测试工具对应不同的类型，UFT 功能自动化测试选择 QUICKTEST_TEST。

在这里，针对 CRM 系统的系统登录功能做手工测试，因此在"类型"下拉列表中选择 MANUAL 测试类型。在"测试名称"框中，为测试用例输入名称"放入线索池功能 1"。注意，测试用例名称不能包括两个连续分号;;或任何以下字符：\/: " '?' <>|*%。用例详细信息补充完整后，如图 3-20 所示。单击"确定"按钮，即可完成该测试用例基本信息的构建。需要说明的是，在 2.3.5 节我们添加了测试用例的"用例审查"和"用例优先级"属性及可选值，在该界面上就相应地出现了这两个字段。

图 3-20　添加的测试用例

(4) 选中刚添加的测试用例"放入线索池功能 1"，选择右侧的"设计步骤"选项卡，在设计步骤页面中可以构建测试用例的步骤。单击工具栏上的新建步骤按钮 或右击设计步骤表格，从弹出的快捷菜单中选择"新建步骤"。弹出"设计步骤详细信息"对话框，如图 3-21 所示，可以输入步骤名、步骤描述、步骤预期结果等信息，具体内容如下。

- "步骤名"输入框：默认名称为测试步骤的序列号"步骤 1"，可以修改该名称。
- "描述"输入框：输入该测试用例的全部步骤，即打开"我负责"的线索列表，选择线索列表中第一条线索，单击"批量操作"下的"批量放入线索池"按钮。
- "预期结果"输入框：输入该测试用例的期望结果，即弹出放入线索池确认对话框。

图 3-21　设计步骤编辑器

用例步骤输入完毕后，选择"确定"按钮保存并返回，表格中添加了上述测试步骤，如图 3-22 所示。如果测试用例有多个步骤，可以使用上述方法依次添加。至此，测试用例的信息构建完成。

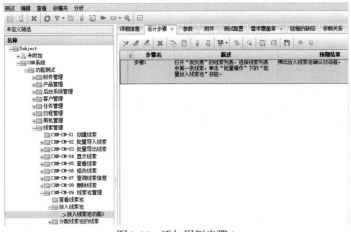

图 3-22　添加用例步骤 1

2. 关联需求与测试用例

在测试过程中，测试用例是依据测试需求而设计出来的，每一个测试用例都可以追溯到相应的测试需求。如果某个测试用例描述得有问题，可以通过查看该用例对应的测试需求来修改测试用例。因此，需要将测试用例和测试需求关联起来，具体操作步骤如下：

(1) 在测试计划树上，选择刚创建的测试用例"放入线索池功能 1"，并单击右侧的"需求覆盖率"选项卡，如图 3-23 所示。

图 3-23　"需求覆盖率"选项卡

(2) 在"需求覆盖率"页面中,单击"选择需求"按钮,会在右侧显示测试需求模块中添加的需求树,如图 3-24 所示。

图 3-24　选择需求

(3) 选择测试需求"放入线索池",单击添加到覆盖率按钮 ⇦,该测试需求被添加到覆盖网格中,完成测试用例与需求的关联,如图 3-25 所示。在 3.7.2 节将会介绍如何在 ALM 中执行已添加的测试用例。

图 3-25　添加需求

3.5　开发测试脚本

自动化测试用例设计完成后,测试工程师就可以依据测试用例来开发自动化测试脚本。脚本开发的过程主要就是将选定的测试业务变成可重复执行的脚本,通过执行脚本达到执行测试并发现软件缺陷的目的。HP UFT 11.5 使用的脚本语言为 VBScript，脚本开发的过程如图 3-26 所示。

使用 HP UFT 进行脚本开发的过程中，需要有合适对象库的支持。对象库是 HP UFT 脚本开发的一个重要组件，它是对象能否被识别的保证。如果没有完整的对象库，测试工具就不可能识别出所有控件对象，进而导致脚本运行出错。因此，在 HP UFT 脚本开发前期，就应该考虑对象库的完善和管理问题。

图 3-26　HP UFT 脚本开发过程图

为了对脚本进行更好的管理，提升脚本的复用性，测试人员可以考虑将某些业务操作封装在独立的函数中，然后通过调用这些函数完成业务操作，实现结构化编程。

在线索管理模块的自动化测试中，我们先后开发出登录业务脚本、线索创建业务脚本、客户创建业务脚本、线索删除业务脚本和退出业务脚本，下面将详细介绍这几个脚本的开发过程。

3.5.1　登录业务脚本开发

本节主要依据登录业务的自动化测试用例，开发登录业务的脚本，以测试 CRM 系统登录功能的正确性和容错性。

为了实现登录功能的正确性进行测试，首先需要创建一组可登录 CRM 系统的用户名和密码，具体操作是：使用管理员用户登录 CRM 系统，打开菜单"系统"下的"组织架构"，单击"添加用户"按钮，弹出用户创建界面，输入用户名、密码、用户类别、部门和岗位信息后，单击"添加"按钮，即可创建用户，界面如图 3-27 所示。在本案例中，首先创建用户名为 tester1，密码为 111111 的用户。

添加用户

| 快捷添加 | 邮箱邀请 |

快捷添加: 输入用户名密码等信息后直接添加后方可登录

基本信息

用户名 *	tester1
密码 *	●●●●●●
用户类别 *	员工 ▼
部门 *	市场一部 ▼
岗位 *	销售 ▼

[添加] [保存并新建] [返回]

图 3-27　用户创建界面

登录业务脚本开发的过程如下：

① 登录业务脚本录制，设置文本检查点和标准检查点；

② 规范对象库的命名和结构；

③ 将登录密码由密文改为明文；

④ 参数化用户名和密码；

⑤ 设置 Action 属性，对脚本做相应的注释，并将脚本另存为可被调用的 Action；

⑥ 重新打开登录业务脚本，依据测试用例，设置用户名和密码的参数值；

⑦ 脚本录制完成后，可以通过回放脚本进行确认。

依据上述过程，登录业务脚本开发包括新建测试项目、录制前设置、录制脚本、强化脚本和回放检测脚本等过程。

1. 新建测试项目

在 HP UFT 主界面中选择"文件"|"新建"|"测试"命令，打开"新建测试"对话框，选择类型选择"GUI 测试"，名称输入 CRMLogin，如图 3-28 所示，然后单击"创建"按钮，即可创建 CRMLogin 测试项目文件。

新建测试　? ×

选择类型(T)：

- GUI 测试
- API 负载测试
- API 测试
- 业务流程测试
- 业务流程流

名称(N)：　CRMLogin

位置(L)：　D:\UFTTest

解决方案名称(S)：　单击此处创建解决方案文件

[创建] [取消]

图 3-28　HP UFT 创建测试项目界面

2. 录制前设置

选择"录制"|"录制和运行设置"命令，弹出"录制和运行设置"对话框。CRM 系统属于 Web 系统，需要设置 Web 选项卡中的选项。在该对话框内，录制和会话时打开的地址输入 CRM 系统的首页 URL 地址，选中"不在已经打开的浏览器上录制和运行"和"当测试关闭时关闭浏览器"两个选项，如图 3-29 所示，然后单击"确定"按钮。

3. 录制脚本

1) 录制登录业务脚本

单击 HP UFT 工具栏上的"录制"按钮，系统将自动打开 CRM 系统的登录页面，开始脚本的录制，用户名为 tester1，密码为 111111，如图 3-30 所示。

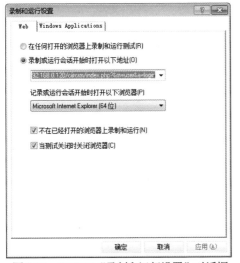

图 3-29　HP UFT "录制和运行设置" 对话框　　　　图 3-30　CRM 系统登录界面

在系统登录页面，单击"登录"按钮，进入 CRM 系统主界面，如图 3-31 所示。

图 3-31　CRM 系统主界面

2) 插入文本检查点

为了验证 CRM 系统主界面信息是否正确，插入检查点。在这里，利用文本检查点检查 tester1 字符串是否正确，利用标准检查点检查"登录成功"控件是否正确。具体步骤如下：

(1) 单击录制工具条上的 ⬚ 按钮，在弹出的菜单中单击"文本检查点"。

(2) 单击 tester1，弹出"文本检查点属性"对话框，在该对话框中，"前导文本"为空，检查文本为 tester1，后续文本为"的工作台"，具体配置如图 3-32 所示。单击"确定"按钮，完成 tester1 的文本检查点设置。

(3) 选中录制工作条上的"标准检查点"，单击 CRM 系统主页面的"登录成功"对象，弹出"标准检查点"对话框，如图 3-33 所示。

图 3-32　"文本检查点属性"设置对话框　　　图 3-33　"标准检查点"对话框

(4) 单击"确定"按钮后，弹出"检查点属性"对话框，选中 innertext 前的复选框，如图 3-34 所示，然后单击"确定"按钮，完成标准检查点的设置。该检查设置意味着，回放时"x 登录成功"对象的 innertext 属性值为"x 登录成功"时，检查才能通过。

图 3-34　"检查点属性"对话框

3) 生成脚本

单击录制工作条上的 ■ 按钮，结束当前的录制。录制结束后，生成的脚本如下所示。

1. Browser("CRM 系统").Page("员工登录").WebEdit("name").Set "tester1"

2. Browser("CRM 系统").Page("员工登录").WebEdit("password").SetSecure "53de0cb3a27af1942a0ff49227b67e8ec3e6"

3. Browser("CRM 系统").Page("员工登录").WebButton("登录").Click

4. Browser("CRM 系统").Page("客户关系管理系统主页面").Check CheckPoint("用户名检查")

5. Browser("CRM 系统").Page("客户关系管理系统主页面").WebElement("登录成功").Check CheckPoint("登录成功")

- 脚本 1 行含义："员工登录"浏览器的"员工登录"页面的 name 文本框，设置明文值 tester1。
- 脚本 2 行含义："员工登录"浏览器的"员工登录"页面的 password 文本框，设置密文值。
- 脚本 3 行含义：单击"员工登录"浏览器的"员工登录"页面的"登录"按钮。
- 脚本 4 行含义：在"员工登录"浏览器的"员工登录"页面插入文本检查点"用户名检查"。
- 脚本 5 行含义：针对"员工登录"浏览器的"员工登录"页面中的"登录成功"控件插入标准检查点。

4) 生成与管理对象库

在上述脚本中，涉及多个对象的操作。在 HP UFT 脚本录制时，系统会自动识别被操作的对象，并将这些对象加入对象库。通过单击 ▣ 按钮，可以进入对象库管理页面，在该页面可以查看当前对象库的对象，如图 3-35 所示。

图 3-35　登录业务的对象库界面

在对象库管理界面，测试人员可以查看和修改当前脚本对象库中的对象，还可以查看和修改检查点和输出对象。在本案例中，将对象的名称做了适当的修改，使其更加贴切。

4. 强化脚本

脚本录制完成后，需要对脚本进行定制修改，使脚本符合自动化测试的需要。

1) 将密码由密文改为明文

密码设置为明文是为了方便后续测试脚本的强化，比较快捷的更改方法是切换到关键字视图去修改，具体步骤如下。

(1) 单击工具栏的  按钮，将当前的脚本视图切换到关键字视图。HP UFT 脚本开发的一个重要特点就是可以关键字驱动的方式。在关键字视图中，脚本语句是以"测试对象+操作+对象值"的形式显示，结构非常清晰，可读性很强。

(2) 在 password 行，将"操作"值由 SetSecure 改成 Set，修改后的树状视图如图 3-36 所示。

(3) 单击 password 行中的"值"列的配置按钮，打开"值配置选项"对话框，选中"常量"单选项，在其对应的文本框中输入密码的明文常量 111111，如图 3-37 所示。单击"确定"按钮，返回到关键字视图，脚本中的密码就由密文改为明文了。相关代码如下：

```
Browser("CRM 系统").Page("员工登录").WebEdit("password").Set "111111"
```

图 3-36　修改密码的操作

图 3-37　修改密码的常量值

2) 参数化用户和密码

登录业务共有 5 个测试用例，实际上是 5 组不同的用户数据重复执行相同的操作，也就是说 5 组不同的测试数据重复执行相同的测试脚本，这就需要用到参数化技术。在本案例中，对用户名和密码进行参数化，将参数写到数据表对应的 UserName 列、Password 列中，当前数据表示全局数据表。具体的操作步骤如下：

(1) **创建用户名和密码参数**。在关键字视图，单击用户名的"值"列中的 按钮，进入"值配置选项"对话框。在该对话框中，"参数"选择 DataTable，参数名称输入

UserName，数据表选择"全局表"，如图 3-38 所示。同样，将登录密码也参数化，参数名称为 Password，密码参数设置界面如图 3-39 所示。

图 3-38　用户名参数化设置界面　　　图 3-39　密码参数设置界面

通过上述设置，在登录业务脚本的全局表中分别建立列 UserName 和 Password，用于存放执行脚本的用户名和密码，建好的全局表如图 3-40 所示，可以在表中手动添加测试数据。

(2) **检查点函数用户名参数化**。由于登录用户名改变了，检查用户名的文本检查点也应该做相应的修改。修改方法如下：在脚本视图中，选中"用户名检查"，右击，在打开的菜单中选择"检查点属性"，弹出"文本检查点属性"对话框，如图 3-41 所示。

在"文本检查点属性"对话框中，选中"参数"前的单选框，并单击"参数选项"按钮，弹出"参数选项"对话框，名称选择 UserName，其他默认，如图 3-42 所示，单击"确定"按钮，就完成了文本检查点的参数化设置。

图 3-40　登录业务的全局表　　图 3-41　文本检查点的参数化　　图 3-42　文本检查点的参数选项
　　　　　　　　　　　　　　　　　　　设置界面　　　　　　　　　　界面

(3) **设置脚本执行次数**。由于本案例有多组测试数据，因此需要设置脚本的循环执行次数，使每组数据都能被执行到。设置方法如下：打开菜单"文件"下的"设置"命令，在弹出的"测试设置"对话框中，单击"运行"选项卡，将数据表执行的迭代方式选为"在所有行上运行"。通过该设置就可实现 HP UFT 循环执行所有行的参数。

(4) **代码适应性修改**。设置完脚本循环执行次数后，回放脚本会发现，HP UFT 执行完第一行参数后，就报错找不到对象了。这是因为第二行参数执行时，CRM 登录页面并未打开，所以就无法完成脚本的执行。因此，为了使多行参数能自动执行下去，需要在脚本中增加打开登录页面的代码，具体代码如下。

```
1 SystemUtil.Run "iexplore.exe","http:// 10.1.127.12/crm/"
2  Browser("CRM 系统").Page("员工登录").WebEdit("name").Set DataTable("UserName", dtGlobalSheet)
3 Browser("CRM 系统").Page("员工登录").WebEdit("password").Set DataTable("Password", dtGlobalSheet)
4 Browser("CRM 系统").Page("员工登录").WebButton("登录").Click
5 Browser("CRM 系统").Page("客户关系管理系统主页面").Check CheckPoint("用户名检查")
6 Browser("CRM 系统").Page("客户关系管理系统主页面").WebElement("登录成功").Check CheckPoint("登录成功")
7 Browser("CRM 系统").CloseAllTabs
```

在上述代码中，第 1 行，使用 systemUtil 对象的 run 方法打开 CRM 系统首页。在脚本第 7 行，使用 CloseAllTabs 方法将已经打开的 CRM 系统主页面给关闭掉，以免影响后续参数的执行。systemUtil 对象是 HP UFT 本身集成的一个对象，它有很多方法，其中，Run 方法的含义是运行一个文件或应用程序。下面详细介绍 systemUtil.Run 方法的语法。

Run 方法的语法规则：SystemUtil.Run file,[params],[dir],[op],[mode]。

- file:必选项，运行文件或应用程序的名称，如本案例中的浏览器应用程序 iexplore.exe。
- params:可选项，如果运行的是应用程序，使用该参数给定应用程序传递任意参数。如 CRM 系统中，传递给浏览器应用程序的参数是登录首页的 URL 地址。
- dir:可选项，文件或应用程序的默认路径。
- op:可选项，操作的动作，有 open、edit、explore、find、print 等几项操作，各项操作的含义如表 3-25 所示。
- mode：可选项，操作的模式有 0~10，共 11 个选项，默认值为 1，详见表 3-26 所示。

表 3-25 SystemUtil 对象 Run 方法的 op 参数含义

op(动作)	含义
open	打开指定的文件。文件可以是可执行文件或文本文件，还可以是文件夹。非可执行程序在关联的程序中打开
edit	打开和编辑文档。如果不是可编辑的文件，则该语句失败
explore	浏览指定的文件夹
find	在指定文件路径下查找
print	打印指定文档。如果该文档不可打印，则该语句失败

表 3-26 SystemUtil 对象 Run 方法的 mode 参数含义

mode	描述
0	隐藏当前窗口，激活另外一个窗口
1	激活和显示当前窗口。如果当前窗口最小化或最大化，系统恢复窗口到正常大小。当第一次显示窗口时，设置该标志
2	激活当前窗口，最小化窗口显示
3	激活当前窗口，最大化窗口显示
4	显示当前窗口到最后一次显示的大小和位置。激活的窗口保持激活状态
5	激活窗口，在当前大小和位置的窗口处显示
6	最小化指定窗口，激活最上层的窗口
7	显示并最小化当前窗口，激活窗口保持激活状态
8	显示当前窗口，保持当前状态。激活窗口保持激活状态
9	激活和显示当前窗口。如果当前窗口最小化或最大化，系统恢复到原始的大小和位置。当恢复一个最小化窗口时，指定该值
10	得到启动应用程序的状态

另外，由于在脚本中使用 Run 方法打开 CRM 系统首页，因此，在脚本回放时，就不需要 HP UFT 自动打开 CRM 系统首页。具体设置方法如下：打开"录制和运行设置"对话框，选中"在任何打开的浏览器上录制和运行测试"，如图 3-43 所示，然后单击"确定"按钮。该设置生效后，回放脚本时，不会自动打开 CRM 系统的登录页面。

3) 设置 Action 属性

默认情况下，以 Action1、Action2 等来命名脚本中存在的多个 Action，从名字上看，其他测试人员很难明白这些 Action 的作用，因此建议重新命名 Action。重命名的方法比较简单，在解决方案中右击要重命名的 Action，选中重命名功能即可。

登录业务脚本可以在其他脚本中重用，降低其他脚本开发的工作量。设置脚本可重用的方法是：右击解决方案中的 Action，在弹出的菜单中单击"属性"，在右侧就会出现"属性"视图，如图 3-44 所示，将"可重用"的复选框选中即可完成可重用设置。

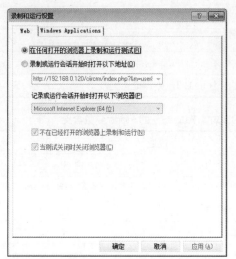

图 3-43 设置 HP UFT 的录制和运行方式　　　图 3-44　脚本可重用性设置

4) 补充注释信息

在项目实践中，通常需要为脚本添加必要的注释，增加脚本的可维护性、可读性和重用性。测试人员可根据情况，自行添加注释。添加注释的方法有以下三种：

- 在注释语言前直接添加注释符号——英文的单引号'。
- 选择要注释的代码行，右击，选择"注释"命令。
- 选择"编辑"|"格式"|"注释"命令。

将该脚本另存为"CRMLogin 调用"，注释后的脚本如下。

```
'脚本功能：CRM 系统的登录操作
'脚本说明：
'  (1)登录首页的 URL:http://10.1.127.12/crm/
'  (2)对登录名和密码进行了参数化
'  (3)在 CRM 系统主界面启用了文本检查点和标准检查点
'  (4)该脚本可被其他脚本调用
'作者：XX
'日期：2019.4.3
'打开登录系统首页
SystemUtil.Run "iexplore.exe","http://10.1.127.12/crm/"
'在用户名文本框中输入用户名，用户名已参数化，参数化变量为 UserName
```

Browser("CRM 系统").Page("员工登录").WebEdit("name").**Set** DataTable("UserName", dtGlobalSheet)

'在用户名文本框中输入密码，密码已参数化，参数化变量为"Password"

Browser("CRM 系统").Page("员工登录").WebEdit("password").**Set** DataTable("Password", dtGlobalSheet)

'单击登录按钮

Browser("CRM 系统").Page("员工登录").WebButton("登录").Click

'对用户名字符串设置文本检查点

　Browser("CRM 系统").Page("客户关系管理系统主页面").Check CheckPoint("用户名检查")

'对登录成功控件设置标准检查点

　Browser("CRM 系统").Page("客户关系管理系统主页面").WebElement("登录成功").Check CheckPoint("登录成功")

End If

'关闭浏览器

'Browser("CRM 系统").CloseAllTabs

5) 设置用户名和密码参数的取值

重新打开 CRMLogin 脚本，将 3.4.3 节设计的登录业务测试用例中的 5 组用户名和密码数据输入全局表中，这 5 组数据覆盖了合法的用户信息和非法的用户信息。其中，合法的用户登录系统后，进入登录后的 CRM 系统主界面，非法的用户信息登录系统后，系统应该有相应的错误提示，预期的错误提示信息如表 3-27 所示。

表 3-27　用户名和密码非法时，系统的提示

测试数据		非法用户登录时，系统弹出的错误提示
UserName	Password	
	111111	请正确输入用户名和密码！　　　✕
Tester1		
@#￥&*！	111111	用户名或密码错误！　　　　✕

当非法用户信息登录系统时，需要 HP UFT 自动捕捉错误提示信息，并在测试结果中输出。如何自动捕捉错误提示信息呢？首先，需要识别出错误提示控件对象，将识别的对象添加到对象库中；其次，需要编写捕捉错误提示的脚本代码，将错误的信息输出到测试结果中。下面完成上述操作。

首先，识别出错误提示控件对象，将识别的对象添加到对象库中，操作步骤如下。

(1) 打开 CRM 系统登录页面，不输入用户名和密码，单击"登录"按钮，在页面上出现错误提示，如图 3-45 所示。

(2) 在 HP UFT 主界面中，单击对象存储库按钮 ，或者按下 Ctrl+R 组合键，打开对象库页面。

(3) 在对象库窗口中，单击添加对象按钮 ，选择图 3-46 所示的错误提示控件。

提示：

在找到待捕捉的对象之前，可以先按住 Ctrl 键，直到鼠标定位到待捕捉的对象时，放开 Ctrl 键，这样对象更容易被正确地捕捉到。

(4) 在"对象选择"对话框中，单击"确定"按钮，如图 3-46 所示。

图 3-45　带错误提示的登录页面

图 3-46　"对象选择"对话框

通过上述操作，对象就添加到对象仓库。为便于管理，为该对象更名为"登录错误提示"。当前对象库如图 3-47 所示。

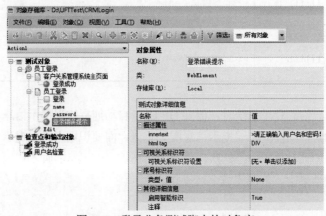

图 3-47　登录业务测试脚本的对象库

其次，编写捕捉错误提示的脚本代码，将错误信息输出到测试结果中。具体的做法是：定义变量 err_message，将错误提示信息捕捉下来赋值给变量 err_message，然后利用 Reporter.ReportEvent 方法将变量 err_message 的值输出到测试结果中。相关代码如下：

```
Dim err_message'定义错误提示信息变量
    '获取错误提示信息，innertext 是"登录错误提示"控件的属性
    err_message=Browser("CRM 系统").Page("员工登录").WebElement("登录错误提示
").GetROProperty("innertext")
    '将错误提示信息输出到测试结果报告中
    reporter.ReportEvent micFail,"登录失败","错误信息为:"&err_message
```

在上述代码中，获取"登录错误"对象某属性值用到的方法是 GetROProperty-("innertext")，其中，RO 是 Runtime Object 的简称，指被测系统回放运行的实际对象。通过该方法可以获取系统回放时某对象的 innertext 属性值。那么为什么选择 innertext 属性呢？也就是说如何确定 innertext 属性中有错误提示信息呢？利用 HP UFT 的"对象侦测器"可以确定该属性，对象侦测器的使用方法如下。

(1) 单击 HP UFT 工具栏上的对象侦测器按钮👥，打开"对象侦测器"对话框，如图 3-48 所示。

(2) 单击"对象侦测器"对话框的手型选择按钮 🖑 ，按住 Ctrl 键，鼠标定位到要登录错误提示的控件，松开 Ctrl 键，单击该控件，在对象侦测器上显示错误提示控件的所有属性和属性值，如图 3-49 所示。

图 3-48　"对象侦测器"界面

图 3-49　错误提示控件的侦测结果图

在图 3-49 可以看出，错误提示信息放在属性 innertext 中，因此，在本案例中，使用 GetROProperty 方法获取 innertext 的属性值，就可以获取当前非法用户登录的错误提示信息。

在 HP UFT 脚本中，有两个获取对象属性值的方法，分别是 GetTOProperty 和 GetROProperty，这两个方法的语法几乎相同，唯一的区别是 GetTOProperty 取出的是录制时对象的属性值，而 GetROProperty 取出的是回放时对象的属性值，测试人员可以根据程序的需要使用它们。

在本案例中，录制时，innertext 属性值为"x 请正确输入用户名和密码"，回放时，根据不同的用户信息，有不同的提示信息，因此，innertext 属性值就不一定是"x 请正确输入用户名和密码"了。很显然，这里要获取回放时的 innertext 属性值，因此使用 GetROProperty 方法。

在登录脚本中，由于合法用户与非法用户登录的处理代码是不同的，因此，需要添加 if 判断语句来分别处理这两类用户的登录操作，添加判断语句后的代码如下。

```
If Browser("CRM 系统").Page("员工登录").WebElement("登录错误提示").Exist(3) Then
    Dim err_message'定义错误提示信息变量
    '获取错误提示信息，innertext 是"登录错误提示"控件的属性
    err_message=Browser("CRM 系统").Page("员工登录").WebElement("登录错误提示
").GetROProperty("innertext")
    '将错误提示信息输出到测试结果报告中
    reporter.ReportEvent micFail,"登录失败","错误信息为:"&err_message
else
'对用户名字符串设置文本检查点
    Browser("CRM 系统").Page("客户关系管理系统主页面").Check CheckPoint("用户名检查")
'对登录成功控件设置标准检查点
    Browser("CRM 系统").Page("客户关系管理系统主页面").WebElement("登录成功").Check
CheckPoint("登录成功")
    reporter.ReportEvent micPass,"登录验证","登录成功"
End If
```

该判断脚本的含义是：首先判断"登录错误提示"对象是否存在，如果存在，说明用户登录失败，利用 Reporter 对象的 ReportEvent 方法向测试结果报告中发送登录失败的提示信息。如果在 3 秒内仍然找不到"登录错误提示"对象，说明登录成功，利用 Reporter 对象的 ReportEvent 方法向测试结果中发送登录成功的信息。下面简单说明脚本中的所有语法。

- if 语法

If condition **Then**

[statements]

else

[else statements]

End If

HP UFT 支持 VB 脚本，HP UFT 的 if 语法实际上就是 VB 脚本语法：依赖表达式值的条件判断语句。该语法是 VB 脚本语言中的基础语法，比较简单，这里不再多讲。

- Exist(n)方法

该方法的含义是检测某个测试对象是否存在，它的参数 n 代表最多可等待 n 秒，即意味着若被检测的对象在 n 秒内未出现，就可判定该对象不存在。在本脚本中，最大等待时间为 3 秒。在默认情况下，判断对象是否存在的最长等待时间为 20 秒，在 HP UFT 中可以设置该等待时间，具体的操作是：打开菜单"文件"下的"设置"命令，在弹出的"测试设置"对话框中，修改"运行"选项卡的对象同步超时时间，如图 3-50 所示。

图 3-50　设置对象同步超时时间

- Reporter 对象

Reporter 对象的含义是向测试结果中发送信息。该对象有一个方法 ReportEvent，三个属性 Filter、ReportPath 和 RunStatus。在登录脚本中用到的就是方法 ReportEvent。

Reporter.ReportEvent 的语法是：Reporter. ReportEvent Eventstatus，ReportStepName，Details [,ImageFilePath]。

- ✓ Eventstatus：报告状态，包括四种状态，micPass、micFail、micDone、micWarning，分别表示向测试结果中发送成功状态、失败状态、完成状态、警告状态。另外这四种状态可以分别用数字 0、1、2、3 表示。

✓ ReportStepName：报告中，报告步骤的名称。

✓ Details：报告时间的描述。

✓ ImageFilePath：在报告中显示 BMP、PNG、JPEG、GIF 格式的图片。

Reporter 对象的其余属性可参见 HP UFT 的帮助文档，在帮助文档中，有该对象的方法和属性的详细介绍以及实例，这里不再赘述。

另外，HP UFT 的脚本开发环境的智能化做得很不错，脚本开发人员通过输入点号、空格、左括号等符号可以快速查看或选择对象的方法、属性和参数，提升脚本开发的效率。以 Reporter 对象为例，当用户在脚本视图中输入 reporter.后，HP UFT 会提示 Reporter 对象的自有方法或属性，如图 3-51 所示。

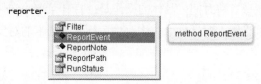

图 3-51　Reporter 对象的方法或属性提示

选中某一方法或属性后，用户再输入空格，HP UFT 会自动弹出该方法第一个参数的支持值，如图 3-52 所示。

图 3-52　ReporterEvent 第一个参数值提示

至此，登录业务脚本的录制和强化工作完毕，用于检测合法用户和非法用户登录的脚本代码如下。

```
'脚本功能：CRM 系统的登录操作
'脚本说明：
'  (1)登录首页的 URL:http://10.1.127.12/crm/
'  (2)对登录名和密码进行了参数化
'  (3)在 CRM 系统主界面启用了文本检查点和标准检查点
'  (4)对合法用户登录的正确性和非法用户登录的容错性分别进行测试
'作者：XX
'日期：2019.4.3

'打开登录系统首页
SystemUtil.Run "iexplore.exe","http://10.1.127.12/crm/"
'在用户名文本框中输入用户名，用户名已参数化，参数化变量为 UserName
```

Browser("CRM 系统").Page("员工登录").WebEdit("name").**Set** DataTable("UserName", dtGlobalSheet)

'在用户名文本框中输入密码，密码已参数化，参数化变量为"Password"

Browser("CRM 系统").Page("员工登录").WebEdit("password").**Set** DataTable("Password", dtGlobalSheet)

'单击登录按钮

Browser("CRM 系统").Page("员工登录").WebButton("登录").Click

'判断用户是否登录成功

If Browser("CRM 系统").Page("员工登录").WebElement("登录错误提示").Exist(3) **Then**

　　Dim err_message'定义错误提示信息变量

　　'获取错误提示信息，innertext 是"登录错误提示"控件的属性

　　err_message=Browser("CRM 系统").Page("员工登录").WebElement("登录错误提示").GetROProperty("innertext")

　　'将错误提示信息输出到测试结果报告中

　　reporter.**ReportEvent** micFail,"登录失败","错误信息为:"&err_message

else

'对用户名字符串设置文本检查点

　　Browser("CRM 系统").Page("客户关系管理系统主页面").Check CheckPoint("用户名检查")

'对登录成功控件设置标准检查点

　　Browser("CRM 系统").Page("客户关系管理系统主页面").WebElement("登录成功").Check CheckPoint("登录成功")

　　reporter.**ReportEvent** micPass,"登录验证","登录成功"

End If

　　Browser("CRM 系统").CloseAllTabs

5. 回放检测脚本

脚本修改完成后，需要将登录业务脚本回放一遍，检测脚本的运行是否预期。脚本回放成功后，默认情况下会弹出测试报告，也可手动设置：在 HP UFT 主界面中选择"工具"|"选项"命令，在打开的"选项"对话框中，选择"常规"下的"运行会话"选项卡，将"当运行会话结束时查看结果"复选框选中，如图 3-53 所示。

图 3-53　设置自动显示测试报告

如果取消选中该复选框，在 HP UFT 运行结束后，就不会自动显示结果。在 HP UFT

主界面中选择"查看"|"上次运行结果"命令,查看运行结果。当前脚本运行结果如图 3-54 所示。

从结果上看,5 组测试数据,共迭代运行了 5 次。其中第 1 组数据是合法用户信息,登录成功了;后 4 组是非法用户信息,登录失败了;在测试报告中可以看到错误提示信息。综上,测试运行结果符合脚本设计的预期。

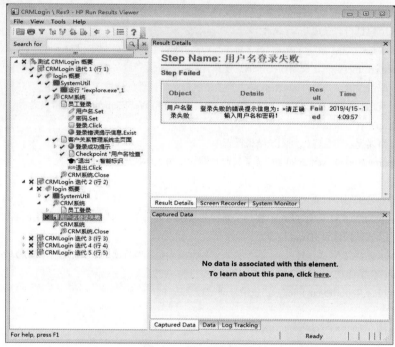

图 3-54　显示测试结果

3.5.2　线索创建业务脚本开发

本节主要依据线索创建业务的自动化测试用例,开发相关的测试脚本,以测试线索创建业务功能的正确性和容错性。根据相关测试用例的规定:线索联系人姓名、电话和邮箱不能为空,且电话和邮箱必须符合特定格式,测试人员应在开发脚本时将这些约束条件一并考虑,使脚本可以应对各种异常情况。

线索创建业务脚本开发过程中,可直接调用已经设计完成的登录业务脚本"CRMLogin 调用"进行登录操作,测试人员重点完成线索创建业务脚本的录制和强化工作。

线索创建业务脚本开发的过程如下:

① 线索创建脚本录制,设置标准检查点;

② 规范对象库的命名和结构;

③ 复用已创建的登录脚本；

④ 参数化联系人姓名、手机号码和邮箱。将参数数据保存在外部 Excel 文件中，然后通过函数将数据调入当前 Action 本地表中；

⑤ 设置联系人姓名、手机号码和邮箱参数的取值，并做好注释；

⑥ 回放脚本。

依据上述过程，线索创建业务脚本开发包括新建测试项目、录制前设置、录制脚本、强化脚本和回放检测脚本等过程。

1. 新建测试项目

在 HP UFT 主界面中选择"文件"|"新建"|"测试"命令，打开"新建测试"对话框，选择类型选择"GUI 测试"，名称输入 CreateClue，然后单击"创建"按钮，创建 CreateClue 测试项目文件。

2. 录制前设置

选择"录制"|"录制和运行设置"命令，弹出"录制和运行设置"对话框，打开 Web 选项卡，选中"在任何打开的浏览器上录制和运行测试"单选框，如图 3-55 所示，然后单击"确定"按钮。选中该选项后，录制或者运行脚本时，HP UFT 不再打开新的浏览器页面，而是在已经打开的浏览器页面上录制相关的业务操作。这是因为，调用登录业务脚本时已经打开浏览器并进入 CRM 系统主界面，后续只需要 HP UFT 在该界面继续录制其他业务操作即可。

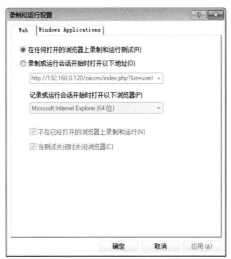

图 3-55　线索创建脚本的"录制和运行设置"对话框

3. 录制脚本

由于登录操作可以通过调用已有登录业务脚本完成，因此，测试人员只需要从进入 CRM 系统主界面后开始录制和生成脚本。即，输入用户名和密码进入 CRM 系统主界面，然后，单击 HP UFT 工具栏上的"录制"按钮，开始脚本的录制。

1) 录制线索创建业务

在录制模式下，依据线索创建业务的测试用例，在已经打开的 CRM 系统主界面，单击导航栏的"线索"按钮，进入线索管理界面，然后单击"新建线索"按钮，进入线索创建界面，在该界面输入合法的线索信息，如图 3-56 所示。

图 3-56 输入合法信息后的线索创建界面

在线索创建界面，单击"保存"按钮后，回到线索管理界面，提示线索创建成功，如图 3-57 所示。

图 3-57 线索创建成功后的界面

2) 插入标准检查点

可在图 3-57 演示的基础上，为"线索添加成功"控件添加标准检查点，检查线索创建成功之后，提示信息是否正确。具体的操作步骤如下：单击录制工作条上的按钮 🔍，在弹出的菜单中选择标准检查点，选中"线索添加成功"控件，设置该控件的检查点属性参数，名称为"线索创建成功提示"，待检查的属性为 innertext，预期的属性值为"×线索添加成功！"，如图 3-58 所示。最后单击"确定"按钮，标准检查点设置完毕。

3) 生成和管理对象库

单击录制工作条上的 ■ 按钮，结束当前的录制。HP UFT 将自动生成相关脚本，但自动生成的脚本中测试对象的名称可能会存在乱码或者表述不准确的情况，可读性较差。可在当前脚本的对象库中，根据需要修改这些对象的名称和层次结构。具体方法是：打开 HP UFT 工具栏的 ■ 按钮，进入对象库管理页面，修改对象的属性。修改后的对象属性如图 3-59 所示。

图 3-58　"线索创建成功提示"控件的检查点属性

图 3-59　当前线索创建业务的对象库

对象库修改完成后，生成的代码如下：

1　Browser("CRM 系统").Page("客户关系管理系统主页面").Link("线索").Click

2　Browser("CRM 系统").Page("客户关系管理系统主页面").Link("新建线索").Click

3　Browser("CRM 系统").Page("客户关系管理系统主页面").WebEdit("公司名称").**Set** "公司 1"

4　Browser("CRM 系统").Page("客户关系管理系统主页面").WebEdit("联系人姓名").**Set** "Cus1"

5　Browser("CRM 系统").Page("客户关系管理系统主页面").WebEdit("岗位").**Set** "负责人"

6　Browser("CRM 系统").Page("客户关系管理系统主页面").WebEdit("手机号码").
Set "13581570155"

7　Browser("CRM 系统").Page("客户关系管理系统主页面").WebList("称呼").**Select** "先生"

8　Browser("CRM 系统").Page("客户关系管理系统主页面").WebEdit("邮箱").
Set 234234@qq.com

9　Browser("CRM 系统").Page("客户关系管理系统主页面").WebList("地址").**Select** "山东省"

10　Browser("CRM 系统").Page("客户关系管理系统主页面").WebButton("保存").Click

11　Browser("CRM 系统").Page("客户关系管理系统主页面").WebElement("线索添加成功提示").
Check CheckPoint("线索创建成功提示")

4. 强化脚本

本节依据业务的特点和测试用例的要求，对脚本进行强化。

1) 复用已创建登录业务脚本

调用登录业务脚本"CRMLogin 调用"的 login，实现登录脚本的复用。在 HP UFT 中，合理地利用脚本复用技术，可以节省大量的编码和维护时间，使测试人员将主要精力放在新脚本的开发上。调用脚本的方式有三种：调用新操作、调用操作副本、调用现有操作，下面简单介绍这三种方式。

- **调用新操作**。这种调用方式实际上是在当前测试项目中新建一个 Action，具体操作步骤如下：选择"设计"|"调用新操作"命令，打开"插入对新操作的调用"对话框，如图 3-60 所示。在该对话框中，可以设置新操作的名称、描述、是否重用、插入位置。
- **调用操作副本**。这种调用方式实际上是复制已有的 Action 脚本，并在此基础上编辑修改该脚本，具体操作步骤如下：选择菜单"设计"|"调用操作副本"，打开"选择操作"对话框，如图 3-61 所示。在该对话框中，可以选择要调用的测试项目文件以及该文件下的操作(Action)，还可以设置操作的描述，插入位置等。

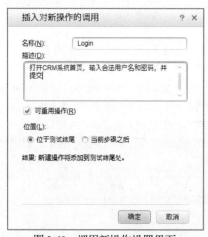
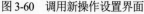

图 3-60　调用新操作设置界面

图 3-61　调用操作副本设置界面

- **调用现有操作**。这种调用方式实际上是调用一个已存在的 Action，但是不能修改它，只能打开被调用的 Action 进行修改，具体操作步骤如下：选择菜单"设计"|"调用现有操作"，打开"选择操作"对话框，该对话框与调用新操作设置界面相同。该方式与第二种方式的唯一区别就是不能修改被调

用的 Action。

在本案例中，使用"调用操作副本"方式调用登录业务脚本"CRMLogin 调用"，即调用该脚本的副本，可以对副本中的内容进行编辑，具体步骤在上面已经给出，不再赘述。调用设置完毕后，在脚本中自动生成如下代码，需要将该代码放到线索创建业务脚本的最前面。

```
RunAction "Copy of Login", oneIteration
```

2) 参数化联系人姓名、手机号码和邮箱

线索创建业务共有 7 个测试用例，这 7 个测试用例的操作步骤是相同的，不同的是联系人姓名、手机号码和邮箱这三个属性的值。为了简化脚本设计，本案例中对系人姓名、手机号码和邮箱进行参数化，具体的参数值放在本地表中。

在登录业务脚本中，我们将测试数据直接输入全局表中，这种方式适合测试数据量小，且不经常变动的情况。在一般的情况下，通常将测试数据保存在外部 Excel 文件中，当脚本运行时，先从 Excel 文件中把数据读取到数据表中，然后再用数据表中的数据取代参数化变量。这是数据驱动的思想，即利用不同的测试数据，引导业务运行，得出不同的结果。将测试数据保存在外部文件中主要有以下两个好处：

* 便于对测试数据进行统一管理。可以将一个项目中各个用例用到的不同的数据都保存在一个 Excel 工作簿中，进行集中管理。
* 方便测试数据的修改。外部数据文件，例如 Excel，自带了比较强大的编辑功能，可以批量添加、删除和修改大量测试数据。

因此，在线索创建业务脚本开发时，使用外部 Excel 文件保存测试数据。创建外部数据源文件的具体步骤如下：

(1) 建立 Excel 文件，命名为 ClueMessage.xls，打开该文件，建立工作表 Clue。

(2) 打开工作表 Clue，第一行对应 HP UFT 数据表中的列名，因此，前三列的首行分别输入，ContactName、Tel、Email。

(3) 将案例所需的测试数据输入到工作表 Clue 中，保存文件，完成外部数据文件的创建，如图 3-62 所示。注意：Tel 列中的手机号码应设置成字符串类型的，默认情况下，它是数值类型的。

图 3-62　线索信息外部测试数据

外部数据文件创建之后，接下来，需要编写脚本语言将外部线索信息读取到 UFT 本地表中。本地表名称与表所在的 Action 名称一致，将当前 Action 重命名为 ClueAction，本地表名也相应地被修改，如图 3-63 所示。

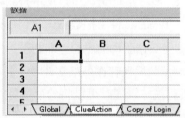

图 3-63　线索创建业务脚本的数据表

HP UFT 读取外部 Excel 文件主要用到的是 Data Table 对象的方法，具体代码如下：

```
RunAction "Copy of Login", oneIteration
Browser("CRM 系统").Page("客户关系管理系统主页面").Link("线索").Click
Browser("CRM 系统").Page("客户关系管理系统主页面").Link("新建线索").Click
DataTable.ImportSheet "D:\UFTTest\CRM 测试数据文件集\ClueMessage.xls","Clue","ClueAction"
Dim i,RowCount    ' 定义计数变量
i=0 '赋初值
RowCount = DataTable.GetSheet("ClueAction").GetRowCount '获取 ClueAction 中的行数
Do While(i < RowCount)
    i= i+1
    DataTable.SetCurrentRow(i)    ' 设置第 i 行为当前活动行
Browser("CRM 系统").Page("客户关系管理系统主页面").WebEdit("公司名称").Set "公司 1"
Browser("CRM 系统").Page("客户关系管理系统主页面").WebEdit("联系人姓名").Set DataTable
("ContactName",dtLocalSheet)
Browser("CRM 系统").Page("客户关系管理系统主页面").WebEdit("岗位").Set "负责人"
```

Browser("CRM 系统").Page("客户关系管理系统主页面").WebEdit("手机号码").**Set** DataTable
("Tel",dtLocalSheet)

　　Browser("CRM 系统").Page("客户关系管理系统主页面").WebList("称呼").**Select** "先生"

　　Browser("CRM 系统").Page("客户关系管理系统主页面").WebEdit("邮箱").**Set** DataTable
("Email",dtLocalSheet)

　　Browser("CRM 系统").Page("客户关系管理系统主页面").WebList("地址").**Select** "山东省"

　　Browser("CRM 系统").Page("客户关系管理系统主页面").WebButton("保存").Click

　　Browser("CRM 系统").Page("客户关系管理系统主页面").WebElement("线索添加成功提示
").Check CheckPoint("线索创建成功提示") _

Loop

在上述脚本中，首先利用 Data Table 对象的 ImportSheet 方法将外部测试数据导入
当前 Action 本地表中，然后利用 While 循环语句依次读取本地表中的测试数据。下面
介绍一下 Data Table 对象和循环语句的语法。

3) Data Table 对象

Data Table 对象定义了 HP UFT 数据表相关操作的方法和属性，在本案例的脚
本中，使用了该对象的 ImportSheet、GetSheet、GetRowCount 和 SetCurrentRow 方法。

DataTable.ImportSheet "D:\UFTTest\CRM 测试数据文件集\ClueMessage.xls",
"Clue", "ClueAction"是指将"D:\UFTTest\CRM 测试数据文件集\ClueMessage.xls"文件中
的工作表 Clue 中的数据导入 HP UFT 的"ClueAction"表中。

RowCount = DataTable.GetSheet("ClueAction").GetRowCount 是指获取"ClueAction"
表的行数，并赋值给变量 RowCount。

DataTable.SetCurrentRow(i) 是指将"ClueAction"表的第 i 行设置为活动行，方便后
续脚本对该行的测试数据进行相关的操作。

DataTable 对象是 HP UFT 脚本开发中使用频率较高的一个对象，它有多个方法和
属性。下面简要介绍该对象的各方法和属性的含义。

● AddSheet 方法

含义：在运行的 Data Table 中添加指定的表，返回表以便能够直接设置表的
属性。

语法：Data Table.AddSheet(SheetName)

● DeleteSheet 方法

含义：在运行的 Data Table 中删除指定的表

语法：Data Table. DeleteSheet SheetID

其中，SheetID 可以是表名，也可以是表的索引，索引值从 1 开始。

- Export 方法

含义：将当前运行的 Data Table 表在指定位置保存一份副本。

语法：Data Table. Export(FileName)

其中，FileName 是导出 Data Table 表的全路径。

- ExportSheet

说明：指定运行的 Data Table 表可以称作源，导出的目的地可以称作目标。

含义：将指定运行的 Data Table 表导出到指定文件中(将源文件导出到目标中)。

注意：

如果指定文件不存在，新建文件并导出指定表的数据；如果指定文件存在，但是这个文件不包括指定表，那么指定表的数据被插入这个指定文件中；如果指定文件存在，并且文件包含指定的表，则导出的表覆盖存在的表。

语法：Data Table. ExportSheet(FileName，DTSheet)

其中，FileName 是指定导出表的外部文件路径，DTSheet 是想导出的运行 Data Table 表的名称或索引，索引值从 1 开始。

- GetCurrentRow 方法

含义：返回运行 Data Table 中第一个表的当前活动行，即 Global 表的当前活动行。

语法：Date Table.GetCurrentRow

- GetRowCount 方法

含义：返回运行 Data Table 中第一个表的所有行数，即 Global 表的所有行数。

语法：Date Table.GetRowCount

- GetSheet 方法

含义：返回运行 Data Table 的指定表

语法：Data Table.GetSheet(SheetID)

其中，SheetID 可以是表名，也可以是索引，索引值从 1 开始。

- GetSheetCount 方法

含义：返回运行 Data Table 的指定表

语法：Data Table.GetSheetCount

- GlobalSheet 属性

含义：返回运行 Data Table 的第一个表，即 Global 表

语法：Data Table.GlobalSheet

- Import 方法

含义：将外部指定的 Excel 文件导入运行的 Data Table 表中。

语法：Data Table.Import(FileName)

其中 FileName 是导入 Excel 表的全路径。

- ImportSheet 方法

含义：将指定的 Excel 文件的指定表导入运行的 Data Table 中。Excel 文件表的数据替换运行的 Data Table 表的数据。

语法：DataTable.ImportSheet(FileName,SheetSource,SheetDest)

其中，FileName 是导入 Excel 文件的全路径，SheetSource 是导入 Excel 文件的表名或索引，索引值从 1 开始。SheetDest 是 Data Table 的表名或索引，索引值从 1 开始。

- LocalSheet 属性

含义：返回运行 Data Table 的当前活动本地表。

语法：Data Table.LocalSheet

- RawValue 属性

含义：获取当前行指定列所对应的单元格的原始数据。

语法：Data Table.RawValue ParameterID[,SheetID]

其中，ParameterID 指定获取或设置的参数列，SheetID 是可选项，指定返回的表(可以是表名、索引、dtLocalSheet、dtGlobalSheet)。如果没有工作表被指定，那么使用运行的 Data Table 的第一个工作表，即 Global 表，索引值从 1 开始。

- SetCurrentRow 方法

含义：在当前运行的 Data Table 中，设置指定的行。

注意：仅能设置至少包含一个值的行。

语法：Data Table.SetCurrentRow(RowNumber)

其中，RowNumber 指定当前活动的行，第一行标识为1。

- SetNextRow 方法

含义：在运行的 Data Table 表中，将当前活动行的下一行设置为新活动行。

语法：Data Table.SetNextRow

- SetPrevRow 方法

含义：在运行的 Data Table 表中，将当前活动行的上一行设置为新活动行。

语法：Data Table.SetPrevRow

- Value 属性

含义：Data Table 默认的属性，获取或设置运行 Data Table 表中当前行指定参数的单元值。

语法：

获取值：Data Table.Value(ParameterID[,SheetID]

Data Table(ParameterID[,SheetID]

设置值：Data Table.Value(ParameterID[,SheetID])=NewValue

Data Table(ParameterID[,SheetID]=NewValue

其中，ParameterID 指定要获取或设置的参数、列的值。索引值从 1 开始。SheetID 是可选值，返回指定表，SheetID 可以是表名、索引、dtLocalSheet 或 dtGlobalSheet。NewValue 设置指定表单元格的值。

4) 循环语句

HP UFT 本身支持 VB 脚本，因此 HP UFT 支持 VB 脚本的三种循环：For 循环、While 循环和 Loop 循环。在线索创建脚本中，使用了 Do While…Loop 循环，该循环的语法如下：

Do While condition
[statements]
Loop

该循环语句的含义是：当条件为真时，执行循环体；否则跳出循环，执行后续脚本。

5) 设置联系人姓名、手机号码和邮箱参数的取值

线索创建业务脚本中包含 8 组测试数据，覆盖了合法的线索信息和非法的线索信息。其中，提交合法线索信息后，系统应有线索提交成功的提示；提交非法线索信息后，系统应该有相应的错误提示，预期的错误提示信息如表 3-28 所示。

表 3-28　联系人姓名、手机号码和邮箱非法时，系统的提示

测试数据			提交非法线索时，系统弹出的错误提示
ContactName	Tel	Email	
	13000000000	T.1-t3@t-t.1	⚠ 联系人姓名不能为空
UFTtester1		T.1-t3@t-t.1	⚠ 手机号码不能为空
UFTtester1	14000000000	T.1-t3@t-t.1	⚠ 手机号码格式不正确
UFTtester1	13000000000		⚠ 邮箱不能为空
UFTtester1	13000000000	@1.	⚠ 邮箱格式不正确

当提交非法线索信息时，CRM 系统弹出错误提示对话框，需要 HP UFT 自动捕捉错误提示信息，并在测试结果中输出。捕捉错误提示信息时，先要识别出错的提示控件对象，并将其添加到对象库中，再编写捕捉错误提示的脚本代码，将错误的信息输出到测试结果中。

首先，将待识别的对象添加到对象操作库中，具体操作如下。

(1) 打开线索创建页面，不输入联系人姓名，单击"保存"按钮，弹出错误提示对话框，如图 3-64 所示。

图 3-64　非法线索提交时的错误提示对话框

(2) 在 HP UFT 主界面中，单击对象存储库按钮，或者按下 Ctrl+R 组合键，打开对象库页面。

(3) 在对象库窗口中，单击添加对象按钮，选择图 3-63 所示的错误提示控件。

提示：

在找到待捕捉的对象之前，可以先按下 Ctrl 键，直到鼠标定位到待捕捉的对象时，放开 Ctrl 键，这样对象更容易被正确地捕捉到。

(4) 在"对象选择"对话框中，单击"确定"按钮，弹出"定义对象筛选"对话框，如图 3-65 所示，选中"所有对象类型"单选按钮，然后单击"确定"按钮。这样，错误提示对话框的对象就成功添加到对象库中。

图 3-65　"定义对象筛选"对话框

在"定义对象筛选"对话框中，可供选择的选项含义如下。

- 仅选定的对象(不包含子对象)：将当前选择对象(不包含子对象)的属性和值添加到对象仓库中。
- 默认对象类型：将当前选择对象的属性和值添加到对象仓库中，并将筛选器指定的默认对象的属性和值添加到对象仓库中。选中"选定的对象类型"，单击"选择"按钮，在弹出的"选择对象类型"对话框中，单击"默认"按钮，可见当前默认浏览器指定的默认对象，如图 3-66 所示。

图 3-66 "选择对象类型"对话框

- 所有对象类型：将当前选择对象和其子对象的所有属性和值添加到对象仓库中。
- 选定的对象类型：将当前选择对象的属性和值添加到对象仓库中，并将筛选器指定的对象类型属性和值添加到对象仓库中，可通过单击"选择"按钮，在弹出的"选择对象类型"对话框中设置可添加的对象。

(5) 修改对象库。为了便于对象库的管理，修改刚添加对象的属性名称和层次结构。在本案例中，将错误提示框对话框更改到"CRM 系统"浏览器下，并将其属性名更改为"线索创建错误提示"， 错误提示信息静态文本对象的属性名改为"错误提示信息"， 如图 3-67 所示。

图 3-67 错误提示对话框中的对象

其次，编写捕捉错误提示的脚本代码，将错误信息输出到测试结果中。具体的步骤是：定义变量 err_message，将错误提示信息捕捉下来赋值给变量 err_message，然后利用 Reporter.ReportEvent 方法将变量 err_message 的值输出到测试结果中。相关代码如下：

If Browser("CRM 系统").Dialog("线索创建错误提示").Exist(5) **Then** '如果错误提示框存在，则执行如下操作

　　Dim err_message　　　　　　　　'定义动态提示信息

　　err_message = Browser("CRM 系统").Dialog("线索创建错误提示").Static("错误提示信息").GetROProperty("text") '捕捉动态提示信息

　　Reporter.ReportEvent micFail,"线索创建失败","错误信息是： "&err_message　'报告失败的测试结果，包含错误的提示信息

　　Browser("CRM 系统").Dialog("线索创建错误提示").WinButton("确定").Click　　'关闭提示框

　　Else　　　　　'否则含义就是线索创建错误提示框不存在，也就是提交成功，执行如下操作：

　　Browser("CRM 系统").Page("客户关系管理系统主页面").WebElement("线索添加成功提示").Check CheckPoint("线索创建成功提示"

　　Reporter.ReportEvent micPass,"线索创建成功","线索创建成功"　　' 报告成功的测试结果

　　Browser("CRM 系统").Page("客户关系管理系统主页面").Link("线索").Click

　　Browser("CRM 系统").Page("客户关系管理系统主页面").Link("新建线索").Click

　　End If '判断结束

上述代码的思想是：提交线索后，首先判断"线索创建错误提示"对话框是否存在，如果存在，则意味着线索创建失败，将错误提示信息输出到测试结果报告中；否则，意味着线索创建成功，然后利用标准检查来检查提交成功提示信息是否正确，将"线索创建成功"信息输出到测试结果报告中。

上述代码编写过程中，使用"对象侦测器"侦测"线索创建错误提示"对话框可发现具体的错误提示信息放在 text 属性中，如图 3-68 所示。因此，在脚本中获取 text 属性，也就获得了具体的错误提示信息，如图 3-68 获取的错误提示信息为"联系人姓名不能为空"。获取"错误提示信息"对象的 text 属性值用到的方法是 GetROProperty("text")。GetROProperty("text")方法和对象侦测器侦测对象属性的方法请参见登录业务脚本中的介绍。

图 3-68　线索创建错误提示控件的侦测结果图

至此，线索创建业务测试脚本强化完毕，得到的脚本代码如下：

```
'脚本功能：CRM 系统的线索创建操作
'脚本说明：
'  (1)调用登录业务脚本"CRMLogin 调用"
'  (2)对联系人姓名、手机号码和邮箱进行了参数化
'  (3)在线索提交成功后的主界面启用了标准检查点
'  (4)对合法线索信息提交的正确性和非法线索信息提交的容错性分别进行测试
'作者：XX
'日期：2019.4.3


'调用登录业务脚本"CRMLogin 调用"
RunAction "Copy of Login", oneIteration
'打开线索创建页面
Browser("CRM 系统").Page("客户关系管理系统主页面").Link("线索").Click
Browser("CRM 系统").Page("客户关系管理系统主页面").Link("新建线索").Click
'将外部 Excel 文件数据导入本地表"ClueAction"中
DataTable.ImportSheet "D:\UFTTest\CRM 测试数据文件集\ClueMessage.xls","Clue","ClueAction"
Dim i,RowCount    ' 定义计数变量
i=0 '赋初值
RowCount = DataTable.GetSheet("ClueAction").GetRowCount '获取 ClueAction 中的行数
'循环读取 ClueAction 中的测试数据
Do While(i < RowCount)
    i= i+1
    DataTable.SetCurrentRow(i)    ' 设置第 i 行为当前活动行
 '输入线索信息，并提交
    Browser("CRM 系统").Page("客户关系管理系统主页面").WebEdit("公司名称").Set "公司 1"
    Browser("CRM 系统").Page("CRM 系统主页面").WebEdit("联系人姓名").Set DataTable
("ContactName",dtLocalSheet
    Browser("CRM 系统").Page("客户关系管理系统主页面").WebEdit("岗位").Set "负责人"
    Browser("CRM 系统").Page("CRM 系统主页面").WebEdit("手机号码").Set DataTable
("Tel",dtLocalSheet)
    Browser("CRM 系统").Page("客户关系管理系统主页面").WebList("称呼").Select "先生"
    Browser("CRM 系统").Page("客户关系管理系统主页面").WebEdit("邮箱").Set DataTable
("Email",dtLocalSheet)
    Browser("CRM 系统").Page("客户关系管理系统主页面").WebList("地址").Select "山东省"
    Browser("CRM 系统").Page("客户关系管理系统主页面").WebButton("保存").Click
    If Browser("CRM 系统").Dialog("线索创建错误提示").Exist(5) Then '如果线索创建错误的提示框
存在，则执行如下操作
        Dim err_message                 '定义动态提示信息
```

err_message = Browser("CRM 系统").Dialog("线索创建错误提示").Static("错误提示信息").
GetROProperty("text") '捕捉动态提示信息

　　　　Reporter.ReportEvent micFail,"线索创建失败","错误信息是："&err_message　'报告失败的测
试结果，包含错误的提示信息

　　　　Browser("CRM 系统").Dialog("线索创建错误提示").WinButton("确定").Click '关闭提示框

　　Else　'否则含义就是线索创建错误提示框不存在，也就是提交成功，执行如下操作：

　　　　Browser("CRM 系统").Page("客户关系管理系统主页面").WebElement("线索添加成功提示").
Check CheckPoint("线索创建成功提示")

　　　　Reporter.ReportEvent micPass,"线索创建成功","线索创建成功"　'报告成功的测试结果

　　　　Browser("CRM 系统").Page("客户关系管理系统主页面").Link("线索").Click

　　Browser("CRM 系统").Page("客户关系管理系统主页面").Link("新建线索").Click

　　End If　'判断结束

Loop

5. 回放检测脚本

脚本修改完成后，需要将线索创建业务脚本回放一遍，检测脚本的运行是否符合
预期的要求。当前脚本运行结果如图 3-69 所示。

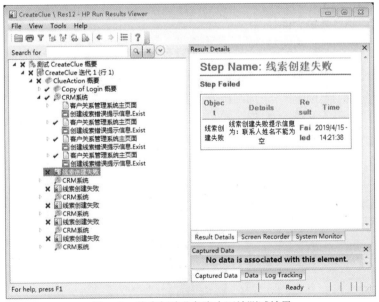

图 3-69　线索创建业务脚本回放测试结果

从结果上看，8 组测试数据，共迭代运行了 8 次。其中前 3 组数据是合法的线索
信息，提交成功了；后 5 组是非法线索信息，提交失败了；在测试报告中可以看到错
误提示信息。综上，测试运行结果符合脚本设计的预期。

3.5.3　客户创建业务脚本开发

客户创建业务脚本的开发过程与线索创建业务基本相似，读者可参考线索创建业务来开发客户创建业务的脚本。不同的是，在客户创建界面，当客户名称为空时，偶尔地会弹出"请填写客户名"错误提示框，如图 3-70 所示。由于该提示框无法准确预估在哪些操作中必然会出现，因此，无法将对该提示框的操作写入脚本中，这有可能会干扰脚本的回放。为了解决这个问题，需要使用场景恢复技术。

图 3-70　"请填写客户名"错误提示框

场景恢复用于处理测试脚本在运行过程中出现的异常。若该异常是可以预估的，在预估可能出现的异常状况下，添加对应的场景恢复，就可以使脚本运行得更加流畅。使用场景恢复技术，一般需要两个步骤：创建场景恢复文件和添加恢复场景。

1. 创建场景恢复文件

针对"请填写客户名"错误提示框，创建场景恢复文件需要四步去完成，分别是：定义中断测试运行的触发事件，指定继续所需的恢复操作，选择恢复后测试运行的操作，输入场景的描述信息。下面给出场景恢复文件创建的详细步骤。

(1) 打开"恢复场景管理器"，即在 UFT 菜单栏中选择"资源"|"恢复场景管理器"命令打开"恢复场景管理器"对话框，如图 3-71 所示。

(2) 单击"新建场景"按钮，打开"恢复场景向导"对话框，如图 3-72 所示，在该对话框中，描述了创建场景文件的四个步骤。

图 3-71　"恢复场景管理器"对话框

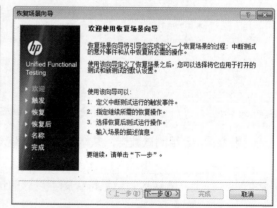

图 3-72　"恢复场景向导"对话框

(3) 在"恢复场景向导"对话框，单击"下一步"按钮，选择中断测试的触发事件类型，在本案例中选择"弹出式窗口"，如图 3-73 所示。

触发事件共分四类，分别是弹出式窗口、对象状态、测试运行错误和应用程序崩溃。

- 弹出式窗口：测试运行过程中，以窗口形式弹出的应用程序。
- 对象状态：匹配在应用程序中指定的属性值，也可以匹配在应用程序中每个对象的属性值。
- 测试运行错误：测试的某一步骤在运行时发生错误。
- 应用程序崩溃：在测试运行过程中，打开应用程序失败。

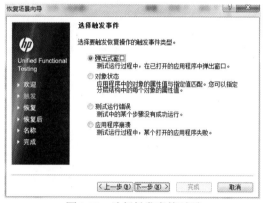

图 3-73　选择触发事件页面

(4) 在选择触发事件页面中，单击"下一步"按钮，进入窗口选择页面，通过单击 按钮，开始选择要匹配的窗口。将鼠标定位到"请填写客户名"错误提示框，单击之后，该窗口的标题和窗口文本就显示在该页面上，如图 3-74 所示。

图 3-74　对象选择页面

(5) 单击"下一步"按钮,开始定义当异常窗口被检测到时要恢复的操作。在本案例中,如果"请填写客户名"提示框弹出,则单击"确定"按钮。因此,选择"键盘或鼠标操作"操作类型,如图 3-75 所示,选中单击带有"确定"标签的按钮,如图 3-76 所示。

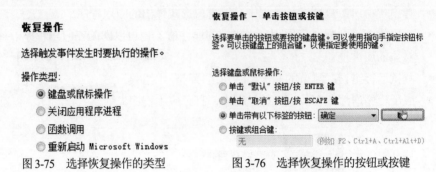

图 3-75　选择恢复操作的类型　　　　图 3-76　选择恢复操作的按钮或按键

(6) 单击"下一步"按钮后,页面会显示上面指定的恢复操作,如图 3-77 所示,取消选中"添加另一个恢复操作"复选框,单击"下一步"按钮,打开"恢复后测试运行选项"页面,如图 3-78 所示。

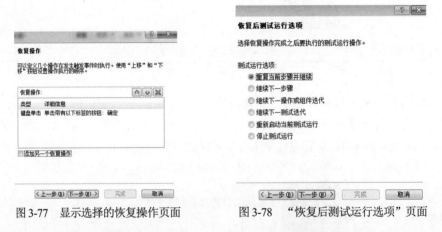

图 3-77　显示选择的恢复操作页面　　　　图 3-78　"恢复后测试运行选项"页面

(7) 在"恢复后测试运行选项"页面,选择"重复当前步骤并继续",单击"下一步"按钮,打开"场景恢复的名称与描述定义"页面,如图 3-79 所示,输入场景名称,单击"下一步"按钮,进入"恢复场景向导完成"页面,如图 3-80 所示,在该页面选择"向当前测试添加场景",单击完成后,返回到"场景恢复管理器"页面。

在"场景恢复管理器"页面,可以保存、修改和删除场景恢复文件。至此,通过以上步骤,就完成了创建场景恢复文件的操作。

名称和描述

为恢复场景提供名称和描述。

恢复文件：　〈新建恢复场景文件〉

场景名称：　客户名为空

描述：

当客户名为空时，用于关闭弹出的"请填写客户名"提示框

图 3-79　"场景恢复的名称与描述定义"页面

恢复场景向导完成

检查下面的恢复场景概要。如果要更改场景定义的任何部分，请单击"上一步"，回到相应屏幕。如果详细信息正确，单击"完成"保存恢复场景。

场景设置

触发事件：　弹出式窗口
恢复操作：
　　　　　　键盘或鼠标操作
恢复后测试运行选项：
　　　　　　重复当前步骤并继续

☑ 向当前测试添加场景
☐ 向默认测试设置添加场景

图 3-80　"恢复场景向导完成"页面

2. 添加场景恢复文件

创建完场景恢复文件后，就可以在测试中添加场景恢复文件了。由于在创建场景恢复文件时，选中了"向当前测试添加场景"，系统已经为当前测试导入了新创建的场景恢复文件。可以在 UFT 中通过如下方法查看并管理当前的场景恢复文件：选择"文件"|"设置"命令，打开"恢复"选项卡，如图 3-81 所示。

图 3-81　线索创建业务的场景恢复文件

如图 3-81 所示，在"恢复"选项卡中，可以对场景恢复文件进行管理，还可以设置激活恢复场景的条件。在本案例中，条件设置为"出错时"，也就意味着，只有在脚本运行过程出错时，才执行场景恢复文件。

3.5.4　线索删除业务脚本开发

本节主要依据 3.4.3 节所设计的线索删除业务的测试用例开发脚本，以测试该业务功能的正确性。为了测试删除线索业务，需要使用 3.5.2 节的线索创建业务脚本提前创建一批线索数据，作为测试数据。线索创建成功后，即可开展线索删除业务脚本的

开发。

线索删除业务脚本开发的过程如下：

① 线索删除业务脚本录制，设置标准检查点；

② 规范对象库的命名和结构；

③ 复用已创建的登录脚本；

④ 利用描述性编程识别复选框对象；

⑤ 实现删除1条、2条和页面全部线索；

⑥ 使用函数库实现代码的模块化；

⑦ 回放脚本。

依据上述过程，线索删除业务脚本开发包括新建测试项目、录制前设置、录制脚本、强化脚本和回放检测脚本等过程。

1. 录制前的准备

在 HP UFT 中，创建"GUI 测试"类型的测试项目文件 DeleteClue。在"录制和运行设置"的 Web 选项卡中，选中"在任何打开的浏览器上录制和运行测试"，即在已经打开的浏览器页面上录制相关的业务操作。

2. 录制脚本

由于登录操作是调用已有登录业务脚本完成的，测试人员只需要从进入 CRM 系统主界面后开始录制和生成脚本即可。首先，输入用户名和密码进入 CRM 系统主界面，然后，单击 HP UFT 工具栏上的"录制"按钮，开始脚本的录制。

1) 录制线索删除业务

依据线索删除业务的测试用例，在已经打开的 CRM 系统主界面，单击导航栏的"线索"按钮，进入线索管理界面，选中某条线索，单击"批量操作"下的"批量删除"后，弹出删除确认对话框，如图3-82所示。

图 3-82 HP UFT 录制的线索删除界面

在确认对话框中，单击"确定"按钮，完成线索的删除，如图 3-83 所示。

图 3-83　线索删除成功后的界面

2) 插入标准检查点

在图 3-83 上，为"删除成功"控件添加标准检查点，检查线索删除成功之后，提示信息是否正确。具体的操作步骤如下：单击录制工作条上的按钮💡，在弹出的菜单中选择标准检查点，然后用鼠标选中"线索添加成功"控件，设置该控件的检查点属性参数，检查点名称为"线索删除成功提示"，要检查的属性为 innertext，预期的属性值为"×删除成功!"，如图 3-84 所示，最后单击"确定"按钮，标准检查点设置完毕。

图 3-84　"线索删除成功提示"控件的检查点属性

3) 生成和管理对象库

单击录制工作条上的按钮，结束当前的录制。检查 HP UFT 自动生成的测试脚本发现，"批量删除"控件的单击操作并未录制成脚本，这样会导致脚本回放失败。分析可知，由于"批量删除"控件尚未添加到脚本的对象库中，HP UFT 无法准确识别出该对象，使相关脚本无法自动生成。因此，我们需要先将该控件添加到对象库中，然后在已生成的脚本中手动添加对该控件的单击操作代码。

提示：

HP UFT 并不能保证把所有业务操作都录制成测试脚本，测试人员应在录制结束后，检查脚本中是否遗漏了某些业务。如有遗漏，应该手动添加这些业务操作的相关脚本。

录制生成的脚本中同样存在着测试对象的名称有乱码或者不能很好表明对象含义的问题，需要在当前脚本的对象库中修改这些对象的名称和层次结构。修改后的对象属性如图3-85所示。

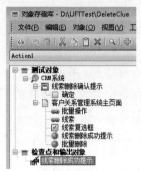

图3-85　当前线索删除业务的对象库

对象库修改完成后，生成的代码如下：

```
1   Browser("CRM 系统").Page("客户关系管理系统主页面").Link("线索").Click
2   Browser("CRM 系统").Page("客户关系管理系统主页面").WebCheckBox("线索复选框").
Set "ON"
3   Browser("CRM 系统").Page("客户关系管理系统主页面").Link("批量操作").Click
4   Browser("CRM 系统").Page("客户关系管理系统主页面").WebElement("批量删除").Click
5   Browser("CRM 系统").Dialog("线索删除确认提示").WinButton("确定").Click
6   Browser("CRM 系统").Page("客户关系管理系统主页面").WebElement("线索删除成功提示").
Check CheckPoint("线索删除成功提示")
```

在上述脚本中，第4行"批量删除"控件单击操作脚本是录制后手动添加的。下面，依据业务的特点和测试用例的要求，对脚本进行强化。

3. 强化脚本

1) 复用登录业务脚本
调用登录业务脚本"CRMLogin 调用"的 login，实现登录脚本的复用。具体操作参考3.5.2 节的相关内容。

2) 利用描述性编程识别每条线索前的"复选框"控件
在线索删除业务脚本开发过程中，想要利用测试脚本识别并操控要删除的线索，则必须将这些待删除线索前的复选框加入对象库中。若利用原来的方法，在对象库界面，手动将对象添加到对象库中，这些对象随时可能被删除，对象可能就失效了。解决的办法就是使用描述性编程。

描述性编程就是把需要识别的对象或属性从对象仓库转移到脚本中，在脚本中用特殊的语法告诉 HP UFT 识别对象的方法，这些特殊的语法就是描述性编程语法。描述性编程的引入可以分为三步，分别是：创建描述性对象，设置描述性对象的属性和值，指定动态对象。下面分步介绍描述性编程的语法。

- 创建描述性对象

Dim objDescription'声明描述性对象

Set objDescription=description.Create() '创建空描述性对象

- 为描述性对象设置属性和值

\<description_object\>.(\<property1\>).value=\<value1\>

\<description_object\>.(\<propertyN\>).value=\<valueN\>

- 指定动态对象

\<object_hierarchy\>.\<object_class\>(\< description_object \>)

下面演示如何使用描述性编程语言来识别所有线索前的"复选框"对象，再随机选中 1 个、2 个和全部复选框来实现删除操作。

首先实现随机删除 1 条线索的操作。先借助"对象侦测器"工具分析出"复选框"对象共有的属性和值，再通过描述性编程将页面上的所有复选框筛选出来。分析可知，每个复选框对象都有两个属性和值是一样的，它们是 type 属性和 html tag 属性，如图 3-86、图 3-87 所示。

图 3-86　"复选框"对象的 html tag 属性

图 3-87　"复选框"对象的 type 属性

确定了复选框的共有属性后，接下来就可通过描述性编程来实现"复选框"对象的识别及随机删除 1 条线索的相关操作，具体代码如下。

```
Browser("CRM 系统").Page("客户关系管理系统主页面").Link("线索").Click
Dim objDescription'描述性对象
Dim objCheckBoxes'复选框对象集
Dim objCheckBoxesCounts'复选框对象数量
Set objDescription=description.Create() '创建空描述性对象
'为描述性对象设置属性和值
objDescription("type").value="checkbox"
objDescription("html tag").value="INPUT"
'将客户关系管理系统主页面所有满足要求的对象筛选出来赋值给复选框对象集
Set objCheckBoxes=Browser("CRM 系统").Page("客户关系管理系统主页面").ChildObjects
(objDescription)
objCheckBoxesCounts=objCheckBoxes.Count()'获取复选框对象数量
'如果复选框对象数量不为零，则执行删除操作
If objCheckBoxesCounts<>0 Then
    intRandomIndex=RandomNumber(1,objCheckBoxesCounts-1)'随机生成对象的 index
    objCheckBoxID=objCheckBoxes(intRandomIndex).GetRoProperty("Value")'获取 value 属性值
    objCheckBoxes(intRandomIndex).Set "ON"'设置对象的按钮为勾选
Browser("CRM 系统").Page("客户关系管理系统主页面").Link("批量操作").Click
Browser("CRM 系统").Page("客户关系管理系统主页面").WebElement("批量删除").Click
Browser("CRM 系统").Dialog("线索删除确认提示").WinButton("确定").Click
Browser("CRM 系统").Page("客户关系管理系统主页面").WebElement("线索删除成功提示").
Check CheckPoint("线索删除成功")
Reporter.ReportEvent micPass,"删除线索信息","删除线索的 ID 为"&objCheckBoxID
  else
    Reporter.ReportEvent micFail,"线索删除","线索不存在"
End If
```

脚本说明：

- **Set objDescription=description.Create()**

使用 Create 方法创建一个新的空 Description 描述性对象，使用 Set 语句设置变量值，并且将变量值赋给一个对象。

- objDescription("type").value="checkbox"

设置 objDescription 对象的 type 属性值是"checkbox"。此处要寻找的复选框的对象集都有一个值为"checkbox"的 type 属性，因此，设置描述性对象 objDescription 的 type 数值型值是"checkbox"。

- objDescription("html tag").value="INPUT"

设置 objDescription 对象的 html tag 属性值是" INPUT "。此处要寻找的复选框的对象集都有一个值为" INPUT "的 html tag 属性，因此，设置描述性对象 objDescription 的 html tag 数值型值是" INPUT "。

- Set objCheckBoxes=Browser("CRM 系统").Page("客户关系管理系统主页面").ChildObjects (objDescription)

大多数 HP UFT 对象都支持 ChildObjects 方法，该方法接收描述性对象 objDescription 作为输入，返回一个满足 objDescription 对象属性的对象集合。该对象集合不仅包含静态对象，还包含动态对象。

本语句的含义是将 Browser("CRM 系统").Page("客户关系管理系统主页面")页面下的所有 CheckBox 对象都找出来，赋值给 objCheckBoxes 形成一个 CheckBox 集。

- objCheckBoxesCounts=objCheckBoxes.Count()

在获取所有 CheckBox 对象集之后，使用 Count 方法获取对象集的子对象的个数。

- intRandomIndex=RandomNumber(1,objCheckBoxesCounts-1)'

该语句的含义是生成一个随机数，该随机数代表的含义是 CheckBox 对象集中子对象的索引。在 Web 对象中，对象的索引是从 0 开始的，索引的范围是 [0, objCheckBoxesCounts-1]。本例中，全选复选框是页面中最先被识别的复选框，索引为 0，第一条线索数据对应的复选框索引为 1，以此类推。因此，要实现删除 1 条线索，对应的索引号范围应为：[1, objCheckBoxesCounts-1]。

- objCheckBoxID=objCheckBoxes(intRandomIndex).GetRoProperty("Value")

该语句的含义是获取索引号为 intRandomIndex 的 CheckBox 对象的 ID 值。

- objCheckBoxes(intRandomIndex).**Set** "ON"

该语句的含义是设置上一步随机选择的复选框为选中状态，为后续的删除操作做准备。

前面已经实现了随机删除 1 条线索的脚本，根据线索删除业务测试用例的要求，还要实现删除 2 条线索和全部线索的功能。在上述脚本中稍加改动就可以实现这两个功能用例。本脚本完整的代码如下：

```
'脚本功能：CRM 系统的线索删除操作
'脚本说明：
'  (1)调用登录业务脚本"CRMLogin 调用"
'  (2)在线索删除成功后的主界面启用了标准检查点
'  (3)启用了描述性编程来识别复选框对象
'  (4)本脚本可实现删除 1 条、2 条和页面全部线索的功能
'作者：XX
'日期：2019.4.2
```

```
'调用登录系统首页
RunAction "Copy of Login", oneIteration
Browser("CRM 系统").Page("客户关系管理系统主页面").Link("线索").Click
Dim objDescription'描述性对象
Dim objCheckBoxes'复选框对象集
Dim objCheckBoxesCounts'复选框对象数量
Set objDescription=description.Create() '创建空描述性对象
'为描述性对象设置属性和值
objDescription("type").value="checkbox"
objDescription("html tag").value="INPUT"
'将客户关系管理系统主页面所有满足要求的对象筛选出来, 赋值给复选框对象集
Set objCheckBoxes=Browser("CRM 系统").Page("客户关系管理系统主页面").ChildObjects
(objDescription)
    objCheckBoxesCounts=objCheckBoxes.Count()'获取复选框对象数量
    '如果复选框对象数量不为零, 则执行删除操作
If objCheckBoxesCounts<>0 Then
    '******************************************************************************
    '随机选中某条线索
    intRandomIndex=RandomNumber(1,objCheckBoxesCounts-1)'随机生成对象的 index
    objCheckBoxID=objCheckBoxes(intRandomIndex).GetRoProperty("Value")'获取 value 属性值
    Reporter.ReportEvent micPass,"删除线索信息","删除线索的 ID 为"&objCheckBoxID
    objCheckBoxes(intRandomIndex).Set "ON"'设置对象的按钮为勾选
    '******************************************************************************
    '删除页面前两条线索
    '  If objCheckBoxesCounts>1 Then
    '获取页面前两条线索的 value 属性值
    '    objCheckBoxID1=objCheckBoxes(1).GetRoProperty("Value")
    '    objCheckBoxID2=objCheckBoxes(2).GetRoProperty("Value")
    '    Reporter.ReportEvent micPass,"删除线索信息","删除线索的 ID 为"&objCheckBoxID1&"和
"&objCheckBoxID2
    '  objCheckBoxes(1).Set "ON"
    '  objCheckBoxes(2).Set "ON"
    '  else
    '  Reporter.ReportEvent micFail,"线索删除","当前页面存在的线索不足 2 条"
    '  End If
    '******************************************************************************
    '删除页面所有线索
    '  Reporter.ReportEvent micPass,"删除线索信息","将当前页面的所有线索删除"
    '  objCheckBoxes(0).Set "ON"
```

```
'****************************************************************************
Browser("CRM 系统").Page("客户关系管理系统主页面").Link("批量操作").Click
Browser("CRM 系统").Page("客户关系管理系统主页面").WebElement("批量删除").Click
Browser("CRM 系统").Dialog("线索删除确认提示").WinButton("确定").Click
Browser("CRM 系统").Page("客户关系管理系统主页面").WebElement("线索删除成功提示").
Check CheckPoint("线索删除成功")
Reporter.ReportEvent micPass,"删除线索信息","删除线索的 ID 为"&objCheckBoxID
    else
        Reporter.ReportEvent micFail,"线索删除","线索不存在"
End If
```

在上述脚本中，将实现删除 1 条线索、2 条线索和当前页的全部线索的功能集成到一个脚本中，需要测试人员根据测试要求，有选择地执行相关代码，并将其他两种功能的代码注释掉。这样的写法虽然简单，但代码比较杂乱，容易出错，更为通常的做法是将这三种功能脚本分别写在专门的函数中，后续通过函数调用来使用其功能。

在脚本中创建函数和函数库是 HP UFT 中比较常见的操作，具有如下优点。

- 简化代码的可读性和可维护性。
- 覆盖已经存在的对象和方法。
- 在脚本、业务组件或恢复场景上实现代码的复用。

3) 使用函数库模块化管理脚本

为删除 1 条线索、2 条线索和当前页的全部线索的功能分别创建函数，并将函数所在的函数库导入当前脚本中，进而在脚本中调用这三个函数实现相关功能。

首先，利用 HP UFT 创建函数库，具体操作是：选中"文件"|"新建"|"函数库"命令，如图 3-88 所示，打开函数库创建界面。

图 3-88　新建函数库操作

在函数库创建界面，输入函数库的名称 DeleteClueLibrary.qfl 和保存的路径，单击"创建"按钮后，进入函数库文件编辑界面，开始创建函数。在 VB 中，使用 Function...End Function 语句创建函数，语法如下。

```
[Public [Default]] |Private] Function name[(arglist)]
    [statements]
    [name=expression]
    [Exit Function]
```

[statements]

[name=expression]

End Function

语法说明如表 3-29 所示。

表 3-29　创建函数语法说明

语法	说明
Public	表示 Function 可被所有脚本中的所有其他过程访问
Default	只与类块中的 Public 关键字连用，用来表示过程是类的默认方法。如果在类中指定了多个 Default 过程，就会出错
Private	表示 Function 只可被声明它的脚本中的其他过程访问
name	Function 的名称，遵循标准的变量命名约定
arglist	代表调用时要传递给 Function 过程的参数的变量列表，用逗号隔开多个变量，语法是[ByVal ByRef]varname[()]。其中，ByVal 表示该参数是按值方式传递的，ByRef 表示该参数按引用方式传递，varname 代表参数变量的名称，遵循标准的变量命名约定
statements	在 Function 过程的主体中执行的任意语句组
expression	Function 的返回值

在本案例中，分别创建三个函数 RandSelectOneClue、SelectTwoClue 和 SelectAllClue，其中函数 RandSelectOneClue 是指随机选中某条线索供删除，SelectTwoClue 是指选中页面的前两条线索供删除，SelectAllClue 是指选中页面的全部线索供删除，objCheckBoxes 是复选框对象集合。具体的函数代码如下：

'随机选中某条线索供删除，objCheckBoxesCounts 是页面复选框对象的数量，objCheckBoxes 是复选框对象集合

Function RandSelectOneClue(objCheckBoxesCounts,objCheckBoxes)

intRandomIndex=RandomNumber(1,objCheckBoxesCounts-1)'随机生成对象的 index

objCheckBoxID=objCheckBoxes(intRandomIndex).GetRoProperty("Value")'获取 value 属性值

Reporter.ReportEvent micPass,"删除线索信息","删除线索的 ID 为"&objCheckBoxID

objCheckBoxes(intRandomIndex).Set "ON"'设置对象的按钮为勾选

End Function

'选中页面的前两条线索供删除,objCheckBoxesCounts 是页面复选框对象的数量，objCheckBoxes 是复选框对象集合

Function SelectTwoClue(objCheckBoxesCounts,objCheckBoxes)

If objCheckBoxesCounts>1 Then

'获取页面的前两条线索的 value 属性值

objCheckBoxID1=objCheckBoxes(1).GetRoProperty("Value")

objCheckBoxID2=objCheckBoxes(2).GetRoProperty("Value")

Reporter.ReportEvent micPass,"删除线索信息","删除线索的 ID 为"&objCheckBoxID1&"和
"&objCheckBoxID2

'设置对象的按钮为勾选

objCheckBoxes(1).**Set** "ON"

objCheckBoxes(2).**Set** "ON"

else

Reporter.ReportEvent micFail,"线索删除","当前页面存在的线索数不足 2 条"

End If

End Function

'选中页面的全部线索供删除,objCheckBoxes 是复选框对象集合

Function SelectAllClue(objCheckBoxes)

Reporter.ReportEvent micPass,"删除线索信息","将当前页面的所有线索删除"

objCheckBoxes(0).**Set** "ON"

End Function

库文件创建完毕后,这些文件还不能被 HP UFT 脚本直接调用,必须先将库文件和当前脚本相关联。如果未进行函数库的关联直接调用,运行脚本时会弹出一个类型不匹配的错误提示。其他关联库文件的操作步骤如下。

(1) 在 HP UFT 主界面中选择"文件"|"设置"命令,打开"测试设置"对话框,选中"资源"选项卡,如图 3-89 所示。

图 3-89　"资源"选项卡

(2) 在"关联的函数库"栏中，单击关联库文件的添加按钮 ![]，关联库文件。

(3) 选择刚创建的库文件 DeleteClueLibrary.qfl，关联库文件，关联结果如图 3-90 所示。

图 3-90　所示关联库文件的结果

提示：

在关联库文件的过程中，如果选择的库文件本身有语法错误，则 HP UFT 会弹出一个添加库文件有语法错误的提示，如图 3-91 所示。

(4) 单击"检查语法"按钮，验证库文件的语法是否正确。如果正确，则会弹出图 3-92 所示的提示。

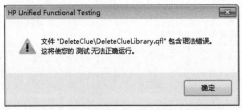

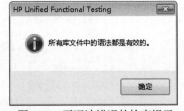

图 3-91　添加库文件有语法错误的提示　　　　图 3-92　无语法错误的检查提示

(5) 单击"设为默认值"按钮，测试或应用区域自动关联当前选择的库文件。

关联了函数库文件后，就可以在脚本中调用函数库中的函数，调用的方法有以下两种。

- 使用"步骤生成器"调用关联的库文件。

具体操作步骤为：在脚本视图中，右击，在弹出的菜单中选择"插入步骤"下的"步骤生成器"，打开"步骤生成器"对话框，在该对话框中，类别选择"函数"，库选中"库函数",然后选择要插入的函数名称和参数,如图 3-93 所示。

图 3-93　步骤生成器设置界面

在步骤生成器设置界面,单击"确定"按钮后,即可完成函数的插入。新添加的代码如下:

RandSelectOneClue "objCheckBoxesCounts", "objCheckBoxes"

- 采用 Call 方式调用关联的库文件。

此种操作方法使用很简单,可在 HP UFT 的脚本视图中直接编写如下脚本:

call RandSelectOneClue(objCheckBoxesCounts,objCheckBoxes)

上述两种方式都可以使用,在本案例中,利用 Call 方式调用三个函数,具体代码如下:

```
'*****************************************************************
'随机选中某条线索供删除
call RandSelectOneClue(objCheckBoxesCounts,objCheckBoxes)
'*****************************************************************
'选中页面的前两条线索供删除
Call SelectTwoClue(objCheckBoxesCounts,objCheckBoxes)
'*****************************************************************
'选中页面的所有线索供删除
Call SelectAllClue(objCheckBoxes)
'*****************************************************************
```

4. 回放检测脚本

线索删除脚本修改完成后，需要进行回放，以检测脚本的运行是否符合预期。当前脚本需要回放运行三次，分别测试删除 1 条测试线索功能、删除 2 条测试线索功能和删除页面全部线索功能的正确性。删除 1 条线索功能脚本的运行结果如图 3-94 所示。

图 3-94　删除 1 条线索脚本的回放测试结果

删除 2 条线索功能脚本的运行结果如图 3-95 所示。

图 3-95　删除 2 条线索脚本的回放测试结果

删除当前页全部线索功能的脚本运行结果如图 3-96 所示。

图 3-96　删除当前页全部线索脚本的回放测试结果

从结果上看，三次线索删除操作脚本都运行成功了，这说明测试运行结果符合脚本设计的预期。

3.5.5　其他脚本开发

前面 3.5.1~3.5.4 节先后介绍了登录、线索创建、客户创建和线索删除业务的脚本开发过程以及用到的关键技术，读者可以据此开发其他业务脚本。例如，可以将退出操作的 Action 设置为可调用的，将客户删除业务的脚本使用描述性编程和函数库技术来实现。由于篇幅所限，本书不再介绍其他业务的脚本开发过程。

3.5.6　对象库管理

当 CRM 系统的所有自动化测试脚本开发完毕后，可以将所有脚本的对象库文件合并成一个对象库文件，实现对象库的统一管理。在后续的脚本开发过程中，可直接关联总的对象库文件，以减少对象的识别工作，保证测试脚本回放的成功率。

合并对象库文件包括以下三个步骤：

① 导出单一对象库文件；

② 将所有对象库文件合并为总的对象库文件；

③ 关联对象库文件。

下面，介绍上述三步骤的具体操作过程。

1. 导出生成.tsr 对象库文件

在这里，以登录业务脚本为目标介绍对象库文件导出的具体操作。在"对象存储库"窗口中，选择"文件"|"导出本地对象"命令，在弹出的保存文件对话框中，输入保存文件的名称，如图 3-97 所示，单击"保存"按钮，登录界面的所有对象就保存成.tsr 文件。

图 3-97　保存.tsr 文件

重复上述操作，将线索创建脚本对象库导出为 CreateClue.tsr 文件，将线索创建脚本对象库导出为 DeleteClue.tsr 文件，将退出脚本对象库导出为 Logout.tsr 文件。

2. 合并对象库

导出了各个业务对应的对象库文件后，下一步就是将这些对象库文件进行合并。具体操作如下：

(1) 在 HP UFT 菜单中，选择"资源"|"对象存储库管理器"命令，打开"对象存储库管理器"对话框，如图 3-98 所示。

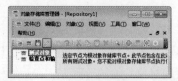

图 3-98　"对象存储库管理器"对话框

(2) 在"对象存储库管理器"对话框中，选择"工具"|"对象存储库合并工具"命令，打开如图 3-99 所示的合并对象仓库窗口，"新建合并"对话框同时被打开。

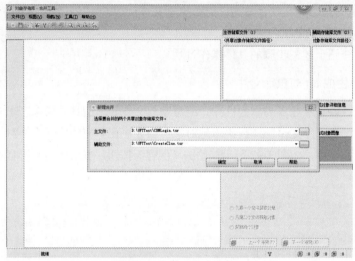

图 3-99　合并对象仓库窗口

(3) 在"新建合并"对话框中，选择待合并的对象库文件，确定选择的合并对象后，单击"确定"按钮，弹出所有对象的统计信息，如图 3-100 所示。

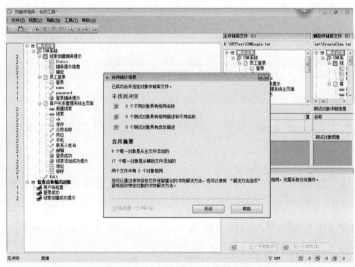

图 3-100　对象库合并后的统计信息

提示：

在合并对象库文件时，一次只能合并两个，如果想将一系列文件合并成一个，需要不断地两两合并，保存成新的.tsr 文件，直到所有文件合并成一个文件。

合并的时候，会比较两个对象仓库文件，相同的对象合并成一个不同的对象，全部被添加进去，形成一个大对象库。关闭统计信息的提示对话框后，在"对象仓库-合并"窗口中选择"文件"|"另存为"命令，将合并后的对象保存成 Login_CreateClue.tsr 对象库文件，如图 3-101 所示。

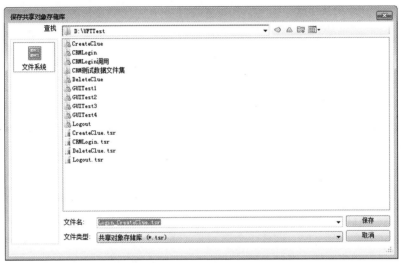

图 3-101　保存合并后的对象仓库文件

按照如上操作方法，将所有对象仓库文件合并成一个单一的 CRMClueObject 文件。另外，对象仓库管理器还有其他很多功能，如对象库的比较操作等。

3. 关联对象仓库

对象仓库合并完成后，当开发新脚本时，需要将对象库与当前测试文件关联，也就是将对象库文件导入到测试项目中。下面介绍如何关联对象库。

在 HP UFT 界面，选择"资源"|"关联存储库"命令，打开"关联存储库"对话框，单击"添加对象库文件"按钮，选择对象库文件，将对象库文件添加进来，添加结果如图 3-102 所示。可在"关联存储库"对话框上继续添加对象库或删除已有对象库。"可用操作"列表框列出的是当前.tsr 文件存在的 Action，"关联操作"列表框中列出的是当前.tsr 文件已经关联的 Action。

单击"关联存储库"对话框中的"确定"按钮，即可完成对象仓库的关联。在录制过程中，如果对象已经存在，就不会再被记录，只有这个对象仓库中没有的对象才会被记录进去。

图 3-102　关联对象仓库界面

系统完整的对象库文件创建出来之后，可将该文件上传到 HP ALM 系统的测试资源中。在后续的用例脚本开发中，可将 HP ALM 中的对象库文件直接下载到本地进行关联。

当所有自动化脚本开发完毕后，测试人员应该合理地维护这些测试脚本并有效地利用。在项目中，被测试程序的变动是正常的，关键是如何有效地控制这些变动。同理，在被测试程序不断变化的情况下，测试脚本必然也可能需要做相应的修改。在基于数据驱动的测试脚本中，即使一个提示信息修改，也将改变 HP UFT 测试脚本的内容，从而产生频繁的版本变动。为了脚本自身的安全和脚本修改工作量的统计，需要对脚本实行版本控制策略。在本案例中，HP ALM 将统一管理 UFT 脚本，包括脚本的上传、执行和下载等操作，实现脚本的版本控制。

3.5.7　测试报告管理

在自动化测试实践中，通常存在大量的自动化测试脚本需要执行，而当脚本运行完毕之后，测试人员很难在有限的时间内去打开并查看每个脚本的运行结果，这就对测试结果数据的查看工作提出了挑战。为了应对此挑战，应该将测试脚本中的摘要信息统一写到少量几个文件中，并通过邮件发送程序将关键文件发送到软件测试工程师邮箱中。基于 VBS 脚本的文件读写程序和邮件发送程序较多，感兴趣的读者可以自行查阅，在这里仅给出基于 Excel 文档读写的 VBS 脚本，具体如下。

```
Function RepoterExcel(strFile,Task,Task2)
    dim oExcel,oWb,oSheet,text_time,newExcel,Shell
    Dim rowcount
    rowcount =0
```

```
Set oExcel= CreateObject("Excel.Application")
set fso=CreateObject("Scripting.FileSystemObject")
set WshShell = CreateObject("WScript.Shell")
if not(fso.FileExists(strFile)) then
    Set oExcel= CreateObject("Excel.Application")
    set ExcelBook = oExcel.Workbooks.Add()
     ExcelBook.SaveAs(strFile)
     oExcel.WorkBooks.Close
End if
text_time=year(Now)&"-"&Month(Now)&"-"&day(Now)&"-"&Hour(Now)&":"&Minute(Now)&":"
&Second(Now)
  set oWb = oExcel.Workbooks.Open(strFile)
  Set oSheet = oWb.Sheets("Sheet1")
  rowcount =cint(oWb.ActiveSheet.UsedRange.Rows.Count)

  If    oExcel.Cells(1,1).Value="" Then
  else
   rowcount = rowcount+1
  End if
  oExcel.Cells(rowcount,1).Value = rowcount
  oExcel.Cells(rowcount,2).Value = Task
  oExcel.Cells(rowcount,3).Value = Task2
  oExcel.Cells(rowcount,4).Value = text_time
  oWb.Save
  oExcel.WorkBooks.Close
  End function
```

ReporterExcel(strFile,Task,Task2)需要传入的三个值分别是 Excel 文件完整生成路径、摘要信息 1、摘要信息 2。使用此函数可以将出错步骤和原因以参数方式传入 Task1 和 Task2。该函数实现的思路如下：

① 检查指定路径是否存在该 Excel 文件，如果没有，则创建该 Excel 文件；

② 将自动化测试出错的原因与步骤和出错时间写入指定的 Excel 文件；

③ 关闭并保存该 Excel 文件。

3.6　执行自动化测试

在实际测试活动中，由于自动化测试的执行效率和准确性比较高，通常测试人员会先执行自动化测试用例，检查被测系统的基本功能和核心功能是否正确，然后再对其他功能执行手工测试。很多时候，并不需要把软件系统的全部功能都测试一遍，只需要测试系统的基本功能，但是测试的频率会比较高，这时自动化测试脚本的利用率就会很高。例如下面的两种情况：

① 每个版本的软件开发完成后，首先需要对软件系统进行冒烟测试，即对系统的基本业务操作进行测试，验证软件的基本业务能否正常完成。

② 某些项目要求开发人员将每天开发的代码集成在系统中，然后测试人员对集成后的系统进行测试，这种测试也称为构建验证测试。在该测试中，通常利用自动化测试脚本来测试系统的核心功能，从而把测试人员解放出来专门测试新增代码或者修改过的代码，提高测试的效率。

在测试实践中，由于功能测试脚本数量可能会很多，需要考虑如何批量执行测试脚本的问题。UFT 测试脚本的批量执行通常需要借助特殊的脚本或外部批量运行工具来进行，主要有三种方式：使用 ALM 运行 HP UFT 脚本，使用 HP UFT 自带的 Test Batch Runner 运行测试脚本，使用 QuickTest.Application 对象运行测试脚本。

需要注意的是，即使单个 UFT 脚本可以成功运行，在批量运行时仍然可能会发生错误。因此，在批量运行脚本之前，测试人员需要考虑不同脚本间可能会相互干扰运行的因素，并采取措施降低这些干扰产生的影响。在本案例中，批量运行的干扰因素及解决办法如下。

① **两个脚本间增加等待时间**。由于脚本是按顺序先后运行的，可能会出现前一个脚本的业务操作未完全结束就开始执行后一个脚本，从而干扰后一个脚本的运行。在本案例中，在每个脚本执行前增加 5 秒的等待时间，以保证前一个脚本有较充足的时间完成其业务操作。在 HP UFT 中，等待 5 秒的脚本为 wait(5)。

② **退出登录和关闭浏览器**。在本案例中，当前脚本运行结束时都没有退出当前登录用户及关闭浏览器。如果直接转而执行下一个脚本，可能会使后续的脚本运行由于未知的初始状态而出现莫名的问题。因此，在脚本结束位置添加用户退出及关闭浏览器操作的脚本。

3.6.1 使用 ALM 运行测试脚本

HP ALM 与 HP UFT 都是 HP 公司研制的产品，它们之间可以实现无缝衔接。在 HP UFT 脚本的开发和维护期间，可以将测试脚本、对象库、函数库、场景恢复、测试数据等文件上传到 HP ALM 的测试资源模块中进行统一管理。另外，还可以使用 HP ALM 批量运行 HP UFT 脚本并查看测试结果，下面具体使用 ALM 批量运行 UFT 脚本的操作。

1. 脚本上传到 HP ALM 中

要想实现 HP UFT 测试脚本上传 HP ALM 的操作，首先需要在 HP UFT 所在主机上安装 HP ALM 插件，该插件可以从 HP 官网下载。上传 HP UFT 测试脚本通常需要进行以下几项操作：

① 打开 HP UFT，连接到 HP ALM 系统上。

② 将 HP UFT 测试脚本上传到 HP ALM 系统中。

③ 在 HP ALM 中验证上传是否成功。

④ 在 HP UFT 中打开 HP ALM 中的脚本并编辑它。

下面以 CRM 系统的登录测试脚本为例，详细介绍上述操作的具体步骤。

1) 打开 HP UFT，连接到 HP ALM 系统上

(1) 打开 HP UFT，选择 HP ALM|"HP ALM 连接"命令，在弹出的 HP ALM 连接设置页面上，输入 HP ALM 服务器的 URL 地址、用户名和密码，然后单击"连接"按钮，连接到 HP ALM 上。连接成功后，在"登录到项目"中会显示可以连接的域和项目。

(2) 选择要登录的域和项目，单击"登录"按钮，即可登录到指定项目。登录成功后，如图 3-103 所示，单击"关闭"按钮，可将当前活动窗口关闭，但 HP UFT 与 HP ALM 的连接并未断开。

图 3-103　项目登录后的界面

登录成功后，在 HP UFT 界面的右下角，会显示已连接 HP ALM 的图标 。如果需要重新设置与 HP ALM 的连接信息，单击该图标即可打开连接设置界面。

2) 将 HP UFT 测试脚本上传到 HP ALM 系统中

(1) 在 HP UFT 中，打开要上传的脚本，选择"文件"|"将<脚本名称>另存为"命令，在弹出的脚本存储路径选择界面中，单击"HP ALM 测试计划"，选择脚本的上传路径，例如：本脚本的上传路径是"Subject\CRM 系统\功能测试\功能自动化测试"，然后设置脚本的文件名，文件类型选择"GUI 测试"。

(2) 单击"保存"按钮，即可将脚本保存到 HP ALM 的测试计划模块中。测试脚本上传到 HP ALM 系统之后，可以在 HP UFT 中打开、查看和修改已上传的测试脚本，如图 3-104 所示。

图 3-104　查看 HP ALM 指定目录下的脚本

3) 在 HP ALM 中验证上传是否成功

(1) 登录 HP ALM 系统，在左侧导航栏中选择"测试"|"测试计划"命令，在 HP ALM 右侧会显示当前 HP ALM 中存放测试用例的文件夹。

(2) 刷新并展开文件夹"Subject\CRM 系统\功能测试\功能自动化测试"，可以看到刚刚上传的脚本，如图 3-105 所示。如果在该文件夹下看不到已上传的脚本，说明脚本上传失败，则需要重新上传脚本。

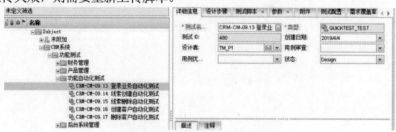

图 3-105　验证脚本上传是否成功

4) 在 HP UFT 中打开 HP ALM 中的脚本，并编辑它

(1) 在 HP UFT 中，选择"文件"|"打开"|"测试"命令，打开测试文件选择界面。

(2) 在测试文件选择界面，单击"HP ALM 测试计划"，打开已上传的测试脚本。如果脚本可以被打开，测试人员可以在 HP UFT 的属性视图中看到脚本的存储位置为 HP ALM 中，如图 3-106 所示。在 HP UFT 中，打开 HP ALM 的测试脚本后，还可以对脚本重新编辑并保存到 HP ALM 系统中。

图 3-106　脚本的存储位置

2. 创建测试集

HP UFT 测试脚本上传到 HP ALM 系统之后，可以直接在 HP ALM 系统的测试实验室中运行并查看测试的运行结果。在测试实践中，测试人员可以将所有要运行的测试脚本放在一个 HP ALM 测试集中，然后通过执行该测试集实现脚本的批量执行。当测试集运行完毕后，测试人员可以逐个查看测试脚本的运行结果。从这里可以看出，当执行测试集时，测试人员可以被解放去完成其他工作，提高了工作效率。

在 HP ALM 系统中执行测试脚本通常需要进行以下几项操作。

① 在 HP UFT 中，设置允许 HP ALM 系统运行 HP UFT 测试和组件。

② 在 HP ALM 的测试实验室中建立测试集，并将要运行的测试脚本导入测试集。

③ 执行测试集并查看测试结果。

下面详细介绍上述操作的具体步骤。

1) 设置允许 HP ALM 系统运行 HP UFT 测试和组件

打开 HP UFT，选择"工具"|"选项"命令，在弹出的选项设置界面中，选择"GUI 测试"下的"测试运行"选项卡，将"允许其他 HP 产品运行测试和组件"复选框选中，进而允许在 HP ALM 系统中运行 HP UFT 测试脚本，如图 3-107 所示，然后单击"确定"按钮。

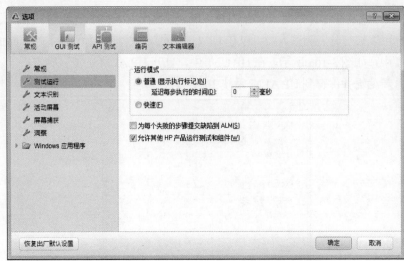

图 3-107　勾选"允许其他 HP 产品运行测试和组件"

有一点需要注意，执行测试集的主机一定要同时安装 HP ALM 系统和 HP UFT 程序，否则测试集无法执行。

2) 在 HP ALM 的测试实验室中建立测试集，并将要运行的测试脚本导入测试集

(1) 登录进入 HP ALM，在左边的导航栏中，单击"测试"下的"测试实验室"，显示已创建的测试集信息。在本实例中，在"功能测试"文件夹下，创建测试集"自动化测试"，如图 3-108 所示。

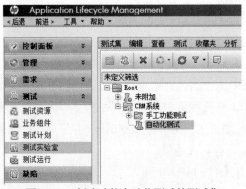

图 3-108　创建功能自动化测试的测试集

(2) 选中刚创建的测试集"自动化测试"，然后单击界面上方的"选择测试"按钮，打开选择测试用例窗口，如图 3-109 所示，在该窗口内，可以选择要运行的测试脚本。

图 3-109   选择测试用例窗口

(3) 分别选中要运行的自动化测试脚本，单击 ⇦ 按钮，脚本就会被添加到当前的测试集中。

(4) 打开"执行流"视图，设置自动化测试脚本的执行顺序，如图 3-110 所示。

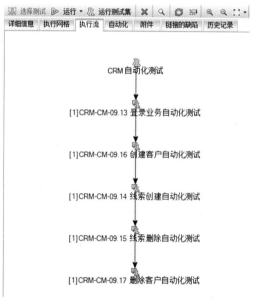

图 3-110   设置脚本执行顺序

3) 分配测试集到发布周期

将"功能测试"测试集文件夹分配给周期"Cycle1.功能测试"。

(1) 在"测试集树"页面中，选择"测试实验室"模块下的"功能测试"测试集文件夹。单击右侧工具栏上的"详细信息"选项。如图 3-111 所示。

(2) 单击"已分配至周期"右侧的倒三角 ▼，选择周期"Cycle1.功能测试"。单击"确定"按钮。将"功能测试"测试集分配给周期"Cycle1.功能测试"成功。

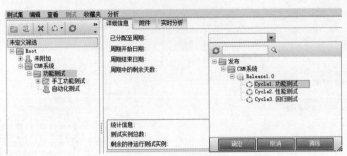

图 3-111　选择周期

3. 执行测试集

测试集创建并配置完成后，便可以执行它们，具体的步骤如下。

(1) 打开"自动化测试"测试集，单击"运行测试集"按钮，打开测试集运行设置窗口，如图 3-112 所示。如果要运行的是单个测试脚本，可以选中要运行的测试脚本，然后单击"运行"按钮。

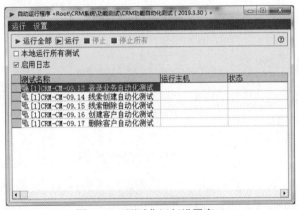

图 3-112　测试集运行设置窗口

(2) 单击每个脚本"运行主机"一栏的⋯按钮，打开"选择主机"窗口，如图 3-113 所示。

图 3-113　"选择主机"窗口

(3) 选择可以运行 HP UFT 测试脚本的主机名，单击☑按钮，被选主机就出现在"运行主机"一栏，如图 3-114 所示。在这里，也可以将"本地运行所有测试"前的复选框选中，那么本地主机名就会出现在"运行主机"一栏。

图 3-114　设置脚本运行主机后的界面

（4）单击"运行全部"按钮，HP ALM 会按照顺序自动运行所有测试脚本。运行 HP UFT 脚本主机的远程代理程序被打开，在屏幕右下角的托盘中出现图标 。

（5）测试集执行完毕后，测试集的"执行网格"选项卡下的 Launch Report 按钮变为可执行状态。选中某个已执行的测试脚本，单击 Launch Report 按钮可以查看相应脚本运行的测试结果。

3.6.2　使用 Test Batch Runner 运行测试脚本

Test Batch Runner 是 HP UFT 自带的批量运行工具。可以批量执行 HP UFT 测试脚本的步骤。需要说明的是，使用该工具运行测试脚本同样需要在 HP UFT 中勾选"允许其他 HP 产品运行测试和组件"，具体勾选方法在 3.6.1 节中已有介绍，请读者自行查阅。相关操作如下：

（1）在开始菜单中，选择 HP UFT 程序下 tools 中的 Test Batch Runner，如图 3-115 所示，该工具是 HP UFT 自带的测试脚本批量运行工具。

（2）选择"测试"|"添加"命令将要批量运行的测试脚本所在的文件夹添加到 Test Batch Runner 中，如图 3-116 所示。

图 3-115　Test Batch Runner 主界面　　　图 3-116　添加测试脚本到 Test Batch Runner

(3) 选择要批量运行的脚本，单击▷按钮，系统将依次执行选中的测试脚本。执行完毕后，可以在"运行结果"一栏查看脚本的测试结果报告文件，如图3-117所示。

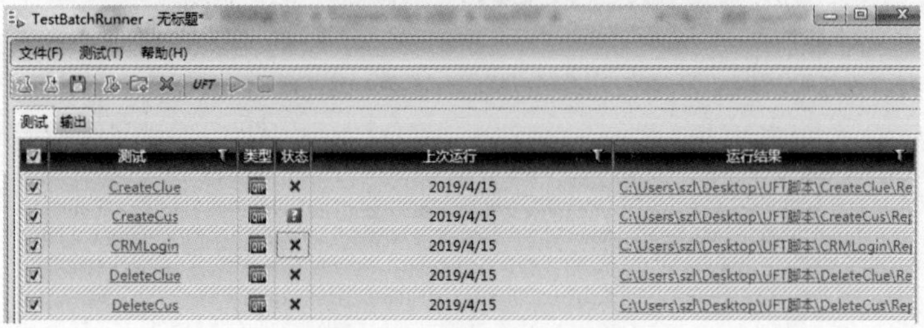

图3-117　批量运行结果

另外，可以将当前的批量运行文件(可以看作一个测试集)导出来，另存为.mtb 格式的文件，以便于后续对测试集的复用。

3.6.3　使用 QuickTest.Application 对象运行测试脚本

在 HP UFT 中，可以直接使用 QuickTest.Application 对象运行测试脚本，这种方式不仅摆脱了对执行工具的依赖，还能够根据需要设置运行的参数以及调用方式，具体代码如下。

```
Call  ExecuteCRMScript ("E:\CRMLogin", "E:\测试运行结果\CRMLogin")
Call  ExecuteCRMScript ("E:\CreateClue", "E:\测试运行结果\ CreateClue ")
Call  ExecuteCRMScript("E:\ CreateCus", "E:\测试运行结果\ CreateCus ")
Call  ExecuteCRMScript ("E:\ DeleteClue", "E:\测试运行结果\ DeleteClue ")
Call  ExecuteCRMScript ("E:\ DeleteCus", "E:\测试运行结果\ DeleteCus ")


Public Function ExecuteCRMScript (ScriptPath,ResultPath)
Dim qtApp
Dim qtTest
Dim qtResultsOpt


Set qtApp = CreateObject("QuickTest.Application") ' 创建 Application 对象
qtApp.Launch ' 启动 QuickTest
qtApp.Visible = True ' 使 QuickTest 应用程序可见


' 设置 QuickTest 运行选项
qtApp.Options.Run.ImageCaptureForTestResults = "OnError"
qtApp.Options.Run.RunMode = "Fast"
qtApp.Options.Run.ViewResults = False
```

qtApp.Open ScriptPath' 以只读模式打开测试

' 为测试设置运行设置
Set qtTest = qtApp.Test
qtTest.Settings.Run.IterationMode = "rngAll" '运行全局表中的所有行
qtTest.Settings.Run.OnError = "Dialog" ' 指示 QuickTest 在发生错误时，弹出错误提示框

Set qtResultsOpt = **CreateObject**("QuickTest.RunResultsOptions") ' 创建 Run Results Options 对象
qtResultsOpt.ResultsLocation = ResultPath ' 设置结果位置

qtTest.Run qtResultsOpt ' 运行测试

'MsgBox ResultPath ' 检查测试运行的结果
qtTest.Close ' 关闭测试
'
Set qtResultsOpt = **Nothing** ' 释放 Run Results Options 对象
Set qtTest = **Nothing** ' 释放 Test 对象
qtApp.Quit ' Exit QuickTest
Set qtApp = **Nothing** ' 释放 Application 对象
ExecuteCRMScript=**true**
End Function

在上述代码中，将测试脚本的设置和运行放在 ExecuteCRMScript 函数中，使用 Call 语句调用需要运行的测试脚本，并将测试运行结果统一放在某个文件夹下。

使用上述脚本运行测试之前，需要将脚本保存在.vbs 格式的文件中，然后双击该文件即可运行测试脚本。运行结束之后，可以利用 Run Results Viewer 工具查看每个脚本运行的测试结果文件。

3.6.4　查看测试结果

HP UFT 测试脚本执行完成后，测试人员可以打开测试结果文件来查看和分析测试结果，据此判断测试是否通过，检查测试脚本是否正确地完成了既定的测试工作。本节主要介绍测试结果报告的存储和查看方式。

1. 设置结果的存储位置

默认情况下，测试结果报告存放在当前测试项目文件夹下。如果需要修改测试结果的存放位置，可以在用户单击"运行"按钮后，系统弹出的"运行"对话框中进行相关设置，如图 3-118 所示。

图 3-118　"运行"对话框

- "新运行结果文件夹"：保存本次运行测试结果的位置。
- "临时运行结果文件夹"(覆盖任何现有临时结果)：运行测试结果存放到默认目录中，并且覆盖上一次该目录中的测试结果。

2. 查看测试运行结果

测试脚本运行完成后，可通过单击 HP UFT 主界面上的 按钮来查看刚刚运行的测试结果报告。此外，也可以根据实际需要在 HP UFT 中设置运行结束后自动弹出测试结果报告，具体步骤为：选择"工具"|"选项"命令，在弹出的对话框中将"常规"|"运行会话"选项卡中的"当运行会话结束时查看结果"选中，如图 3-119 所示。

图 3-119　设置运行结束自动弹出测试报告

打开测试结果报告，在结果报告查看器中，左侧显示的是测试步骤的概要信息，右侧显示的是测试步骤的详细信息、屏幕记录、系统监控等内容，如图 3-120 所示。

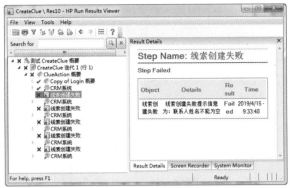

图 3-120　测试运行结果报告

下面介绍测试结果报告中几个选项卡的含义。

- 结果详情(Result Details)：显示测试执行的详细信息。
- 屏幕记录(Screen Recorder)：显示测试回放的视频画面。
- 系统监控(System Monitor)：记录测试回放时系统资源的相关信息。
- 捕捉的数据(Captured Data)：查看测试运行时的静态图片。
- 数据(Data)：显示回放时数据表中的数据，包括全局表和本地表。
- 日志跟踪(Log Tracking)：显示测试回放的日志信息。

测试结果报告中有以下几种图示状态，如表 3-30 所示。

表 3-30　测试结果状态图示表

状态	含义	图标
成功	表示步骤执行成功，如果脚本不包含检查点和测试报告对象，则不显示该图标	✔
失败	表示步骤执行失败，当前步骤执行失败将导致其父步骤的执行状态也是失败的	✘
警告	表示当前步骤没有完全成功，可能存在潜在的错误，但不会导致整个 Action 或整个测试失败	!
非预期失败	显示非预期的失败(如，对象未找到检查点)	⊗
自动识别机制	通过智能识别成功找到了对象	♠
激活恢复场景	显示恢复场景被激活	⛏
中止运行	表示测试未结束，被中止	✋
数据表	显示运行的数据表	▦

在测试结果报告中，也可以查看"Screen Record(运行的录屏视频)"信息和"System Monitor(系统资源监视)"信息。但是，需要在脚本运行前，在HP UFT中进行相关的设置。

Screen Record的设置方法是：在HP UFT中，选择"工具"|"选项"命令，打开"GUI测试"下的"屏幕捕获"选项卡，如图3-121所示。

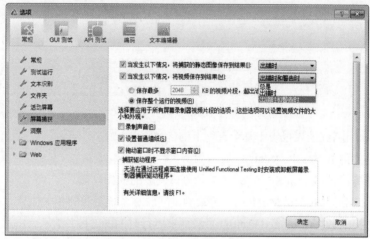

图3-121　录屏视频设置界面

在图3-121中，将"当发生以下情况，将视频保存到结果"复选框选中，并在行末对应的下拉框中选择捕获视频的条件："总是"会将回放时的所有视频捕获，"出错时和警告时"是指将出错和警告的视频捕获，"出错时"是指仅将出错的视频捕获，默认选择的是"出错时"选项。

屏幕捕获设置完毕后，回放脚本，可以在测试结果报告中查看到回放的录屏视频，如图3-122所示。

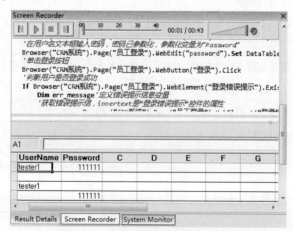

图3-122　测试结果中的录屏视频信息

提示:

设置捕获录屏后,会使结果文件增大,占用更多存储空间。因此,一般情况下,不建议设置捕获录屏视频。

System Monitor 的设置方法是:选择"文件"|"设置"命令,在弹出的"测试设置"对话框中,打开"本地系统监控器"选项卡,如图 3-123 所示。

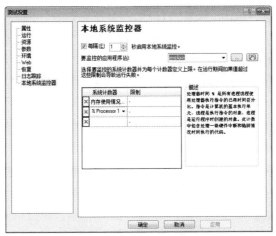

图 3-123　系统监控器设置界面

在系统监控器设置界面,可以设置系统数据采集的周期、要监控的应用程序以及资源指标。在本案例中,CRM 系统运行在 IE 浏览器中,因此监控应用程序 iexplore.exe。设置完毕后,回放脚本,可以在测试结果报告中查看到系统资源指标走势图,如图 3-124 所示。

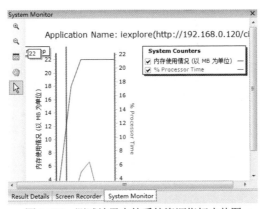

图 3-124　测试结果中的系统资源指标走势图

UFT 的测试结果文件不难分析,受篇幅所限,这里不一一展开分析每个脚本的测试结果。在本案例中,删除业务脚本运行会出错。通过手工确认后会发现,当选择页面的所有记录删除时，提示删除失败。

3.7 执行手工测试

在测试实践中，自动化测试与手工测试是相辅相成的。一方面，自动化测试发现的问题需要手工测试来确认，这是因为大部分缺陷需要手工重现以及人脑判断才能确认缺陷是否成立；另一方面，自动化测试通过是实施手工测试的前提，通常情况下，优先选择核心、重要的业务来实施自动化测试，若这些业务都无法正常工作，那就没必要继续开展测试工作了，需要等待这些业务的缺陷都修复完毕后再开展正式的测试活动。

自动化测试完成后，测试人员就可以依据测试用例执行手工测试。具体执行的时候，要讲究一些策略和技巧，一般需要考虑以下几个方面。

- 优先执行界面测试和功能测试，然后再执行性能测试。这是因为性能测试的一个前提条件是相关业务的功能是正确的。
- 支持系统其他模块运行的基本功能需要优先执行。例如：在 CRM 系统中，系统管理模块可以设置其他模块运行的策略和参数，需要优先测试。
- 根据系统各模块间的逻辑关系，确定优先测试的模块。例如：在 CRM 系统中，线索可以找到潜在客户，客户可以转化为商机。依据这个关系，测试人员应该优先测试线索管理模块。
- 采用增量模式开发的软件系统，应该优先测试新集成的子系统，然后再测试原有的系统。
- 优先执行功能的正确性测试，再执行容错性测试。通常情况下，如果功能的正确性都验证不了，就没有必要验证功能的容错性了。例如：登录功能，合法用户登录系统功能测试通过后，才有必要测试非法用户登录。如果合法用户都无法登录系统，那么测试非法用户登录的意义就不大了。

3.7.1 测试执行的技术要求

测试人员在发现和处理软件缺陷时，要养成良好的习惯，掌握一定的测试技巧，有以下几点建议：

- 在执行测试时，应及时记录缺陷。即发现了缺陷，应当马上记录，以免遗漏 Bug。在实际测试中，测试用例的数量通常有成千上万，若测试人员不及时做好缺陷的记录工作，就可能会遗忘掉。

- 缺陷的出现通常有集群现象，当某个功能点发现了缺陷，应该在该功能及相关功能点上增加测试执行的力度，很可能会发现更多缺陷。例如：子模块 A 的删除功能有问题，子模块 B 的删除功能也很可能有问题。因为，开发人员在不同模块的删除功能实现上很可能使用的是类似的代码。

- 测试人员应该根据缺陷的特征，推测缺陷产生的原因，最好能够定位缺陷的位置。如果推测不出来，最好将缺陷的抓图或视频保留下来。通常需要在测试机上安装抓图软件和录屏软件，用于将软件出现的问题捕捉下来，这些抓图和录屏信息可以帮助开发人员理解缺陷的表象。

- 有条件的话，建议测试人员可以尽早地与开发人员交流已发现的缺陷，确认缺陷产生的原因，对后续测试执行具有一定的指导意义。

- 测试时，除了完成用例库中用例的执行，还可以依据软件的特点和测试人员的经验进行随机测试，有可能发现意想不到的缺陷。通常情况下，依据同样的测试用例，有经验的测试人员可能发现更多的软件缺陷。

3.7.2　在 ALM 中执行手工测试用例

与自动化测试执行操作相似，要想在 ALM 中执行手工测试用例，也要先在"测试实验室"模块中创建测试集，并将要执行的用例导入测试集，相关操作可参见 3.6.1 节。在本案例中，要执行的用例是 3.4.2 节中所设计的线索池管理子模块的测试用例。因此，创建测试集"线索池管理"，并将线索池管理子模块下的测试用例导入该测试集。

测试集创建完成后，接下来就要执行该测试集。在 HP ALM 中，有两种执行测试集的方式：手动运行测试和自动运行测试。一般来讲，手动运行测试适合于运行手工测试用例集，这种方式按照测试程序的步骤和执行操作进行，每一步的成败取决于实际程序结果和期望输出是否匹配。使用自动运行测试方式执行测试时，ALM 自动打开选择的测试工具，在本机或远程主机上运行测试，并向 ALM 输出结果。通过该种方式可以批量运行 UFT 脚本、LoadRunner 脚本等。在本书的 3.6.1 节已经介绍了使用 ALM 批量运行 UFT 脚本的步骤，因此，本节只介绍手动运行测试的具体操作。

使用手动运行测试方式时，可以借助 HP Sprinter 工具运行测试用例，也可以直接使用 ALM 自带的功能运行。如果使用 HP Sprinter 工具，需要在客户机安装 Sprinter 插件之后才可以使用，该工具提供了许多便利的功能来辅助测试，如抓图、视频录制等，但是这个插件会消耗较多客户机的硬件资源。对 Sprinter 工具感兴趣的读者可以参考 HP Sprinter 用户手册自行学习软件的使用，这里主要介绍使用 ALM 自带的运行测试集功能执行"线索池管理"的测试用例的过程，具体操作如下。

(1) 在 HP ALM 主页中，单击页面右侧"测试"栏下的"测试实验室"，进入测试实验室模块。单击新创建的测试集"线索池管理",选择页面左侧工具栏上的"运行"命令,开始执行"执行网格"中的第1个测试用例,如图3-125所示。

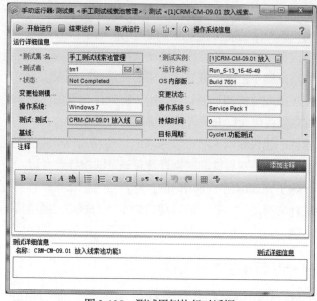

图 3-125　测试用例执行对话框

(2) 在测试用例执行对话框中,用户可以查看测试用例的基本信息。单击"开始运行"按钮后,从测试用例的步骤1开始执行,如图3-126所示。

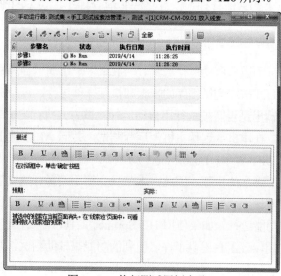

图 3-126　执行测试用例步骤1

(3) 测试人员按照描述中的步骤操作被测系统,按照预期结果检查被测系统的反应,并将该步骤运行的实际结果写入"实际"输入框内。如果实际结果和预期结果一样，此步骤为通过；如果不一样，为失败(测试用例正确的前提下)。在这里，"线索池管理"测试集的第 2 个测试用例(只有 1 个步骤)是通过的，因此，修改当前步骤的运行状态为 Passed，如图 3-127 所示。

图 3-127　修改测试步骤运行状态

在 ALM 中，测试步骤状态的可能取值包括 Passed、Failed、N/A、NOT COMPLETED、No Run、BLOCKED，具体解释如下。

- Passed：测试结果正确。
- Failed：测试结果错误。
- N/A：测试用例无效。
- NOT COMPLETED：测试正在进行。
- No Run：测试用例没有被执行。
- BLOCKED：由于各种原因，本次无法测试。

一个测试中经常出现的结果是 Passed 和 Failed，而 N/A 和 BLOCKED 状态很少出现。如果预期结果和实际结果一致，说明测试通过，将状态改为 Passed。当实际结果和预期结果不一致时，在"实际"输入框中，输入对实际结果进行描述。并将状态改为 Failed。并单击工具栏上的新建缺陷按钮 ，新建缺陷或链接已有的缺陷。

(4) 将测试用例的步骤运行完毕后，单击工具的"停止"按钮结束测试，返回 ALM 主页面，运行结果会自动更新。如图 3-128 所示，最终我们能够看到测试用例的运行状态。

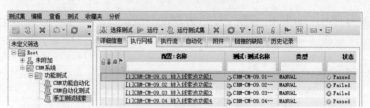

图 3-128　测试运行结果更新

3.8　缺陷管理

在执行测试用例的过程中，如发现用例的实际结果不符合预期，需要分析软件可能存在的缺陷并编写软件缺陷报告。HP ALM 中的缺陷管理模块主要用于缺陷的管理和跟踪，具体功能包含：创建缺陷，导入缺陷，关联缺陷到其他实体，搜索缺陷，分配、修复和更新缺陷，对缺陷进行分析，搜索重复缺陷等。本小节主要介绍如何在 HP ALM 系统中创建并提交缺陷。

为了便于理解 HP ALM 系统中缺陷的相关操作，本节先分析几个不通过的测试用例生成的软件缺陷报告单，再详细介绍在 HP ALM 系统中创建这些缺陷的过程。

3.8.1　发现软件缺陷

由于篇幅所限，本小节仅给出放入线索池功能的相关软件缺陷报告单。其他功能对应的缺陷报告单，读者可以依据相关步骤自行添加到 HP ALM 的缺陷模块中。通过执行放入线索池功能的相关测试用例发现了两个缺陷，具体缺陷如下。

① 当页面的最后一条线索被选中时，进行放入线索池操作，操作失败。相应软件缺陷报告单如表 3-31 所示。

表 3-31　放入线索池功能软件缺陷报告 1

缺陷标识：CRM-QX-01		追溯用例标识：CRM-CM-09.02	
软件名称：CRM 系统	模块名：线索管理		版本号：V1.1
严重程度：严重	优先级：高		测试种类：功能测试
测试人员：张三	测试日期 2013-8-10		
硬件平台：普通个人 PC	操作系统：Windows7		
缺陷概述：在线索管理模块中，当选择页面的最后一条线索进行放入线索池操作时，操作失败			
详细描述：进入线索管理界面，打开"我负责"的线索列表，选择线索列表中的最后一条线索，单击"批量操作"下的"批量放入线索池"按钮。弹出确认提示，单击"确定"按钮后，提示"批量放入线索池失败"，抓图见附件。这不符合预期的功能要求			

(续表)

附件：

批量放入线索池失败

处理结果及开发人员意见：

② 选择已经加入线索池的线索进行加入线索池操作，提示信息不准确，相应软件
缺陷报告单如表 3-32 所示。

表 3-32　放入线索池功能软件缺陷报告 2

缺陷标识：CRM-QX-02		追溯用例标识：CRM-CM-09.06	
软件名称：CRM 系统	模块名：线索管理		版本号：V1.1
严重程度：建议	优先级：低		测试种类：功能测试
测试人员：张三	测试日期 2013-8-10		
硬件平台：普通个人 PC	操作系统：Windows7		
缺陷概述：在线索管理模块中，选择已经加入线索池的线索进行加入线索池操作，提示信息不准确			
详细描述：进入线索管理界面，选择线索列表中的某条已加入线索池的线索，单击"批量操作"下的"批量放入线索池"按钮。弹出确认提示，单击"确定"按钮后，提示"批量放入线索池失败"，抓图见附件，该提示信息不准确。建议改为"该线索已存在于线索池"			

附件：

批量放入线索池失败

处理结果及开发人员意见：

3.8.2　创建并提交缺陷

在 ALM 中，主要通过两种途径创建缺陷，一是在执行测试用例的过程中直接创
建缺陷；二是在 ALM 的缺陷管理模块中创建缺陷。在实践中，尽量使用第一种方式
创建缺陷，可以将缺陷和当前的测试用例直接关联；如果采用第二种方式，创建缺陷
后，还需要手动将缺陷和测试用例相关联。由于第二种方式的操作步骤基本上囊括了

第一种方式的缺陷配置步骤，更复杂一些，因此，在本节主要介绍第二种方式的操作过程。

1. 新建缺陷

在 ALM 主页面，单击页面左侧"测试"栏下的"缺陷"，进入缺陷管理模块。在缺陷管理页面上，单击工具栏上的"新建缺陷"按钮，打开"新建缺陷"对话框，如图 3-129 所示。

图 3-129 "新建缺陷"对话框

在"新建缺陷"对话框中，输入缺陷的基本信息，如缺陷摘要、严重程度、优先级发布和周期、附件等，红色字段是必填的。在生成缺陷报告时，常常将系统的缺陷抓图附在报告中，在 ALM 中可以将缺陷抓图附加在附件中。当然，缺陷的其他说明文件也可以文件的形式附加在附件中。

需要说明的是，缺陷的"缺陷发现层次"和"浏览器版本"属性及可选值是前面根据需要自定义添加的。

2. 提交缺陷

提交上述缺陷信息后，在缺陷列表中就可以查看到新添加的缺陷，如图 3-130 所示，该缺陷状态为新建并有唯一的缺陷 ID(在本实验中 ID=108)。

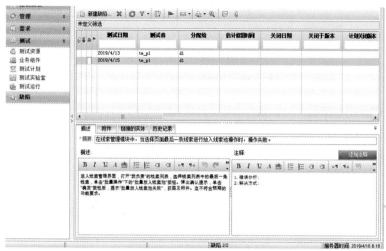

图 3-130　已创建缺陷的列表

3.8.3　关联缺陷和测试用例

缺陷创建完成后，需要把缺陷和测试用例关联起来，以便在缺陷修复的时候，可以及时地运行失败的测试用例。关联缺陷和测试用例的详细步骤如下：

(1) 在测试实验室模块中，选择测试结果为失败的测试用例，即测试状态为 Failed 的测试用例。在这里，选择的是"[1]CRM-CM-09.06 放入线索池功能 2"。右击该用例，在弹出的菜单中选择"测试实例 详细信息"命令，弹出对话框。单击对话框左侧的"链接的缺陷"，如图 3-131 所示。

图 3-131　"测试实例 详细信息"对话框

(2) 在"测试实例 详细信息"对话框中，单击右侧工具栏的按钮，弹出"链接现有缺陷"对话框，如图 3-132 所示。

图 3-132 "链接现有缺陷"对话框

在"链接现有缺陷"对话框中,输入刚创建的缺陷 ID(108),实现当前测试用例与 ID 为 108 的缺陷的关联。单击"链接"按钮后,即实现了测试用例和缺陷的关联,缺陷的信息会显示在"链接的缺陷"选项卡的表格中,如图 3-133 所示。

图 3-133 "链接的缺陷"选项卡

(3) 单击"刷新"按钮 ○,就会看到失败的测试用例已经关联了缺陷,缺陷有 ⚫ 标志,如图 3-134 所示。根据项目要求,失败的测试用例,一定要关联缺陷。一个实体可以关联多个缺陷。

图 3-134 测试用例关联缺陷成功

(4) 在缺陷模块中,刷新之后,可以看到缺陷和用例关联后的标志 ⚫,如图 3-135 所示。

图 3-135 缺陷和用例关联标记

3.9　报表分析与报告编制

测试管理工具通常具有数据统计和分析功能，这便于测试管理人员对测试的进度和质量进行把关。在 ALM 中，可以借助报表和图表来跟踪和评估项目进程。ALM 的需求、测试计划、测试实验室和缺陷模块提供了预定义报表和图表模板，用户可以根据需求组织这些报表和图表。

在所有报表中，测试执行报表和缺陷报表是最经常被测试人员关注的。因此，本节主要介绍这两种报表的生成与分析操作。

3.9.1　分析测试执行报表

在测试实验室页面中，选择某个测试集，单击菜单栏的"分析"按钮，然后根据菜单选择需要的报告和图，如图 3-136 所示。

图 3-136　预定义的报告和图表

下面以"图"下的"进度-当前测试集"为例，分析"手工测试线索"测试集，具体操作如下：

(1) 在"测试实验室"模块中，选择"手工测试线索"测试集，选择菜单栏的分析按钮，在下拉选项中选择"图"，然后再选择"进度-当前测试集"。

(2) 可以查看当前测试集执行情况的线性图，也可以单击页面上的数据网格按钮⊞来查看具体的数据信息。当前测试集执行情况的线性图如图 3-137 所示。

(3) 单击页面上数据网格按钮⊞，数据图如图 3-138 所示。通过这张图表，可以清晰地看到每日测试用例的执行情况，如失败多少，通过了多少，还有多少没有运行等。有利于测试组长或项目经理及时掌握项目的进展情况。

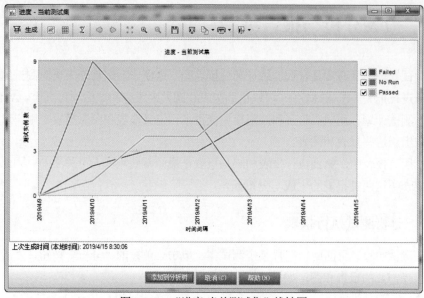

图 3-137　"进度-当前测试集"线性图

	Failed	No Run	Passed	进度 - 当前测试集 <合计>
2019/4/9				0
2019/4/10	2	9	1	12
2019/4/11	3	5	4	12
2019/4/12	3	5	4	12
2019/4/13	5		7	12
2019/4/14	5		7	12
2019/4/15	5		7	12

图 3-138　"进度-当前测试集"数据图

(4) 单击图 3-137 中的"添加到分析树"按钮，出现如图 3-139 所示的窗口，选择专用或公用，也可以新建文件夹。这样把当前图表添加到"控制面板"的"分析视图"下，如图 3-140 所示。

图 3-139　添加到分析树

(5) 需要查看进度的时候，就可以通过"控制面板"进行查看，不必从测试集窗口重新生成图表。"控制面板"的查看窗口如图 3-140 所示。

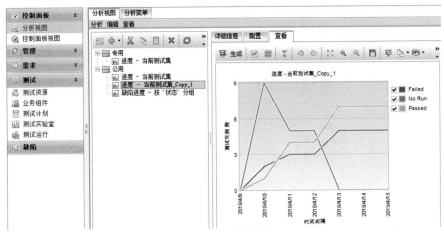

图 3-140　分析视图

(6) 对于测试管理人员而言，如果需要查看近一周指定测试人员的测试执行情况，可以对测试集进行配置。选择配置页面，选择筛选区域进行筛选。如图 3-141 所示。

图 3-141　筛选区域

(7) 单击 按钮后，在弹出的筛选条件中，先选择测试负责人，再选择具体的筛选条件，这里选择用户 tm1，如图 3-142 所示。

(8) 回到"分析视图"界面，单击"查看"选项卡下的"生成"按钮 ，就会出现 tm1 用户每日的工作进展情况。这样，每日想查看进展情况，可以直接到控制面板中查看。

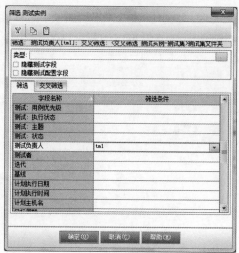

图3-142 设置筛选条件

3.9.2 分析缺陷报表

先以用户tm1登录到HP ALM项目CRM中，左边导航选择"缺陷"，进入缺陷模块。在缺陷模块中，单击菜单栏的"分析"按钮，在这里可以选择项目报告或图，如图3-143所示。

图3-143 缺陷预定义的报告和图表

在这里，以"图"下"缺陷进度-按状态分组"为例，生成和分析缺陷的报表，具体操作如下。

(1) 打开缺陷模块，在HP ALM缺陷模块中，单击菜单栏的"分析"按钮，在下拉选项中选择"图"，再选择"缺陷进度-按'状态'分组"，打开线性图，如图3-144所示。本实验中的缺陷状态只有新建，因此只显示这一种状态。除此之外，还包含拒绝、已修改、已开放、关闭、重新开放状态，这些状态的含义在2.2.3节中有详细介绍，请读者自行查阅。

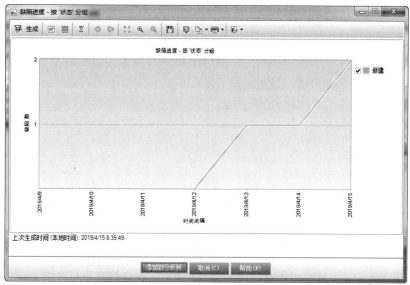

图 3-144　"缺陷进度-按'状态'分组"线性图

如图 3-143 所示，和测试执行情况一样，可以查看当前缺陷情况的线性图，也可以单击页面上的数据网格按钮⊞查看具体的数据信息。同样，也可以添加到控制面板中。

(2) 单击页面上的数据网格按钮⊞，打开数据图，如图 3-145 所示。通过这张图表可以清晰地看到每日测试用例的执行情况，失败多少，通过了多少，还有多少没有运行。有利于测试组长或项目经理及时掌握项目的进展情况。

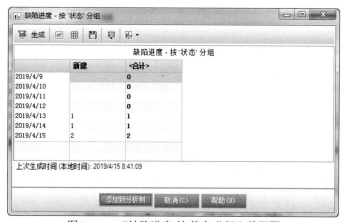

图 3-145　"缺陷进度-按'状态'分组"数据图

(3) 与测试执行相同，单击"添加到分析树"按钮后，可把当前图表添加到"控制面板"的"分析视图"下。需要查看进度时，可以直接从"控制面板"的地方进行查看，不需要从缺陷模块处重新生成图表。通过"控制面板"查看如图 3-146 所示。

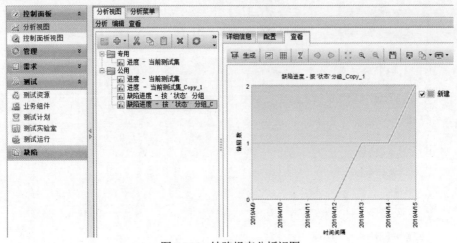

图 3-146　缺陷报表分析视图

与测试执行报表相同，也可以对缺陷报表进行筛选，这里不再多讲。

3.9.3　编制测试报告

功能测试的所有工作结束后，测试人员需要根据测试案例的执行情况，评估并报告测试结果，编写测试报告文档。与其他文档模板一样，一般情况下公司都会有比较规范的功能测试报告模板，测试人员只需要根据这些模板进行功能测试报告的编写即可。

通常，测试报告包括测试情况的总体介绍、测试目标、测试先决条件、测试范围、本次测试案例的执行情况(包括案例执行数目、案例状态、执行百分比、通过率)、本次测试缺陷数、缺陷的严重等级、缺陷状态等。

这些内容在本章都有说明，只需要把相应的内容添加到功能测试报告模板即可，相关模板详见附录 A。

3.9.4　评审测试报告

功能测试报告编写完成后，测试组需要组织评审小组对测试报告的内容进行评审，发现测试报告中的问题并对其进行改进。测试报告的评审人员通常包括测试人员、开发人员和设计人员。评审人员将审查过程中发现的问题记录下来，整理后提交给评审组长，由评审组长编写《CRM 系统功能测试用例评审报告》。本项目的评审报告如表 3-33 所示。

表 3-33　CRM 系统功能测试用例评审报告

项目名称	CRM 系统		项目编号	××××	
部门	测试部		所处阶段	验收测试	
评审组织人	×××		评审组长	×××	
评审方式	□邮件　□会议		评审日期	××××-××-××	
评审人	×××、×××、×××、×××、×××				

本次评审对象与结论

	序号	工作产品	版本号	编写人	备注
评审对象	1	《CRM 系统功能测试报告.doc》	×××	×××	
评审内容	测试计划中的任务是否全部完成； 测试报告内容是否齐全； 测试报告的描述语言是否清晰，无二义性； 是否执行了所有测试用例； 是否对测试缺陷进行分析、统计及说明； 缺陷遗留问题是否做了分析和说明； 测试报告的测试结论是否正确				
评审概述	CRM 系统功能测试用例评审采用邮件评审的方式；由 XXX 对需要评审的内容逐一进行讲解，并由大家一起讨论、提出优化建议				
发现问题	序号	问题描述及修改建议			提出人
评审结论： (请在结论前对你选择的打√)	√通过，不必做修改 　通过，需要做修改 　不通过，需要修改后再做评审 评审组组长：				
评审确认	评审意见			确认人	
	无				

3.10　实验

实验三：使用 ALM 实施和管理软件测试

一、实验目的

1. 熟悉功能测试的测试过程。掌握将测试需求上传到 ALM，测试需求目录结构转化为测试用例目录结构，测试需求与测试用例、缺陷的关联等操作；

2. 掌握"测试计划"模块中测试用例的录入，批量导入，测试用例与需求关联等操作；

3. 掌握"测试实验室"模块中测试集的创建，向测试集中添加要执行的手工测试用例，测试集的配置，关联测试集与测试周期，执行测试集等操作；

4. 掌握"缺陷"模块中测试缺陷的创建，缺陷的配置，缺陷与测试用例的关联，缺陷的追踪与状态转换，缺陷的批量导入等操作；

5. 掌握测试执行报表和缺陷报表的导出和分析操作；

6. 熟悉项目文档的导出操作。

二、实验的环境及设备

服务器：Windows Server 2003

测试机：Windows 7 64 位

三、实验内容

1. 测试需求树管理；

2. 测试计划管理；

3. 测试执行管理；

4. 软件缺陷管理；

5. 报表的导出与分析；

6. 项目文档导出。

四、实验步骤

1. 需求管理

1) 创建测试需求树，包括测试需求文件夹和各个管理模块的测试需求；

2) 将测试需求树的目录结构转化为测试计划树的目录结构。

2. 测试计划管理

1) 构建测试计划树，包括测试计划文件夹和各个管理模块的测试用例，其中测试用例可以手动创建，也可以使用外部 Excel 文件将测试用例批量导入 ALM。

提示：

需求、测试用例和缺陷都可以通过外部 Excel 文件批量导入。另外，在 2.5.2 节的实验二中初始化设置时添加的"用例审查"和"用例优先级"字段也会体现在测试用例界面。

2) 设置参数及参数值。参数可以取代创建测试用例步骤中的某些输入项，可以为不同的测试配置设置不同的参数或参数值，不同的测试配置可以为不同的测试集服务。

3) 关联测试用例与需求。

3. 测试执行管理

1) 构建测试集树，包括测试集文件夹和测试集，向测试集中导入要执行的测试用例；

2) 配置测试集，如执行流等。在执行流中，可设置用例的执行条件；

3) 分配测试集的周期，执行测试集。另外，在执行测试的过程中，设置用例每步的执行状态，对于不通过的步骤可以新建缺陷。

4. 缺陷管理

1) 创建缺陷，缺陷界面的可见字段以及新添加的"测试类型"和"浏览器版本"均已在"实验二"中完成了相关设置；

2) 关联缺陷。将缺陷与需求、测试集中的测试用例、测试计划中的测试用例关联起来。还可以与测试步骤和其他缺陷等关联起来；

3) 分配缺陷，筛选缺陷，搜索类似缺陷；

4) 缺陷状态转换。可以使用不同角色用户登录，以验证初始化设置中的缺陷转换规则是否生效。

5. 报表和分析

1) 掌握测试执行报表的导出和分析操作，缺陷报表的导出和分析操作；

2) 生成项目文档。

实验四：HP UFT 登录业务脚本开发

一、实验目的

1. 掌握 UFT 脚本录制的常用操作；

2. 掌握 UFT 对象识别的原理；

3. 初步掌握对象库的基本操作；

4. 掌握检查点技术的原理及基本操作；

5. 掌握参数化的原理及基本操作；

6. 掌握对象侦测器的使用；

7. 熟悉 SystemUtil.run、reporter.ReportEvent、GetROProperty、Exist、msgbox 方法的使用；

8. 熟悉 GetROProperty 与 GetTOProperty；

9. 熟悉 VBS 脚本中 if 语句的使用；

10. 掌握脚本回放的操作，熟悉测试报告中各部分的含义。

二、实验环境以及设备

硬件：PC；

软件：Windows 7 操作系统，UFT 11.5，IE9.0。

三、实验内容

1. 登录业务脚本录制，设置文本检查点和标准检查点；

2. 规范对象库的命名和结构；

3. 将登录密码由密文改为明文；

4. 参数化用户名和密码；

5. 设置 Action 属性，对脚本做相应的注释，并将脚本另存为可被调用的 Action；

6. 重新打开登录业务脚本，依据测试用例，设置用户名和密码的参数值；

7. 回放脚本。

四、实验步骤

参见 3.5.1 节"登录业务脚本开发"。

实验五：HP UFT 创建业务脚本开发

一、实验目的

1. 掌握 UFT 脚本录制的常用操作；

2. 掌握检查点技术的原理及基本操作；

3. 初步掌握对象仓库的基本操作；

4. 掌握 Action 调用的原理及基本操作；

5. 熟悉 reporter.ReportEvent、GetROProperty、Exist 方法的使用；

6. 熟悉 datatable 对象的使用；

7. 熟悉 VBS 脚本中 do while 语句的使用；

8. 掌握使用外部文件作为参数化数据源的原理及基本操作；

9. 掌握场景恢复技术的原理及基本操作；

10. 掌握脚本回放的操作，熟悉测试报告中各部分的含义。

二、实验环境以及设备

硬件：PC；

软件：Windows 7 操作系统，UFT 11.5，IE9.0。

三、实验内容

【线索创建业务脚本开发】

1. 线索创建业务脚本录制，设置标准检查点；

2. 规范对象库的命名和结构；

3. 调用已创建的登录脚本；

4. 参数化联系人的姓名、手机号码和邮箱。将参数数据保存在外部 Excel 文件中，然后通过函数将数据调入当前 Action 本地表中；

5. 设置联系人姓名、手机号码和邮箱参数的取值，并做好代码注释；

6. 回放脚本。

【客户创建业务脚本开发】

1. 客户创建业务脚本录制，设置标准检查点；

2. 规范对象库的命名和结构；

3. 调用已创建的登录脚本；

4. 参数化客户姓名。将参数数据保存在外部 Excel 文件中，然后通过函数将数据调入当前 Action 本地表中；

5. 设置客户姓名参数的取值，并做好代码注释；

6. 设置并添加场景恢复文件；

7. 回放脚本。

四、实验步骤

1. 线索创建业务自动化测试用例详见 3.4.3 节；

2. 线索创建业务脚本开发步骤详见 3.5.2 节；

3. 客户创建业务自动化测试用例如表 3-34 所示。

表 3-34　客户创建业务自动化测试用例

测试目的	对客户创建业务功能的正确性和容错性进行自动化测试
前提与约束	有合法的、可供登录的用户信息。 客户名称属性不能为空。 客户名称不允许与已有客户名称重复
测试步骤	用户打开 CRM 系统首页地址。 输入合法的用户名和密码，单击"登录"按钮。 单击导航栏的"客户"按钮，进入客户管理界面。 单击"新建客户"按钮，进入客户创建界面。 输入客户信息，单击"保存"按钮

测试说明	客户姓名	期望结果	实际结果
合法客户信息	student1	线索创建成功	
客户姓名为空		有相应的错误提示信息	
客户姓名与已有客户姓名重复	student1	有相应的错误提示信息	
测试执行人		测试日期	

4. 客户创建业务脚本开发步骤详见 3.5.3 节。

实验六：删除业务脚本开发

一、实验目的

1. 掌握 UFT 脚本录制的常用操作；

2. 掌握检查点技术的原理及基本操作；

3. 初步掌握对象仓库的基本操作；

4. 掌握 Action 调用的原理及基本操作；

5. 熟悉 reporter.ReportEvent、GetROProperty、Exist 方法的使用；

6. 熟悉 VBS 脚本中 do while、select case 语句的使用；

7. 熟悉描述性编程的原理及一般过程；

8. 熟悉函数库管理的相关操作；

9. 掌握脚本回放的操作，熟悉测试报告中各部分的含义。

二、实验环境以及设备

硬件：PC；

软件：Windows 7 操作系统，UFT 11.5，IE9.0。

三、数据准备

1. 利用线索创建业务脚本为 user1 用户创建足够多条线索信息；

2. 利用客户创建业务脚本为 user1 用户创建足够多条客户信息。

四、实验内容

【线索删除业务脚本开发】

1. 线索删除业务脚本录制，设置标准检查点；

2. 规范对象库的命名和结构；

3. 调用已创建的登录脚本；

4. 利用描述性编程获取页面上的复选框对象；

5. 利用 VBS 实现删除 1 条、2 条和页面全部线索；

6. 将删除操作封装在函数中，单独放在函数库文件中，并将函数库与当前脚本关联；

7. 回放脚本。

【客户删除业务脚本开发】

1. 客户删除业务脚本录制，设置标准检查点；

2. 规范对象库的命名和结构；

3. 调用已创建的登录脚本；

4. 利用描述性编程获取页面上的复选框对象；

5. 利用 VBS 脚本实现删除 1 个、2 个和页面全部客户；

6. 将删除操作封装在函数中，单独放在函数库文件中，并将函数库与当前脚本关联；

7. 回放脚本。

五、实验步骤

1. 线索删除业务自动化测试用例详见 3.4.1 节；

2. 线索删除业务脚本开发步骤详见 3.5.4 节；

3. 客户删除业务自动化测试用例如表 3-35 所示。

表 3-35　客户删除业务自动化测试用例

测试目的	对客户删除业务功能的正确性进行自动化测试
前提与约束	有合法的、可供登录的用户信息。 存在足够多的客户记录可供删除
测试步骤	用户打开 CRM 系统首页地址。 输入合法的用户名和密码，单击"登录"按钮。 单击导航栏的"客户"按钮，进入客户管理界面。 选中要删除的客户，单击"批量操作"下的"批量删除"，弹出删除确认提示。 在删除确认提示对话框中选择"是"，完成客户的删除

(续表)

测试说明		期望结果		实际结果
删除 1 个客户		客户删除成功		
删除 2 个客户		客户删除成功		
将页面上的客户全部删除		客户删除成功		
测试执行人			测试日期	

4. 客户删除业务脚本开发步骤请参见线索删除业务的脚本开发过程。

实验七：对象库管理与其他测试资源管理

一、实验目的

1. 掌握使用对象仓库进行对象识别的原理；

2. 掌握对象仓库的导出、合并、关联等基本操作。

3. 掌握将场景恢复文件、函数库文件、对象库文件上传到 ALM 中。

二、实验环境以及设备

硬件：PC；

软件：Windows 7 操作系统，UFT 11.5，IE9.0。

三、实验内容

1. 将登录业务、线索创建业务、客户创建业务、线索删除业务、客户删除业务脚本中的对象库文件导出；

2. 将各业务脚本的对象库文件进行合并操作；

3. 将合并后的对象库文件关联到当前测试项目中；

4. 将对象库另存在 ALM 中；

5. 将测试产生的场景恢复文件和函数文件上传到 ALM。

四、实验步骤

1. 对象库的导出、合并、关联、上传 ALM 的操作步骤详见 3.5.6 节；

2. 场景恢复文件、函数库文件等测试资源上传 ALM 的操作步骤请参看对象库文件上传的步骤。

实验八：UFT 批量测试运行

一、实验目的

1. 掌握将 UFT 脚本上传到 ALM 的操作；

2. 使用 ALM 运行测试脚本的操作；

3. 掌握使用 Test Batch Runner 运行测试脚本的操作；

4. 掌握使用 QuickTest.Application 对象运行脚本的操作；

5. 掌握使用 Excel 对象 Excel.Application 管理脚本运行结果报告的操作。

二、实验的环境及设备

硬件：PC；

软件：Windows 7 操作系统，UFT 11.5，IE9.0。

三、实验内容

1. 使用 ALM 运行测试脚本；

2. 使用 Test Batch Runner 批量运行测试脚本；

3. 使用 QuickTest.Application 对象运行测试脚本；

4. 使用 QuickTest.Application 对象和 Excel 对象 Excel.Application 将脚本中的关键数据统一输入到同一个 Excel 文件中。

四、实验步骤

【使用 ALM 运行测试脚本】

1. 将脚本上传到 HP ALM 中；

2. 创建测试集，并将要运行的测试脚本导入测试集；

3. 调整执行流视图，设置自动化测试脚本顺序；

4. 分配测试集到发布周期；

5. 执行测试集。

【使用 Test Batch Runner 运行测试脚本】

1. 打开 HP UFT 程序下 tools 中的 Test Batch Runner；

2. 将测试脚本添加到 Test Batch Runner 中；

3. 批量运行测试集。

【使用 QuickTest.Application 对象运行测试脚本】

1. 在 HP UFT 中打开 QuickTest.Application 对象来运行测试脚本；

2. 将自动化脚本路径和测试结果填入脚本；

3. 运行 QuickTest.Application 脚本；

4. 使用 Excel 对象 Excel.Application 将脚本中的关键数据统一输入到同一个 Excel 文件中，相关代码和操作请参见 3.5.7 节"测试报告管理"。

第4章

CRM系统性能测试实践

性能测试属于系统测试的范畴，它是在功能测试的基础上，测试软件在集成系统中运行的性能。性能测试是发现软件性能问题的有效手段，在软件上线之前，必须对系统进行严格的性能测试，以确认系统是否满足性能需求。不同于功能特性，软件性能关注的不是软件是否能够完成特定的功能，而是在完成该功能时展示出来的及时性。性能的及时性可以使用业务的响应时间或系统的吞吐量来衡量。

在测试实践中，通常需要借助性能测试工具来实施性能测试。目前，市面上的性能测试工具众多，主要是 HP Mercury、IBM Rational、Compuware 等公司的产品，以及相当数量的开源测试工具。常用的商业化性能测试工具包括 HP Mercury LoadRunner、IBM Rational Robot 和 QALoad，其中 LoadRunner 的市场占有量最高。常用的开源性能测试工具包括 Jmeter、Apache Bench、OpenSTA，其中 Jmeter 使用比较广泛。

在本案例中，使用测试工具 HP LoadRunner 12.02 对 CRM 系统实施性能测试。利用 HP LoadRunner 进行性能测试的工作流程如图 4-1 所示，后续的性能测试工作就是遵照此测试流程而开展的。

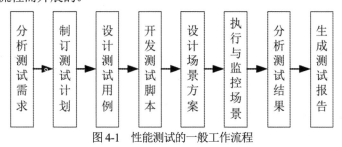

图4-1　性能测试的一般工作流程

4.1 性能测试基础

对于性能测试，业界尚无一个公认的、统一的定义。一般认为，性能测试就是通过使用测试工具模拟多种正常、峰值以及异常负载条件来对系统的各种性能指标进行测试，以判断系统能否达到预期的性能需求，同时分析及定位软件系统中可能存在的瓶颈，提出软件优化建议，最后起到优化软件性能，使软件能够安全、可靠、稳定地运行。

4.1.1 性能测试的目的

从上述定义可以看出，性能测试的目的不仅是为了验证系统是否满足预期的性能需求，还包括分析及定位性能瓶颈、系统优化配置、评估系统性能等内容。性能测试目的的具体描述如下：

1. 验证性能指标，评估系统能力

通常情况下，在测试需求中会给出具体的性能指标要求，例如：响应时间不超过3秒，事务失败率不超过2%，CPU利用率不超过75%等要求。因此，测试人员首先就要通过性能测试来判断系统是否能够达到预期的性能要求，评估软件在正式交付使用之后的工作能力。

2. 分析及定位性能瓶颈

在性能测试实践中，当发现某些性能指标出现异常或者不符合预期性能要求时，测试人员需要分析出现这些情况的可能原因，并进一步定位到具体的代码或部件，例如：CPU处理能力不足、内存泄漏、磁盘I/O速度慢等。

3. 系统调优

在性能测试过程中，如果已经检测出系统存在的一些性能瓶颈以及性能不稳定性，可以通过对系统参数和环境进行调整，反复进行同一业务的性能测试，不断验证系统的调优结果，直到达到系统的性能要求。

4. 验证软件的稳定性和可靠性

在性能测试执行过程中，通过大数据量和长时间的强度测试，可以检测软件的稳定性和可靠性。例如：可以通过对软件的长时间测试来检查软件是否存在内存泄漏可能会造成系统崩溃的性能缺陷。

5. 检测软件中隐含的功能性错误

软件性能测试一般是在功能测试完成之后进行的一种测试，但是通过性能测试还可以发现在软件功能测试过程中无法发现的一些功能性错误。例如：在一个订单系统中需要生成订单编号，如果软件使用时间戳来确定订单编号的唯一性，在功能测试过程中的人工生成订单编号是不会出现错误的，但在性能测试阶段，通过加大订单生成数量，则在同一时间段就可能生成多张订单，从而出现订单编号的重复出现，违反了订单编号的唯一性原则。

4.1.2 性能测试指标

在性能测试实施初期的一项重要工作就是性能指标的分析与提取，因此，测试人员首先需要掌握相关性能指标的含义，才能够进行性能测试。常见的性能指标如下：

1. 响应时间

响应时间是用户感受软件系统为其服务所耗费的时间。以网站系统为例，响应时间指的是应用系统从发出请求开始到客户端接收到所有响应数据为止所消耗的时间。从上述定义可以看出，响应时间可细分为：客户端响应时间、服务端响应时间和网络响应时间三部分，具体介绍如下。

- 客户端响应时间是指客户端在构建请求和显示结果数据所耗费的时间。对于瘦客户端的网络应用来说，这个时间很短，通常可以忽略不计；但是对于胖客户端的网络应用来说，耗费的时间有可能很长，从而成为系统的瓶颈。
- 服务器端响应时间指的是服务器针对客户请求的分析、处理、回送数据所花费的时间。如果该部分时间较长，则说明服务器的处理能力有问题。
- 网络响应时间是指网络数据传输所花费的时间。

总的来说，客户感受的响应时间等于网络响应时间、服务端响应时间和客户端响应时间三者之和。响应时间的单位一般为"秒"或"毫秒"，对于软件系统来讲，请求的响应时间肯定是越短越好。一般业务请求响应时间的标准可以参考国外的"2-5-10"原则，简单说，就是当用户能够在 2 秒以内得到响应时，会感觉系统的响应很快；当用户在 2~5 秒得到响应时，会感觉系统的响应速度还可以；当用户在 5~10 秒得到响应时，会感觉系统的响应速度很慢，但是还可以接受；而当用户在超过 10 秒后仍然无法得到响应时，会感觉系统糟透了，或者认为系统已经失去响应，而选择离开这个 Web 站点，或者发起第二次请求。

2. 注册用户数

注册用户数指软件中已经注册的用户，这些用户是系统潜在用户，随时都有可能上线。这个指标的意义在于，让性能测试工程师了解系统数据库中的数据总量和系统最大可能有多少用户同时在线。

3. 在线用户数

在线用户数是指某一时刻已登录系统的用户数量。在线用户数只是统计了登录系统的用户数量，这些用户不一定都会对系统进行操作，或者对服务器产生压力。例如：某款在线游戏，某一时刻的在线用户数量是 20 万人，其中部分用户只是登录游戏而没有在玩游戏，并没有向服务器提交请求，不会产生压力，只有那些正在玩游戏的用户会向服务器发送请求，产生压力。在线用户数是场景模型分析时常用到的数字，依据这个数字对应用软件的操作频度进行分析可辅助推测出并发用户数和每秒事务数等多个常用性能指标。

4. 并发用户数

不同于在线用户数，并发用户数是指某一时刻向服务器发送请求的在线用户数，它是衡量服务器并发容量和同步协调能力的重要指标。实际应用中，通常有如下两种情形：

- 涉及混合业务访问请求的并发用户数，即同一时刻，并发用户对多条被测业务进行了访问。例如：电子商务软件测试中，客户端发送的请求可以是多样的，包括登录请求、查询请求、订单请求，只要是向服务器发送请求的用户都算在并发用户数内。
- 涉及单一业务访问请求的并发用户数，即仅限针对单一业务的相同请求。例如：登录业务的并发用户数就是指某一时刻用户向服务器发送登录请求的数量。

在测试实践中，可以结合这两种方式对系统进行并发性测试。首先，需要关注操作频度较大、对系统压力较大，以及系统的核心业务操作，有针对性地对这些单个业务进行并发性测试，以便更快、更有效地衡量系统的性能。例如：系统的登录业务操作频度较大，就可以专门测试登录业务的并发用户数；系统的搜索业务对系统的压力较大，就可以专门测试搜索业务的并发用户数。其次，我们需要分析系统在真实环境中各种业务的使用比例，模拟接近真实使用情况的业务集去访问被测系统，测试系统的并发用户数，这种方式通常需要并发用户持续较长一段时间访问被测系统，偏向测试系统的稳定性。

5. 每秒点击数

每秒点击数是指每秒用户向 Web 服务器提交的、并被服务器响应处理的 HTTP 请求数，它是衡量服务器处理能力的一个常用指标。需要注意的是，这里的点击与鼠标的一次单击操作不是同一个概念，客户端的一次鼠标单击操作可能会向服务器发出多个 HTTP 请求。例如：用户单击搜狐网站上的首页按钮，虽然鼠标仅被点击一次，但是实质上用户向搜狐 Web 服务器发送了多条 HTTP 请求，依靠这些请求，服务器才会将首页上的文字、图片、视频等所有信息发送到用户计算机上。

6. 吞吐量

在性能测试中，吞吐量通常是指单位时间内从服务器返回的字节数，也可以指单位时间内客户提交的请求数。吞吐量是大型 Web 系统衡量自身负载能力的一个重要指标，一般来说，吞吐量越大，系统单位时间内处理的数据越多，系统的负载能力也越强。吞吐量和很多因素有关，如：服务器的硬件配置，网络的带宽及拓扑结构，软件的技术架构等。

7. 业务成功率

业务成功率是指多用户同时对某一业务发起操作的成功率。例如，测试网络订票系统的并发处理性能，在早上 8：00—8：30 半个小时的高峰期里，要求能支持 10 万笔订票业务，其中成功率不少于 98%。也就是说，10 万笔订票业务中系统最多允许 2000 笔订票业务因超时或其他原因导致未能订票成功。

8. TPS

TPS 表示服务器每秒处理的事务数，它是衡量系统处理能力的一个非常重要的指标。在性能测试中，通过监测不同并发用户数的 TPS，可以估算系统处理能力的拐点。因此，测试执行时，要多关注这个指标数值的变化。

9. 资源使用率

资源使用率就是指系统资源的使用情况，如 CPU 使用率、内存使用率、网络带宽使用情况、磁盘 I/O 的输入/输出量等系统硬件方面的监控指标。当前，很多系统的服务器不是采用普通的 PC，而是采用专业服务器，动辄上百万的设备。为了发挥这些设备的最大效能，需要我们根据测试数据进行系统性能的调优。因此，系统资源使用率也是测试人员的一个监控点。

4.1.3　性能测试方法

性能测试划分有很多种，测试方法也有很多种，更确切的说是由于测试方法的不同决定了测试划分的情况，但在测试过程中性能测试的划分没有绝对的界限。常见的性能测试方法包括基准测试、负载测试、压力测试、疲劳测试、并发性测试。

1. 基准测试

基准测试(Benchmark Test, BMT)是指通过设计科学的测试方法、测试工具和测试系统，实现对一类测试对象的某项性能指标进行定量的和可对比的测试。例如：在性能测试中，首先通过基准测试来获取每个业务在低负载压力下的指标值，然后，依据该指标值，测试人员可以计算和评估系统的并发用户数、业务并发所需要的数据量等数值；再如对计算机的CPU进行浮点运算以及对数据访问的带宽和延迟等指标进行的基准测试，可以使用户清楚地了解每一款CPU的运算性能及作业吞吐能力是否满足应用程序的要求。

可测量、可重复、可对比是基准测试的三大原则，其中可测量是指测试的输入和输出之间是可达的，也就是测试过程是可以实现的，并且测试的结果可以量化表现；可重复是指按照测试过程实现的结果是相同的或处于接受的置信区间之内，而不受测试的时间、地点和执行者的影响；可对比是指一类测试对象的测试结果具有线性关系，测试结果的取值大小直接决定性能的高低。

2. 负载测试

负载测试(Load Testing)是指在给定的测试环境下，通过逐步增加系统负载，直到性能指标超过预定指标或者某种资源的使用已经达到饱和状态，从而确定系统在各种工作负载下的性能以及系统所能承受的最大负载量。例如：测试登录邮箱系统，先用10个并发用户登录，再用15个，再用20个，不断增加并发用户数，检查和记录服务器的资源消耗情况，直至某些指标或资源使用达到临界值(例如CPU占有率75%，内存占用率70%)，停止测试并记录系统的最大并发用户数，这个测试活动属于负载测试的范畴。负载测试的主要用途是发现系统性能的拐点，寻求系统能够支持的最大用户、业务等处理能力的约束，为系统的进一步调优提供数据支持。该方法具有以下特点：

- 负载测试在特定的测试环境下进行。负载测试评价系统的最大负载能力，此时系统已经安装在特定的执行环境下，系统评估该环境下的最大负载能力。
- 进行负载测试前需要明确系统性能指标的最大界限。在负载测试过程中，设置逐步增加的并发用户数，分析每次性能测试的结果，直到性能指标达到临界值，此时得到并发用户数量，就是系统的最大并发负载能力，即系统最多能够支持多少用户并发访问。
- 负载测试可以用来了解系统性能，也可以配合制定性能调优方案。如果系统需求已经定义了最大负载的指标值，在进行负载测试时如果识别到的系统最大负载能力低于需求定义的指标值，则说明系统未满足性能要求，需要进行相应系统优化工作；如果识别到的系统最大负载优于需求定义的指标值，则说明系统目前可以满足性能要求，用户可以根据最大负载情况和系统业务增长趋势，制定系统未来的优化方案。

3. 压力测试

压力测试(Stress Testing)是通过对软件系统不断施加压力，识别系统性能拐点，进而获得系统提供的最大服务级别的测试活动。压力测试通过对应用程序施加越来越大的负载，直到发现应用程序性能下降的拐点，其目的是发现在什么条件下系统的性能变得不可接受。

压力测试并不是简单为了一种破坏的快感而去破坏系统，实际上它是可以让测试工程师观察系统在出现故障时的反应。例如：系统是不是保存了它出故障时的状态？是不是突然间崩溃掉了？它是否只是挂在那儿什么也不做了？它失效的时候是不是有一些其他特殊的反应？在重启之后，它是否有能力可以恢复到前一个正常状态？它是否会给用户显示一些有用的错误信息？系统的安全性是否因为一些不可预料的故障而会有所降低？

在压力测试的过程中，为了加大系统的运行负载，增加系统运行出错的机会，通常需要采取一些特殊的手段来对系统施加压力。给系统施加压力的角度有很多，例如模拟大量用户并发访问，模拟大数量情况下的访问，模拟随机使用系统功能的破坏性测试，让系统长时间运行的疲劳测试，让系统在异常资源配置下运行等。例如以下几种情况：

- 系统要求最大并发用户数为 500，在测试时，使用 500 个并发用户长时间访问系统，观察系统运行的稳定性情况和性能变化情况。
- 使系统运行在最低配置环境下，随机访问系统，观察系统稳定运行情况和性能变化情况。
- 运行需要最大存储空间(或其他资源)的测试用例。
- 把输入数据的量提高到一个相应高的级别，来测试输入功能会如何响应。
- 运行可能导致操作系统崩溃或大量数据对磁盘进行存取操作的测试用例。

负载测试与压力测试，这两个概念常常引起混淆，难以区分，从而造成不正确的理解和错误的使用。这两种测试的手段和方法在一定程度上比较相似，通常会使用相同的测试环境和测试工具，而且都会监控系统所占用资源的情况以及其他相应的性能指标，这也是造成人们容易产生概念混淆的主要原因。负载测试与压力测试的主要区别是测试目的不同。负载测试是确定在各种工作负载下系统的性能，目的是为了获得系统正常工作时所能承受的最大负载。压力测试是在强负载(大数据量、大量并发用户等)下的测试，其目的一方面是获得系统能提供的最大服务级别；另一方面还可以检测在极限情况下系统崩溃的原因，系统是否具有自我恢复性以及系统的稳定性等问题。

4. 疲劳测试

疲劳测试，是指让软件系统在一定访问量的情况下长时间运行，以检验系统性能在多长时间后会出现明显下降。这种测试旨在发现系统性能是否会随着运行时间的延长而发生性能下降，从而找到系统是否存在性能隐患。通过疲劳测试可以更加有效地发现内存泄漏问题和资源争用问题，这些问题在短的运行时间内表现得不明显，很难被测试人员检测到，只有在较长时间的持续运行过程中才能暴露出来。

在疲劳测试执行过程中不断监控各项性能指标，如果系统性能指标达到性能拐点，则可以终止测试，这种情况说明系统在长时间运行情况下会出现性能下降，需要进行瓶颈分析和系统优化。

5. 并发性测试

并发性测试(Concurrency Testing)是通过模拟用户并发访问，测试多用户同时访问同一应用、模块或数据，观察系统是否存在死锁，系统处理速度是否明显下降等其他性能问题。测试目的并非为了获得性能指标，而是为了发现并发引起的问题。在性能测试实践中，通常是借助自动化测试工具实施并发性测试。目前，成熟的并发性测试工具有很多，选择的依据主要是测试需求和性价比。著名的并发性测试工具有LoadRunner、Jmeter、QALoad、Webstress。这些测试工具都是自动化负载测试工具，通过可重复的、真实的测试，能够彻底地度量应用的可扩展性和性能，可以在整个开发生命周期跨越多种平台，自动执行测试任务，可以模拟成百上千的用户并发执行关键业务而完成对应用程序的测试。在并发性测试的同时，会兼顾使用负载、压力、疲劳类型的测试。

4.2　性能测试需求分析

性能测试需求的提取过程是非常重要的，如果无法获得准确的性能指标和被测业务，会导致相关测试工作无法正常开展。性能测试需求提取的一般流程如图4-2所示。

图4-2　性能测试需求提取的流程

4.2.1　性能测试指标分析

通常情况下，用户对性能测试需求的理解不如功能测试需求那样具体、准确。在实际项目中，我们经常会遇到用户没有明确提出性能方面的要求，或者提出的性能指标含糊不清，提出的需求也不是很符合企业的实际情况。例如：系统用户总共 20 人，服务器为普通的 PC 配置，客户却要求"系统能够支持 200 人同时在线，最大并发用户数在 50 以上"；对响应时间的要求只是泛泛提出在 5 秒以内，却没有提到哪个操作以及前提条件等。依据用户提出的性能需求，测试人员需要去分析软件的业务以及细化和扩展性能测试的指标。

1. 原始需求

CRM 系统的性能测试中，依据用户需求可知，用户希望满足以下性能指标。

- 系统支持的在线用户数不低于 500。
- 登录、线索管理、客户管理、商机管理、日程管理、任务管理等模块的相关操作的平均响应时间不超过 3 秒。

2. 原始需求解析

原始需求描述太过笼统，也不够清晰，无法指导具体测试工作的实施，还需要对性能测试需求进一步分析，得出具体、清晰、可测性强的性能测试需求。

对于系统支持的在线用户数，通常不进行直接测试，而是先测试出并发用户数，然后通过并发用户数与在线用户数的关系，计算出在线用户数。一般来讲：

$$并发用户数 = (5\% \sim 20\%) \times 在线用户数$$

具体比例需要根据系统的历史数据或客户的经验等因素来估算。经过实际分析，CRM 系统中该比例拟定为 5%，也就是说系统支持的并发用户数不低于 500×5%=25。确定了并发用户数后，接下来要选取进行并发测试的业务操作。

在 CRM 系统中有多个功能模块，每个功能模块又有若干业务，那么，我们是否需要对每个业务进行并发性能测试呢？答案很明显是否定的，一方面是因为系统的业务数量巨大，我们不可能把每个业务都测试到，另一方面是因为有些业务很少使用，而且与服务器的交互数据量并不大，没有必要进行并发性能测试。在实际测试中，我们通常选择典型的、有代表性的业务流程去进行并发性测试，例如：使用频率较高的业务操作，系统的核心业务操作，对数据库压力较大的操作，对某种资源消耗很大的操作等。我们通过与客户、产品部及开发部的沟通，确定选取包括用户登录业务、线索创建业务、客户创建业务、商机创建业务、日程创建业务，任务创建业务共 6 个典型业务进行并发性能测试。

关于系统的响应时间，普通的业务操作最好是低于 3 秒，一般不超过 5 秒。如果响应时间过长，用户对系统的评价会降低，从而会影响系统的推广和使用。而对于某些涉及大数据处理的业务操作，如几百万条记录的查询操作，数据库的初始化操作可以根据数据量及资源情况设定响应时间。在 CRM 系统中，各种业务操作的响应时间不得超过 3 秒。

接下来需要明确是单业务并发测试还是组合业务并发测试，即上述选取的 6 个待测业务中，哪些业务采用单业务负载测试，哪些业务采用混合业务负载测试。单业务负载测试是指将某个业务的测试脚本单独放在场景方案中，进行负载测试。本次测试案例中，登录业务使用频率较大，而且早上上班时操作集中度较高，适合进行单业务负载测试。

3. 登录业务性能需求解析

在企业，早上刚上班的时候是登录业务的执行高峰期。如果公司的作息时间为早上 9 点上班，则 9:00 — 9:20 是登录的高峰期。据历史数据推算，约有 400 位员工会在这个时间段登录 CRM 系统，也就是说在 20 分钟内，有 400 位用户登录 CRM 系统。

在性能测试中，经常使用"80-20 原理"来进一步估算系统的并发负载量。所谓"80-20 原理"是指 80% 的业务操作集中在 20% 的时间内完成。例如，一个订票系统，每天可以订票的时间是 20 小时，订票总量约为 10 万张，若对该系统进行性能测试，就可利用"80-20 原理"来确定并发用户数，即 8 万张票(10×80%)在 4 小时(20×20%)内完成，然后再根据订票业务的时间进一步推算出并发用户数。

在 CRM 系统中，总登录业务数 400 的 80% 是 320，时间 20 分钟的 20% 是 4 分钟，也就是说，4 分钟内并发完成 320 个登录业务操作。

4. 混合业务性能需求解析

混合业务负载测试是指将多个业务放在一个场景方案进行负载测试。混合业务测试是最接近用户实际使用情况的测试，可以测试出系统的并发性和稳定性，通常需要按照用户的实际使用人数比例来模拟各个业务的组合并发情况。混合业务测试的突出特点是根据用户使用系统的情况分成不同的用户组进行并发，每组的用户比例要根据实际情况来匹配。各业务的用户比例数据通常是通过对历史数据的分析获得的，在 CRM 系统性能测试中，各业务的用户比例数据见表 4-1。

表 4-1　典型业务的用户比例

序号	待测功能名称	所占比例 / %
1	创建线索	40
2	创建客户	25

（续表）

序号	待测功能名称	所占比例 / %
3	创建商机	20
4	创建日程	10
5	创建任务	5

测试业务及其组合策略分析完毕后，需要确定业务的成功率。在这里，业务的成功率要求在 98% 以上。也就是说，对于某一业务，执行 1000 次，失败数不能超过 20 次。

除了软件的要求外，还应该对应用服务器的 CPU 利用率、内存使用率、带宽情况、Web 服务器资源使用情况等硬件资源进行监控。如果用户未明确提出这些性能要求，可按照行业的通用标准进行测试，如 CPU 的使用率不超过 75%，内存使用率不超过 70% 等，其他指标这里就不一一列出了。之所以选择这两个数值，是因为它们具有代表性，CPU 的使用率超过 75% 可以说是繁忙，如果持续在 90% 甚至更高，很可能导致机器响应慢、死机等问题；如果过低也不好，说明 CPU 比较空闲，可能存在资源的浪费。内存也存在类似情况。

另外，测试人员还要预测系统的性能是否能够满足公司未来几年的使用。随着公司的发展，5 年后，公司的员工数可能会增加 20%，达到 600 人，那么各性能指标值都要上浮 20%。

经过上述分析，最终采集到本次测试的性能指标参考值如表 4-2 和表 4-3 所示。

表 4-2　单业务性能测试指标参考

测试项	响应时间 / 秒	业务成功率 / %	业务总数	CPU 使用率 / %	内存使用率 / %
登录	≤3	≥98	4 分钟完成 384 次	≤75	≤70

表 4-3　混合业务性能测试指标参考

序号	待测功能名称	所占比例 / %	并发数	响应时间 / 秒	业务成功率 / %	其他
1	创建线索	40	12	≤3	≥98	CPU 使用率≤75% 内存使用率≤70%
2	创建客户	25	8	≤3	≥98	
3	创建商机	20	6	≤3	≥98	
4	创建日程	10	3	≤3	≥98	
5	创建任务	5	1	≤3	≥98	

4.2.2　确定测试业务

明确性能测试参考指标后，测试人员需要对要测试的业务流程进行确认。作为测试人员，首先要熟悉并确认测试业务的详细流程，即业务由哪些子功能构成，这些子功能按照什么顺序进行，功能实现所用到的数据有什么限制等。尤其是功能复杂的业务，测试人员更应重视业务流程的确认。在实际项目中，经常会遇到测试用例和测试脚本的实现步骤出错，而且还是在测试后期发现，导致前期很多测试工作失效，延缓了性能测试的进度。

根据上面的性能测试要求，被测试的业务共有 6 个，分别是用户登录业务、线索创建业务、客户创建业务、商机创建业务、日程创建业务、任务创建业务。这 6 个业务的流程都不复杂，如表 4-4 所示。

表 4-4　待测业务流程

待测业务名称	业务流程	备注
用户登录业务	用户登录→退出	已有登录用户信息 200 条
创建线索	用户登录→打开线索页面→创建线索→提交线索信息→退出	已有登录用户信息 200 条
创建客户	用户登录→打开客户页面→创建客户→提交客户信息→退出	已有登录用户信息 200 条
创建商机	用户登录→打开商机页面→创建商机→提交商机信息→退出	已有登录用户信息 200 条，登录用户至少存在 1 条客户记录
创建日程	用户登录→打开日程页面→创建日程→提交日程信息→退出	已有登录用户信息 200 条
创建任务	用户登录→打开任务页面→创建任务→提交任务信息→退出	已有登录用户信息 200 条，登录用户至少有一位下属员工

4.3　制定测试计划及方案

测试需求明确之后，就可以依据测试需求来评估测试的工作量以及所需要的资源，并制订测试计划。测试计划是整个测试活动的指导性文档，它规定了测试的范围、测试的资源、测试策略、测试风险等内容，为后续测试工作的顺利进行提供了依据。

4.3.1　编制测试计划

本节主要介绍 CRM 系统的性能测试计划是如何编制的。在性能测试中，测试计划文档的模板多种多样，但是包含的内容大同小异，可根据项目需要进行调整。CRM

系统的性能测试计划主要包含项目背景、测试环境、人员和时间安排、场景设计要求、风险分析和测试要提交的文档等内容。下面详细介绍该测试计划的主要内容。

1. 项目背景

客户关系管理系统的产品环境已经搭建完毕，并且已经完成产品个性化定制及功能测试。由于客户员工数量较多，IT 服务工作量较大，需要验证产品上线后是否能在客户日常工作中平稳运行，因此进行此次性能测试。

本次测试由客户 IT 部门主导监控项目进度；测试团队负责制定测试计划，执行此次性能测试，并提交性能测试报告；系统个性化定制开发团队及硬件配置实施团队配合测试团队进行此次测试，并根据测试报告进行系统优化。

本次测试使用的性能测试工具为 HP LoadRunner。根据客户公司的业务特色，针对系统上线后可能存在的问题，有的放矢地设计测试用例，通过多种测试场景的组合对比，评估系统性能指标，发现系统潜在的性能问题。

2. 测试环境

在进行性能测试前，测试人员必须先搭建好测试平台，需要考虑服务器和测试机的硬件配置和软件配置。其中，Web 服务端软件和数据库服务端软件安装在同一台服务器上，服务器安装的操作系统为 Windows Server 2008 系统，IP 地址为 192.168.0.120。

控制器和负载发生器使用同一台测试机，测试机与服务器在同一个局域网内。测试机安装的操作系统为 Windows 7 系统，IP 地址为 192.168.0.121。

详细配置如表 4-5 所示。

表 4-5　测试机与服务器软、硬件配置

设备	硬件配置	软件配置
数据库服务器 Web 服务器	PC(一台) CPU：2 Core 2.4GHz 内存：4GB 硬盘：500GB	Windows Server 2008 MySQL Apache 2.2
控制器 负载机	PC(一台) CPU：2 Core 1.7GHz 内存：4GB 硬盘：500GB	Windows 7 HP LoadRunner 11.5 IE9.0 Microsoft Office

测试的网络拓扑结构如图 4-3 所示，性能测试工具为 HP LoadRunner 12.02，测试脚本录制协议为 HTTP/HTML。

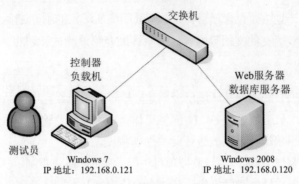

图4-3　测试拓扑结构

3. 人力资源及时间安排

在 CRM 性能测试中，由经验丰富的测试组长完成性能测试需求分析、测试计划编写和场景模型设计工作，由一位测试员去完成剩余的工作。故本次性能测试需要 2 位测试人员参与完成，整个测试须在 10 天内完成。具体的人员和时间进度安排如表 4-6 所示。

表 4-6　人员和时间进度安排表

时间段	具体任务	执行人员	人员职责
第 1~3 天	需求分析 测试计划设计 场景模型设计	测试组长	负责分析测试需求，制订测试计划，创建测试场景模型，组织测试评审，协调管理测试工作与进度，汇报工作
第 4~6 天	测试数据准备 测试脚本开发 测试场景设计	测试员	负责开发测试脚本，设计测试场景，执行性能测试，分析测试结果，记录测试问题和结果，给出调优建议，编写测试报告
第 7~8 天	执行测试 测试结果分析	测试员	负责开发测试脚本，设计测试场景，执行性能测试，分析测试结果，记录测试问题和结果，给出调优建议，编写测试报告
第 9~10 天	测试报告	测试员	负责开发测试脚本，设计测试场景，执行性能测试，分析测试结果，记录测试问题和结果，给出调优建议，编写测试报告

4. 测试场景的设计要求

1) 虚拟用户数的选择

在 CRM 性能测试中，通常先通过基准测试来获取每个业务在低负载压力下的指标值。依据该指标值，测试人员可以计算和评估系统的并发用户数、业务并发所需要的数据量等数值。在 CRM 系统性能测试中，利用基准测试可以推算登录业务的并发用户数，也可以估算需要的客户和商机样本数量。基准测试场景的虚拟用户数设置如表 4-7 和表 4-8 所示。

表 4-7　登录业务基准测试场景表

脚本编号	测试脚本名	虚拟用户数
1	登录业务	5

表 4-8　混合业务基准测试场景表

脚本编号	测试脚本名	虚拟用户数
1	线索创建业务	1
2	客户创建业务	1
3	商机创建业务	1
4	日程创建业务	1
5	任务创建业务	1

为了测量和评估性能指标的活动情况，找出系统可能存在问题，可以采用多种不同的虚拟用户数以设计场景方案。在本案例中，如果需求规定的性能指标均能达标，测试人员可以逐渐增加并发用户数，找出系统可支持的最大并发用户数。如果性能指标不达标，测试人员可以逐渐降低并发用户数，直到找到系统可支持的最大并发用户数。登录业务和 CRM 系统混合业务规定的并发用户数见表 4-9 和表 4-10。

表 4-9　登录业务并发用户场景表

脚本编号	测试脚本名	虚拟用户数要求
1	登录业务	4 分钟并发 384 次

表 4-10　CRM 系统混合业务并发用户场景表

脚本编号	测试脚本名	虚拟用户数
1	线索创建业务	12
2	客户创建业务	8
3	商机创建业务	6
4	日程创建业务	3
5	任务创建业务	1

2) 测试执行的设计

① 登录业务脚本在单独的场景方案中执行，线索创建业务、客户创建业务、商机创建业务、日程创建业务及任务创建业务脚本放在同一个场景方案中同时执行。

② 在基准测试场景中，所有并发虚拟用户同时开始执行，脚本不设持续运行时间，只迭代运行一次。

③ 为更加真实地模拟实际用户的操作，除基准测试外，其他测试场景的调度策略为：场景启动时，每15秒增加一个虚拟用户，直至增加到规定的并发用户数；脚本需要持续运行至少30分钟，退出时，每15秒释放一个虚拟用户，直到所有用户释放完毕。

3) 监控的关键指标

- 事务通过率
- 网络带宽使用情况
- 每秒点击数
- 每秒事务总数
- 平均事务响应时间
- 服务器上 Windows 资源的常见指标，如：% Processor Time(CPU 使用率)、Available MBytes(可用的内存数)、% Disk Time(磁盘读写时间百分比)等
- Apache 资源的常见指标

4) 测试进入/退出标准

- 进入标准

以下条件具备后，用户验收测试平台可以进行本次性能测试。

✓生产环境测试准备完毕(包括数据库备份)

✓测试脚本、场景设计文件准备完毕

✓业务数据及测试数据准备完毕

✓可以正常访问 CRM 系统界面

- 退出标准

性能测试场景执行率达100%，获得被测系统性能数据，可以进行数据分析。

- 测试中断标准

如果 CRM 系统发生阻碍性能测试的功能问题，在一定时间段内无法修复，并经开行项目经理确认后，性能测试将被中断。

- 测试恢复标准

因功能问题引起的性能测试中断，将在测试方确认功能被修复后恢复测试。

5. 风险分析

在测试前期，测试负责人需要分析和评估测试可能存在的风险因素，并制定好应对的措施，以防影响测试的进度和质量。本测试案例的风险分析情况如表 4-11 所示。

表 4-11　风险分析表

风险因素	可能结果	可能发生时间	风险级别	应对措施
环境能否按时准备就绪	环境搭建延时导致性能测试延时	录制脚本前	高	延迟性能测试开始时间
业务功能有 Bug	相关功能脚本不能录制	录制脚本期间	高	开发人员优先解决相关 Bug，缩短解决问题的时间
性能测试脚本有问题	执行测试时出现大量错误，该场景测试失败	测试执行阶段	中	测试员调整场景执行顺序，并及时修改脚本

6. 测试交付文档

除了最终的测试报告，测试过程中产生的文档和文件都需要保存下来，作为系统验收的依据。测试最终需要提交的文档如表 4-12 所示。

表 4-12　测试交付文档列表

测试阶段	阶段提交物
测试需求分析	测试需求文档
测试计划设计	测试计划文档
测试用例设计	测试用例文档
测试脚本开发	测试脚本文件
测试场景设计	测试场景文件
测试结果分析	测试结果文件、软件缺陷报告单
测试报告编写	测试报告文档

除了以上 7 项内容，测试计划文档通常还包括测试的参考资料、测试术语、测试计划制定者、日期、修改记录、评审人员等信息。

与功能测试相同，性能测试计划编写完成后，也需要对测试计划的正确性、全面性以及可行性进行评审，及早地发现测试计划中的缺陷并对其进行改进。

4.3.2 创建测试场景模型

场景模型是用来约束和规范业务活动时的场景环境，它是指导场景设计的依据。场景设计的主要目的是能够模拟出更加接近用户真实使用情况的运行环境，场景模型的创建不仅要考虑具体的业务操作过程，还要思考多用户同时使用系统的情况。创建场景模型应该考虑以下几方面：

- 确定虚拟用户的调度策略。包括虚拟用户的加载策略，场景持续运行的时间以及释放策略。调度策略可以通过以往系统的历史记录获得，如果以前没有相关的这方面记录，那么可以通过类似或同行业的情况来做参考。
- 确定集合点的运行策略。需要特别注意，只有测试脚本中存在集合点，在场景设计中才可以设置集合点的策略。
- 确定负载机的数量。每个负载机都有可运行的虚拟用户数上限，当虚拟用户数值超出了一台负载发生器的承受能力时，就需要考虑多增加几台负载发生器去均摊要并发的虚拟用户。
- 确定是否使用 IP 欺骗技术。通过该技术可以在负载机上虚拟多个 IP 地址，并将 IP 地址分配给不同的虚拟用户去使用，可使测试更加接近真实用户的使用情况。
- 确定需要添加的资源计数器。常见的计数器包括操作系统、Web 服务器软件、数据库服务器软件、网络等资源计数器。

在本次 CRM 系统性能测试中，具体的场景模型如表 4-13 所示。

表 4-13　场景模型表

业务名称	场景模型
登录业务	启用脚本中的集合点，所有正在运行的用户到达集合点才可往下运行。 场景启动时，每 15 秒加载一个虚拟用户。虚拟用户加载完成后，场景持续运行 30 分钟，结束时，每 15 秒释放一个虚拟用户。 使用 IP 欺骗技术，在负载机虚拟 10 个 IP 地址。 添加 Windows 资源计数器、Apache 资源计数器。 监控虚拟用户运行日志文件
线索创建业务 客户创建业务 商机创建业务 日程创建业务 任务创建业务	场景启动时，每 15 秒加载一个虚拟用户。所有虚拟用户加载完毕后，场景持续运行 30 分钟，结束时，每 15 秒释放一个虚拟用户。 使用 IP 欺骗技术，在负载机虚拟 10 个 IP 地址。 添加 Windows 资源计数器、Apache 资源计数器。 监控虚拟用户运行日志文件

4.4　设计测试用例

4.4.1　测试用例的设计

测试用例的设计是性能测试工作中最重要的环节之一，它是指导后续脚本开发、场景方案设计与执行的依据。性能测试用例模板也是多种多样，一般来说，一个性能测试用例通常包含测试用例编号、测试目的、前提与约束、并发用户数、操作步骤、预期结果、设计人员与执行人员、设计时间与执行时间。

性能测试通常是在功能测试之后开始实施的，因此，性能测试用例的设计只需要考虑正常的业务流程，而不需要检查异常流程，但是仍需要注意业务中的约束条件。例如：用户注册模块中不允许同名用户重复注册，某些输入框不允许为空，某些在线投票系统不允许一个 IP 多次投票等约束，在测试用例的设计和执行过程中，需要特别注意测试点中的约束条件。

在 CRM 系统性能测试中，总共涉及登录业务、线索创建业务、客户创建业务、商机创建业务、日程创建业务和任务创建业务这 6 个业务。其中，线索创建业务、客户创建业务、商机创建业务和任务创建业务中存在约束，具体约束要求如下。

- 线索创建业务：创建线索信息时，联系人姓名、手机号码和邮箱不能为空，且手机号码和邮箱必须遵守一定的格式。
- 客户创建业务：创建客户信息时，客户名称不能为空，且不允许添加已存在的客户名称。
- 商机创建业务：登录用户至少拥有 1 位客户才能成功创建商机，这是因为创建商机时，需要选择商机对应的客户。另外，创建商机信息时，商机名称和预计价格不能为空，且不允许添加已存在的商机名称。
- 任务创建业务：登录用户至少拥有 1 位下属用户才能成功添加任务，因为创建任务时，需要选择执行任务的下属。

此外，为了更加接近用户的真实使用情况，创建 200 个不同的用户用于登录操作。本次性能测试的测试用例如表 4-14 和表 4-15 所示。

表 4-14　登录业务测试用例

用例编号	CRM-XN-DLSY(XN：性能，DLSY：登录首页)
测试目的	(1) 测试登录业务的并发能力及并发情况下的系统响应时间。 (2) 登录业务的业务成功率、TPS(每秒事务数)等指标是否正常。 (3) 并发压力情况下服务器的资源使用情况，如 CPU、内存、磁盘、网络、Apache 系统

(续表)

前提条件	已创建 200 个用户可供登录系统		
约束条件	无		
步骤	操作	集合点	事务名
1	用户打开 CRM 系统首页地址		
2	输入用户名和密码，单击"登录"按钮，进入登录后的页面	登录集合	登录
3	单击"退出"按钮，返回到系统首页		退出
期望结果	(1) 应具备 4 分钟完成 384 次登录的并发能力。 (2) 登录、退出事务的响应时间不超过 3 秒。 (3) 业务成功率≥98%，随着并发用户数的增加，TPS 稳步上升。 (4) CPU 使用率≤75%，内存使用率≤70%		
实际结果			
测试执行人		测试日期	

表 4-15　CRM 系统混合业务测试用例

用例编号	CRM-XN-CRMGRUPE(XN：性能)		
测试目的	(1) 测试 CRM 系统的并发能力及并发情况下的系统响应时间。 (2) 线索创建、客户创建、商机创建、日程创建、任务创建业务的业务成功率、TPS(每秒事务数)等指标是否正常。 (3) 并发压力情况下服务器的资源使用情况，如 CPU、内存、磁盘、网络、Apache 系统		
前提条件	已创建 200 个用户可供登录系统		
约束条件	(1) 创建线索时，联系人姓名、手机号码和邮箱不能为空，手机号码和邮箱必须遵守一定格式。 (2) 创建客户时，客户名不能为空，且不能跟已有客户名重复。 (3) 登录用户至少已拥有 1 位客户，在创建商机时，商机名称和预计价格不能为空，且商机名称不能与已存在的商机名称重复。 (4) 登录用户至少已拥有 1 位下属员工		
步骤	操作	集合点	事务名
创建线索	1. 用户打开 CRM 系统首页地址		
	2. 输入用户名和密码，单击"登录"按钮，进入登录后的页面		线索_登录
	3. 单击导航条处的"线索"按钮，进入线索管理页面		打开线索
	4. 单击"新建线索"按钮，进入线索创建页面		新建线索
	5. 填写新建线索的信息，单击"保存"按钮		提交线索
	6. 单击"退出"按钮，返回到系统首页		线索_退出

(续表)

创建客户	1. 用户打开 CRM 系统首页地址		
	2. 输入用户名和密码,单击"登录"按钮,进入登录后的页面		客户_登录
	3. 单击导航条处的"客户"按钮,进入客户管理页面		打开客户
	4. 单击"新建客户"按钮,进入客户创建页面		新建客户
	5. 填写新建客户的信息,单击"保存"按钮		提交客户
	6. 单击"退出"按钮,返回到系统首页		客户_退出
创建商机	1. 用户打开 CRM 系统首页地址		
	2. 输入用户名和密码,单击"登录"按钮,进入登录后的页面		商机_登录
	3. 单击导航条处的"商机"按钮,进入商机管理页面		打开商机
	4. 单击"添加商机"按钮,进入商机创建页面		新建商机
	5. 填写新建商机的信息,单击"保存"按钮		提交商机
	6. 单击"退出"按钮,返回到系统首页		商机_退出
创建日程	1. 用户打开 CRM 系统首页地址		
	2. 输入用户名和密码,单击"登录"按钮,进入登录后的页面		日程_登录
	3. 单击导航条处的"日程"按钮,进入日程管理页面		打开日程
	4. 单击"新建日程"按钮,进入日程创建页面		新建日程
	5. 填写新建日程的信息,单击"保存"按钮		提交日程
	6. 单击"退出"按钮,返回到系统首页		日程_退出
创建任务	1. 用户打开 CRM 系统首页地址		
	2. 输入用户名和密码,单击"登录"按钮,进入登录后的页面		任务_登录
	3. 单击导航条处的"任务"按钮,进入任务管理页面		打开任务
	4. 单击"新建任务"按钮,进入任务创建页面		新建任务
	5. 填写新建任务的信息,单击"保存"按钮		提交任务
	6. 单击"退出"按钮,返回到系统首页		任务_退出
期望结果	(1) CRM 系统支持的并发用户总数是 30 个,其中,40%用户执行线索创建业务,25%用户执行客户创建业务,20%用户执行商机创建业务,10%用户执行日程创建业务,5%用户执行任务创建业务 (2) 用例中所有事务的响应时间不超过 3 秒 (3) 业务成功率≥98%,随着并发用户数的增加,TPS 稳步上升 (4) CPU 使用率≤75%,内存使用率≤70%		
实际结果			
测试执行人		测试日期	

性能测试用例编写完成后，同样需要对用例进行评审。测试用例的评审要素参见3.4.1节功能测试用例的要素，除此之外，评审人员还要关注性能指标选取是否合理、全面，测试业务选取是否合理，描述是否清晰、完整。

4.4.2　在 ALM 中创建性能测试用例

在设计完性能测试用例，并通过评审之后，就可以将测试用例添加到 HP ALM 测试计划中。测试用例的添加方式与功能测试用例的相同，读者可参见 3.4.5 节，这里不再赘述。添加性能测试用例后的测试计划树如图 4-4 所示。

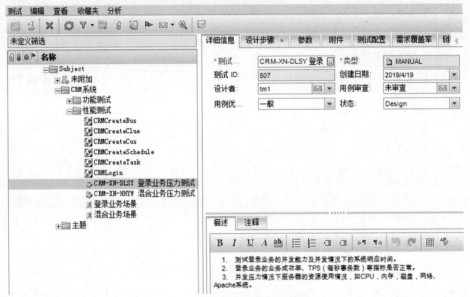

图 4-4　性能测试的测试计划树

4.5　开发测试脚本

性能测试计划和测试用例设计完成之后，测试工程师就可以依据测试场景模型和测试用例来开发性能测试脚本。脚本开发的过程主要就是将测试业务变成可重复执行的脚本，开发过程如图 4-5 所示。

图 4-5　脚本开发过程图

在 CRM 系统性能测试中，我们将使用 HP LoadRunner 12.02 依次开发登录脚本、线索创建脚本、客户创建脚本、商机创建脚本、日程创建脚本和任务创建脚本。在脚本录制之前，需要做好如下准备工作。

① 熟悉测试业务流程，分析被测业务的前提条件和约束条件，并做好数据的准备工作，具体可参考测试计划和测试用例中的说明。

② 录制协议的选择。HP LoadRunner 的工作原理是基于协议数据包的收发，需要在脚本录制之前确认系统所使用的协议。CRM 系统是 B/S 结构，使用的是 HTTP 协议，对应在脚本录制时应选择 Web(HTTP/HTML)协议。

③ 浏览器的选择。HP LoadRunner 支持 IE、Firefox 等多种浏览器，默认使用的是 IE 浏览器。如没有特殊要求，建议使用纯净版的 IE 浏览器，将浏览器的第三方插件都被关闭或卸载掉，以避免无关插件影响测试的真实效率。在本案例测试中，使用的浏览器版本为 IE9.0。同时，需要将所选的浏览器设置为默认浏览器，在 Windows 7 中，可以在"控制面板"→"程序"→"默认程序"→"设置程序访问和此计算机的默认值"中设置默认浏览器，如图 4-6 所示。

图 4-6　默认浏览器设置界面

另外，在脚本录制之前，应该将与性能测试无关的应用程序和服务关闭掉，如防火墙、杀毒软件、聊天软件等，以免这些程序干扰测试的进行，影响测试效率。其中较为常见的一种情况是由于防火墙软件未关闭，导致 HP LoadRunner 录制时无法自动弹出浏览器的情况。因此，在录制前，测试人员务必检查本机的运行环境是否干净。

4.5.1 登录业务脚本开发

运行登录业务的前提条件是已存在可登录系统的用户信息，在 3.5.1 节中已给出用户创建的步骤，读者可自行查阅。在本案例中，可供登录系统的用户名为 tester1，密码为 111111。

依据登录业务对应测试用例的要求，开发脚本时，需要在登录信息提交之前添加集合点"登录集合"，使所有运行的虚拟用户"先集合，再一起执行"，从而加大登录提交操作的负载压力，使并发用户真正做到登录操作的并发。针对登录和退出操作，分别定义"登录"事务和"退出"事务，用来统计登录和退出操作所花费的时间。登录事务脚本中还需要添加文本检查点，以检查登录后返回的页面信息是否正确，并将登录用户信息参数化，以及考虑思考时间、注释、关联等内容。

根据脚本开发的流程，后续将依次进行登录业务脚本的录制、完善和回放调试工作。

1. 登录业务的脚本录制

本小节主要介绍登录业务脚本的录制过程，具体步骤如下。

(1) 打开 Virtual User Generator(VuGen)，单击"文件"下的"新建脚本和解决方案"，弹出"创建新脚本"对话框，如图 4-7 所示。选择 Web - HTTP/HTML 协议，输入脚本名称 CRMLogin，选择脚本的保存路径，单击"创建"按钮后，进入 VuGen 首界面。

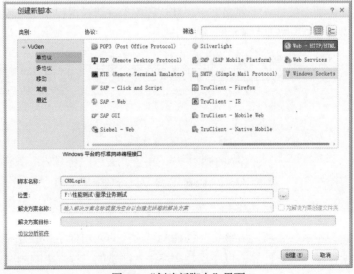

图 4-7 "创建新脚本"界面

(2) 单击 VuGen 工具栏上的"录制"按钮，弹出"开始录制"对话框，如图 4-8 所示。在"录制到操作"中选择 Action，"应用程序类型"选择 Web，"要录制的应用程序"选择应用程序 iexplore.exe，输入 CRM 系统首页的 URL 地址，其他信息默认。

图 4-8　"开始录制"对话框

注意:

- 若默认浏览器不是 IE，则需要手动选择 IE 应用程序 iexplore.exe，此时"应用程序"输入框为 IE 应用程序的绝对路径。

- "录制到操作"，意味着录制生成的脚本所存放的操作名称。在默认情况下，该属性有 vuser_init、Action 和 vuser_end 三个可选项，vuser_init 存放测试初始化的脚本；Action 存放并发业务操作的脚本；vuser_end 存放测试结束的脚本。其中，Action 可以划分成多个操作文件。当脚本多次迭代运行时，Action 中的脚本可以根据迭代次数重复运行多次，而 vuser_init 和 vuser_end 中的脚本不受迭代次数的影响，只能运行一次。在本次测试中，将登录业务脚本放到 Action 中，vuser_init 和 vuser_end 为空。

(3) 单击"开始录制"对话框的"录制选项"，进入"录制选项"对话框。打开"常规"下的"录制"选项卡，进入录制模式选择界面。LoadRunner 包含两种录制模式：基于 HTML 的脚本和基于 URL 的脚本，如图 4-9 所示，下面对两种脚本录制模式进行简要介绍。

图4-9 "录制选项"窗口

● 基于 HTML 的脚本

基于 HTML 的脚本是对每个页面录制形成一条函数语句。在该模式下，访问一个页面，首先 LoadRunner 会与服务器建立连接并获取页面的内容，然后分析出页面中所包含的各种元素，再建立多个连接分别获取相应的元素。在录制会话期间，使用该模式不会录制所有资源，而是在回放期间下载这些资源。使用该模式录制生成的脚本更容易理解和维护，也更便于使用关联技术。建议对带有小程序和 VB 脚本的浏览器应用程序使用此选项。

单击"HTML 高级按钮"可以进入该录制模式的高级设置对话框，如图 4-10 所示。在高级设置中，可对脚本类型和非 HTML 元素的处理方式进行设置。

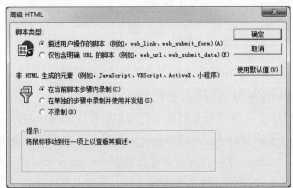

图4-10 HTML 录制模式高级设置界面

① 脚本类型

描述用户操作的脚本(例如，web_link、web_submit_form)：生成与用户操作直接对应的函数，主要包括创建 URL (web_url)、链接(web_link)、图像(web_image) 和表单提交 (web_submit_form) 等函数。该方式包含了对对象的检查过程，例如，若用户单击某个链接对象，采用该模式会首先对对象进行识别，识别为链接对象之后才创建 web_link 请求函数。

　　仅包含明确 URL 的脚本(例如 web_url、web_submit_data)：将所有的 URL、链接和图像都用 web_url 函数统一处理，在表单提交时用 web_submit_data 函数处理。该模式录制的脚本没有前一种方式那么直观，更适用于网页中含有大量链接且链接文本都相同的情况。如果使用第一个选项录制站点，它将录制链接的序号；如果使用第二个选项录制，则每个链接都根据其 URL 列出，这样就更容易对该步骤进行参数化和关联处理。在实际项目中，为了方便对脚本进行关联和参数化操作，针对网页中含有大量链接且链接文本都相同的情况，优先选择该选项。

　　② 非 HTML 生成的元素处理方式

　　许多网页都包含非 HTML 元素，如 VBScript、XML、ActiveX 元素或 JavaScript 等，这些元素往往含有自己的资源。例如，Web 页面调用一个 JavaScript 文件可能要涉及下载图片、文件等资源。对于非 HTML 生成元素的处理，VuGen 提供了以下三个选项。

　　在当前脚本步骤内录制：该方法将非 HTML 生成的元素以参数的形式记录在当前函数中，非 HTML 生成的元素通过 EXTRARES 标志分隔。如图 4-11 所示，将 CSS、PNG 格式的非 HTML 元素放在 EXTRARES 标签下。该选项为默认选项。

```
web_url("index.php",
    "URL=http://127.0.0.1/crm/index.php?m=user&a=login",
    "TargetFrame=",
    "Resource=0",
    "RecContentType=text/html",
    "Referer=",
    "Snapshot=t1.inf",
    "Mode=HTML",
    EXTRARES,
    "Url=Public/js/skin/WdatePicker.css", "Referer=http://127.0.0.1/crm/index.php?m=user&a=login", ENDITEM,
    "Url=Public/css/images/ui-bg_glass_75_ffffff_1x400.png", "Referer=http://127.0.0.1/crm/index.php?m=user&a=login", ENDITEM,
    "Url=Public/css/images/ui-icons_222222_256x240.png", "Referer=http://127.0.0.1/crm/index.php?m=user&a=login", ENDITEM,
    "Url=Public/css/images/ui-icons_888888_256x240.png", "Referer=http://127.0.0.1/crm/index.php?m=user&a=login", ENDITEM,
    LAST);
```

图 4-11　"在当前脚本步骤内录制"选项录制生成的脚本

　　在单独的步骤中录制并使用并发组：该方法为每个非 HTML 生成的元素单独创建新函数，并将对应函数放在一个并发组中，并发组使用函数 web_concurrent_start 和 web_concurrent_end 标识。图 4-11 所录制的业务流程采用该选项录制的脚本如下。

```
web_url("index.php",
    "URL=http://127.0.0.1/crm/index.php?&m=user&a=login",
    "TargetFrame=",
    "Resource=0",
    "RecContentType=text/html",
    "Referer=",
    "Snapshot=t40.inf",
    "Mode=HTML",
    LAST);
web_concurrent_start(NULL);
```

```
web_url("WdatePicker.css",
    "URL=http://127.0.0.1/crm/Public/js/skin/WdatePicker.css",
    "TargetFrame=",
    "Resource=1",
    "RecContentType=text/css",
    "Referer=http://127.0.0.1/crm/index.php?&m=user&a=login",
    "Snapshot=t41.inf",
    LAST);
web_url("ui-bg_glass_75_ffffff_1x400.png",
    "URL=http:// 127.0.0.1/crm/Public/css/images/ui-bg_glass_75_ffffff_1x400.png",
    "TargetFrame=",
    "Resource=1",
    "RecContentType=image/png",
    "Referer=http:// 127.0.0.1/crm/index.php?&m=user&a=login",
    "Snapshot=t42.inf",
    LAST);
web_url("ui-icons_222222_256x240.png",
    "URL=http:// 127.0.0.1/crm/Public/css/images/ui-icons_222222_256x240.png",
    "TargetFrame=",
    "Resource=1",
    "RecContentType=image/png",
    "Referer=http://127.0.0.1/crm/index.php?&m=user&a=login",
    "Snapshot=t43.inf",
    LAST);
web_url("ui-icons_888888_256x240.png",
    "URL=http:// 127.0.0.1/crm/Public/css/images/ui-icons_888888_256x240.png",
    "TargetFrame=",
    "Resource=1",
    "RecContentType=image/png",
    "Referer=http://127.0.0.1/crm/index.php?&m=user&a=login",
    "Snapshot=t44.inf",
    LAST);
web_concurrent_end(NULL);
```

不录制：不录制任何非 HTML 生成的元素。

- 基于 URL 的脚本

基于 URL 的脚本录制模式是录制来自服务器的所有请求和要下载的资源，并将每个请求或资源录制并生成为一条 web_url 函数调用语句，表单提交操作使用 web_submit_data 函数进行处理。在该模式中，也使用并发组函数 web_concurrent_start

和 web_concurrent_end 模拟该模式的工作方式。

　　相比基于 HTML 的脚本录制模式，基于 URL 的脚本录制模式生成的函数语句数量要多很多，脚本不够直观，可读性较差。在本案例中，选中"基于 HTML 的脚本"高级选项中的"仅包含明确 URL 的脚本"。

　　(4) 打开"HTTP 属性"下的"高级"选项卡，选中"支持字符集"下的 UTF-8 编码方式，如图 4-12 所示。此设置的目的是为了更好地识别 CRM 系统中的中文字符，否则，录制的脚本中可能会出现乱码。

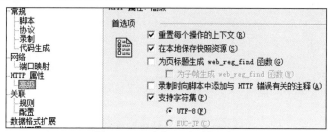

图 4-12　"高级"选项卡设置

　　(5) 打开"关联"下的"配置"选项卡，可以设置关联扫描的方式以及自动关联所用的函数，如图 4-13 所示。测试人员可以选择 web_reg_save_param_ex 或 web_reg_save_param_regexp 作为关联的 API 函数，这两个函数的主要区别是 web_reg_save_param_ex 函数中的左右边界是用静态的字符串标识的，通过左右边界查找要关联的内容，而 web_reg_save_param_regexp 函数是用正则表达式(动态的字符)来匹配要关联的内容。在本案例中，使用 web_reg_save_param_ex 函数来实现关联操作。

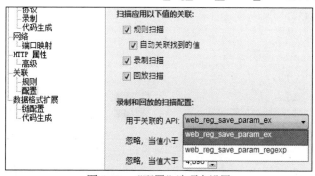

图 4-13　"配置"选项卡设置

　　(6) 打开"常规"下的"代码生成"选项卡，将"异步扫描"取消，这是因为本案例不存在异步请求/响应的通信过程，若不取消会生成很多多余的代码，影响代码的可读性。

(7) "录制选项"对话框设置完毕后，单击"确定"按钮，返回到"开始录制"对话框，然后单击"开始录制"按钮，弹出 CRM 系统首页面，如图 4-14 所示，开始脚本的录制工作。

图 4-14　CRM 系统登录界面

(8) 在图 4-14 中，输入用户名 tester1，密码 111111，然后插入集合点"登录集合"，插入开始事务"登录"，单击"登录"按钮，进入 CRM 系统主界面后，插入结束事务"登录"。　CRM 系统主界面如图 4-15 所示。

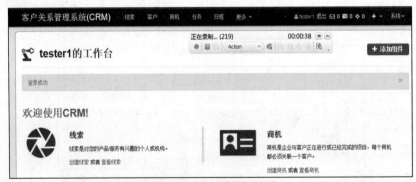

图 4-15　CRM 系统主界面

(9) 在 CRM 系统主界面上，插入开始事务"退出"，单击"退出"按钮，返回到登录界面，插入结束事务"退出"，结束脚本录制。VuGen 会生成录制脚本，代码界面如图 4-16 所示，后续还需要对登录业务脚本进行完善。

为实现客户机对远程服务器的访问，需要将本地环回地址 127.0.0.1 替换为 CRM 系统服务器实际使用的 IP 地址。在本案例中，服务器的 IP 地址为 192.168.0.120。

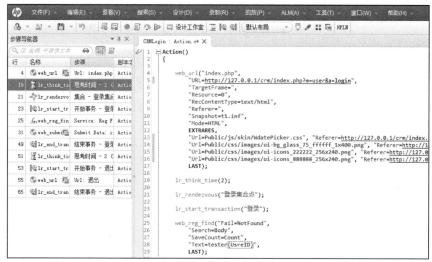

图 4-16　脚本显示界面

2. 登录业务的脚本完善

本小节主要介绍登录业务脚本的完善过程，涉及检查点、参数化等多种技术的使用，具体过程如下。

1) 关联技术

脚本生成后，HP LoadRunner 会自动扫描脚本中可能存在关联的地方，并将结果显示在"设计工作室"对话框中。由于登录业务脚本中不存在需要关联的地方，因此，"设计工作室"的关联可选项为空。

注意：

HP LoadRunner 自动扫描出来的关联项不一定就需要设置关联，也可能是误报，需要测试人员进一步分析脚本来确定是否需要关联。同时，自动关联扫描功能也不是万能的，还有可能漏报，即需要关联的地方并未扫描出来，需要测试人员手工设置关联。

2) 设置文本检查点

为验证用户是否成功登录到 CRM 系统主界面，需要在脚本中设置文本检查点，检查 CRM 系统主界面上是否存在已登录的用户名。如果主界面上能够找到字符串 tester1，就可以确定用户已经登录成功；否则，说明用户登录失败。如图 4-17 所示。

图 4-17　CRM 系统主界面中的用户名

HP LoadRunner 中提供了两个文本检查点函数：web_reg_find 和 web_find，其中

web_find 函数由于限制比较多，执行效率差，目前很少使用，通常使用的是 web_reg_find 函数。web_reg_find 属于注册函数，用于对服务器返回的缓冲区进行扫描以检测目标数据是否存在。根据检测需要，必须在页面请求函数之前添加此函数。具体做法是：将鼠标焦点置于登录请求函数前，通过步骤工具箱找到 web_reg_find，左键双击该函数进入参数设置界面，如图 4-18 所示。设置"搜索特定文本"为 tester1，"搜索范围"是正文，设置"保存计数"为 Count，用于记录页面中查找到 tester1 的次数，假如未找到 tester1，则脚本回放失败。

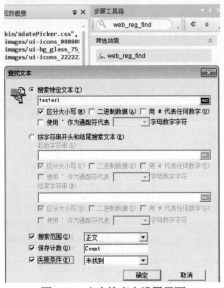

图 4-18　文本检查点设置界面

单击图 4-18 的"确定"按钮，完成文本检查点的设置，系统生成代码如下。

```
web_reg_find("Fail=NotFound",
    "Search=Body",
    "SaveCount=Count",
    "Text=tester1",
    LAST);
```

设置检查点后，可先运行一次脚本，验证文本检查点是否生效。如果验证成功，会在回放日志中显示下面的信息。

Action.c(28): 注册的 web_reg_find 对于"Text=tester1"成功(计数=2)

上述信息表明，在服务器返回的 CRM 系统主界面信息中找到 2 次 tester1 文本，证明用户已经登录成功并进入 CRM 系统的主界面。

3) 参数化用户名

根据测试用例的要求，登录脚本需要实现 200 个不同用户的登录操作，可以借助参数化技术完善相关脚本。所谓的参数化技术，就是针对脚本中的特定数据，使用参数变量来表示。参数取值的数据源可以是文本文件或数据库。当脚本运行时，根据参数赋值规则从数据源中读取数据并传递给参数变量，使得脚本每次迭代可以选择不同的参数数值。

本次实验中，登录业务脚本所需的 200 个用户账号的用户名分别是 tester1~tester200，密码皆为 111111。测试数据的准备有多种方式，本书在 4.7.1 节会详细介绍，当前直接使用即可。根据用户名的特点，测试人员仅需要对用户名中的数字进行参数化，具体操作步骤如下。

(1) 选中 tester1 最后的数字 1，右击，在弹出的菜单中选择"使用参数替换"下的"新建参数"，如图 4-19 所示，弹出"选择或创建参数"对话框。

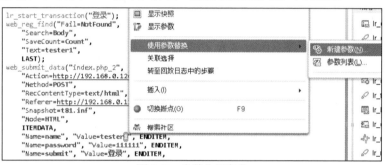

图 4-19　参数化用户名

(2) 在"选择或创建参数"对话框中，参数名称输入 UserID，其他默认，单击"确定"按钮，如图 4-20 所示。

图 4-20　创建用户名参数变量

(3) 单击"确定"按钮后，弹出提示"是否要用参数替换更多该字符串的出现位置？"，如图 4-21 所示。这里选择"否"，脚本中的 tester1 会变为 tester{UserID}；如果选择"是"，会将脚本中出现的所有 1 都变成{UserID}，这很明显不符合实际需求。

(4) 将检查点函数 web_reg_find 代码中的 tester1 手动改为 tester{UserID}。

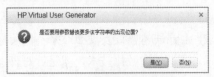

图 4-21　参数替换确认对话框

4) 设置用户名参数化策略

为 UserID 添加可选的参数值，设置参数的运行策略。具体步骤如下：

(1) 选中{UserID}，右击，在弹出的菜单中选中"参数属性"，弹出"参数属性"对话框。

(2) 单击"用记事本编辑"，采用记事本的形式添加数据源，将数字 1~200 复制到 UserID 所在列下面，将记事本保存并关闭，200 条数据就会显示在"参数属性"对话框中。有几点操作提示和注意事项如下：

- 可以借助 Excel 软件快速生成 200 个连续数字。
- 记事本的最后一行必须为空行，除最后一行之外其他行不能为空。
- 参数列表中默认最多能显示 100 行参数值，可以通过修改 vugen.ini 文件中的 MaxVisibleLines 属性值来修改可显示的最大值。vugen.ini 文件所在目录为 HP\LoadRunner\config。

(3) "选择下一行"下拉列表中选择 Random，"更新值的时间"下拉列表中选择 Each iteration，使每次迭代发生时 Vuser 的值从参数列表中随机选择。

(4) "参数属性"对话框的其他项使用默认值，如图 4-22 所示，单击"关闭"按钮，完成参数属性。

图 4-22　"参数属性"对话框设置

5) 设置思考时间

为了更加真实地模拟用户的实际操作，可在脚本中设置思考时间。思考时间的函数为 lr_think_time(X)，当脚本执行到思考时间函数时会等待 X 秒。我们通过"运行时设置"中的"思考时间"选项卡来设置思考时间的运行策略，如图 4-23 所示。选择"重播思考时间"下的"按录制时记录的时间"，即脚本中设置的思考时间是多少，回放运行时就停止等待多长时间。本次实验在登录操作和退出操作脚本之前各插入思考时间 2 秒，以模拟真实用户进行登录和退出操作时的场景。

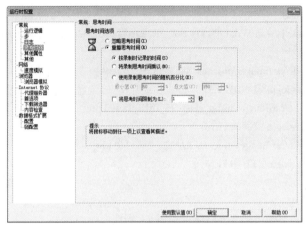

图 4-23　思考时间设置

6) 添加注释信息

为脚本添加必要的注释，增强脚本的可维护性、可读性和重用性。在登录业务脚本中，可对脚本的概要情况、集合点和关键业务点做注释，注释规则与 C 语言相同。在 HP LoadRunner 中，快速注释的方法是：选中要注释的内容，右击，选中"注释或取消注释"即可。

最后，根据测试需要，调整代码的结构，去掉无用的代码。

经过上述多步的脚本完善工作，生成的代码如下。

```
//脚本业务：CRM 系统的登录业务
//业务流程：用户登录——退出
//脚本说明：
//  (1)登录前添加集合点
//  (2)定义了登录和退出事务
//  (3)对 CRM 系统主界面启用了文本检查点
//  (4)对用户名进行了参数化
//作者：XX
//日期：2019.4.11
//打开 CRM 首页
Action()
{     web_url("index.php",
```

```
    "URL=http://192.168.0.120/crm/index.php?m=user&a=login",
    "Resource=0",
    "RecContentType=text/html",
    "Referer=",
    "Snapshot=t80.inf",
    "Mode=HTML",
    EXTRARES,
    "Url=Public/js/skin/WdatePicker.css", "Referer=http://192.168.0.120/crm/index.php?m=user&a
=login", ENDITEM,
    "Url=Public/css/images/ui-icons_888888_256x240.png", "Referer=http://192.168.0.120/crm/
index.php?m=user&a=login", ENDITEM,
    "Url=Public/css/images/ui-bg_glass_75_ffffff_1x400.png", "Referer=http://192.168.0.120/crm/
index.php?m=user&a=login", ENDITEM,
    "Url=Public/css/images/ui-icons_222222_256x240.png", "Referer=http://192.168.0.120/crm/
index.php?m=user&a=login", ENDITEM,
    LAST);
lr_think_time(2);
lr_rendezvous("登录集合");//提交登录前插入集合点
lr_start_transaction("登录");
//检查CRM系统主页面是否存在已登录用户的用户名
web_reg_find("Fail=NotFound",
    "Search=Body",
    "SaveCount=Count",
    "Text=tester{UserID}",
    LAST);
//提交登录请求，对用户名进行参数化
web_submit_data("index.php_2",
    "Action=http://192.168.0.120/crm/index.php?m=user&a=login",
    "Method=POST",
    "RecContentType=text/html",
    "Referer=http://192.168.0.120/crm/index.php?m=user&a=login",
    "Snapshot=t81.inf",
    "Mode=HTML",
    ITEMDATA,
    "Name=name", "Value=tester{UserID}", ENDITEM,
    "Name=password", "Value=111111", ENDITEM,
    "Name=submit", "Value=登录", ENDITEM,
    EXTRARES,
    "Url=Public/css/font/fontawesome-webfont.eot", "Referer=http://192.168.0.120/crm/index.
php?m=index&a=index", ENDITEM,
```

```
        "Url=index.php?m=message&a=tips", "Referer=http://192.168.0.120/crm/index.php?m=index&a
=index", ENDITEM,
        "Url=Public/img/btp_out.png", "Referer=http://192.168.0.120/crm/index.php?m=index&a=
index", ENDITEM,
        LAST);

    lr_end_transaction("登录",LR_AUTO);
    lr_think_time(2);
    lr_start_transaction("退出");
//退出 CRM 系统，返回登录界面
    web_url("index.php_77",
        "URL=http://192.168.0.120/crm/index.php?m=user&a=logout",
        "Resource=0",
        "RecContentType=text/html",
        "Referer=http://192.168.0.120/crm/index.php?m=index&a=index",
        "Snapshot=t78.inf",
        "Mode=HTML",
        LAST);
    lr_end_transaction("退出",LR_AUTO);
    return 0;
}
```

3. 登录业务的脚本回放

脚本回放用于检查脚本代码是否符合预期的设计要求并能成功执行，回放过程比较简单，下面讲解登录业务测试脚本的回放验证过程。

1) 脚本迭代运行次数设置

为验证参数化功能，计划让脚本迭代执行两次，以检验 UserID 的取值是否正确。选择"运行时设置"|"常规"|"运行逻辑"命令，将迭代数设置为 2，如图 4-24 所示。

图 4-24　CRMLogin 脚本回放的迭代数设置

2) 脚本回放日志设置

设置迭代数后，打开"运行时设置"下的"日志"选项卡，将"扩展日志"下的"参数替换"选中，如图 4-25 所示。通过该设置，可以将每次迭代运行过程中参数的具体取值在回放日志中显示，方便测试人员查看参数的选取是否符合预期。

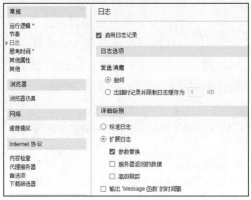

图 4-25　CRMLogin 脚本的日志设置

3) 脚本回放其他设置

打开"运行时设置"下的"其他"选项卡，选中"将每个操作定义为一个事务"。这样，HP LoadRunner 会将 vuser_init、Action、vuser_end 分别作为一个事务，方便测试人员在后续脚本执行中计算整个脚本的运行时间。

上述内容设置完成后，就可以运行脚本了。单击"运行"按钮或直接按 F5 快捷键，执行当前脚本。执行完成后，HP LoadRunner 会自动生成"CRMLogin 回放摘要"文件，如图 4-26 所示。单击"CRMLogin 回放摘要"选项卡中的"回放日志"按钮，可以查看两次迭代运行的详细日志。

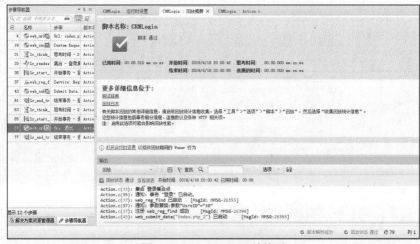

图 4-26　CRMLogin 回放摘要

单击"CRMLogin 回放摘要"选项卡中的"测试结果"按钮，可以打开测试结果文件，如图 4-27 所示。从测试结果中，可以看到 UserID 是按照预期的设计进行参数读取的，文本检查点验证通过，整个业务测试通过。

图 4-27　CRMLogin 脚本回放成功的结果页面

如果在这个过程中有错误，比如文本检查点不通过，参数选取与预期不符，或者请求函数执行失败，则需要对错误进行检查并修改，确保脚本是正确无误的。这里需要注意，在 HP LoadRunner 中，测试结果页面没报错不代表脚本按照预期进行，有些错误需要测试人员仔细分析回放日志才能发现，例如参数选取与预期不符的错误。因此，测试人员在验证脚本回放是否成功时要养成看系统日志的习惯。

经过脚本的录制、完善和回放调试，登录业务脚本已经基本完成了设计，在该脚本中，用到集合点技术、事务技术、参数化技术、检查点技术，还增加了思考时间和必要的注释信息。接下来，根据混合业务的测试用例，继续开发其余业务的脚本。

4.5.2　线索创建业务脚本开发

线索创建业务的流程为：用户登录 CRM 系统→打开"线索"页面→单击"新建线索"→输入线索信息→提交线索→退出 CRM 系统。该业务的运行以合法用户成功登录系统为前提，可以直接使用登录业务中已经创建的 tester1 用户。后续的客户创建业务、商机创建业务、日程创建业务和任务创建业务脚本的录制都使用该用户名，不再一一说明。

依据混合业务测试用例对线索创建的要求，开发线索创建业务脚本时，需要为登录、打开线索页面、新建线索、提交线索和退出操作分别建立事务，以便统计这些操作所花费的时间。同时，添加文本检查点，检查登录后返回的页面信息是否正确；另外，还需要对登录的用户信息进行参数化，考虑思考时间、注释、关联等内容。

根据脚本开发的流程，测试人员需要依次进行线索创建业务的脚本录制、脚本完善和脚本回放调试工作。

1. 线索创建业务的脚本录制

本小节简要介绍线索创建业务脚本的录制过程，具体过程如下。

① 线索创建业务脚本的创建和相关录制设置。线索创建业务的脚本名称为CRMCreateClue，录制相关设置可参考登录业务脚本，这里不再赘述。

② 录制线索创建业务，并添加相关事务。具体操作如下：

(1) 在 CRM 系统的登录页面，输入用户名 tester1，密码 111111，插入开始事务"线索_登录"，单击"登录"按钮，进入 CRM 系统主界面后，插入结束事务"线索_登录"。

(2) 在 CRM 系统主界面上，插入开始事务"打开线索"，单击"线索"按钮，进入线索管理页面，如图 4-28 所示，插入结束事务"打开线索"。

(3) 在线索管理页面，插入开始事务"创建线索"，单击"创建线索"按钮，进入线索创建页面，插入结束事务"创建线索"。

图 4-28　线索管理页面

(4) 在线索创建页面，输入要创建线索的相关信息，如图 4-29 所示，插入开始事务"提交线索"，单击"保存"按钮，回到 CRM 系统主界面，插入结束事务"提交线索"。

图 4-29　线索创建页面

注意：

线索的联系人名称、手机号码和邮箱不能为空，且手机号码和邮箱必须符合规定的格式。

(5) 在 CRM 系统主界面，插入开始事务"线索_退出"，单击"退出"按钮，返回到系统的登录页面，插入结束事务"线索_退出"，结束脚本录制，HP LoadRunner 会自动生成脚本。

2. 线索创建业务的脚本完善

本小节主要介绍线索创建业务脚本的完善过程，涉及关联、检查点、参数化等多种技术的使用，具体过程如下。

1) 使用关联技术

线索创建业务脚本生成后，HP LoadRunner 会自动扫描脚本中可能存在的关联，并将结果显示在"设计工作室"对话框中，如图 4-30 所示，扫描到一处关联项。

图 4-30　CRMCreateClue 的"设计工作室"对话框

4.5.1 节中曾经提到，扫描出来的关联项不一定需要设置关联，还需要测试人员查看关联项的详细信息，进一步分析和确认该项是否需要关联。选中该关联项，展开"设计工作室"对话框中的"详细信息"，如图 4-31 所示，结合"原始快照步骤""在脚本中出现的次数"以及线索创建的业务流程，确认该项是否需要关联。

图 4-31　CRMCreateClue 关联项的详细信息

系统自动关联的代码如下：

```
"Name=creator_role_id", "Value=137eb02d04d14ed45eb4deba50ad411b", ENDITEM,
 "Name=submit", "Value=保存", ENDITEM,
 "Name=owner_role_id", "Value=137eb02d04d14ed45eb4deba50ad411b ", ENDITEM,
```

经分析，creator_role_id 是线索创建者的 role_id，owner_role_id 是线索拥有者的 role_id，它们应该与登录用户保持一致，需要将 creator_role_id 和 owner_role_id 与登录的用户 id 相关联。否则，无论是什么用户登录，线索创建者和拥有者都会默认使用脚本录制时所选用的 tester1 用户。设置关联后，HP LoadRunner 会在"web_url ("线索",……, LAST)"代码前自动生成关联函数 web_reg_save_param_ex，也就意味着将在线索请求返回的信息中检索需要关联的内容。

在本案例中，经过多次尝试，发现打开线索页面请求"web_url("线索",…, LAST)"返回的内容中有时不包含 role_id 数据，这会影响关联函数取值，导致脚本运行出错，因此，将关联函数插入在该函数之前并不是最佳选择。进一步分析可知，新建线索请求返回的信息中也包含 role_id 信息，内容检索准确，可将关联函数插入在新建线索请求函数之前。具体做法如下：

首先，将代码"web_url("线索",…, LAST)"注释掉，再次回放一遍脚本，使 LoadRunner 从新建线索请求函数返回的数据中检索 role_id 信息。

提示：

注释掉该代码不会影响脚本的回放。

然后，在"设计工作室"中自动扫描出关联，设置关联，HP LoadRunner 就会自动在新建线索请求函数之前插入关联函数。具体代码如下：

```
//新建线索请求
/* Correlation comment - Do not change!  Original value='137eb02d04d14ed45eb4deba50ad411b '
Name ='CorrelationParameter' */
    web_reg_save_param_ex(
      "ParamName=CorrelationParameter",
      "LB=name=\"creator_role_id\" value=\"",
      "RB=\"/>",
      SEARCH_FILTERS,
      "Scope=Body",
      "RequestUrl=*/index.php*",
      LAST);
```

web_reg_save_param_ex 属于注册函数，它注册一个请求，以在检索到的网页中查找并保存一个文本字符串。与 web_reg_find 一样，它也应该插入到要检索的页面请求函数之前。这个函数有多个参数，ParamName 是指保存文本字符串的关联变量名，LB 是指要查找的字符串的左边界，RB 是指要查找的字符串的右边界，Scope 是指查找的范围。web_reg_save_param_ex 函数的其他参数，可参考 HP LoadRunner 的帮助文件，文件中有详细的介绍和实例，请读者自行查阅。

这里有以下两点需要注意：

- HP LoadRunner 默认是按照代码书写顺序，自上而下查找可能的关联项，并生成关联函数代码。由于我们已经先行将出现在前面的 "web_url("线索",…, LAST)" 代码注释掉，系统依次往下查找到新建线索请求函数作为新的关联项。
- 关联函数只能从服务器返回的信息中查找要关联的内容，而不能从请求信息中查找。
- 如果在左右边界中包含特殊字符，则需要在这些字符前添加转义符\。

2) 设置文本检查点

为验证用户是否成功登录到 CRM 系统主界面，在提交登录请求之前插入检查点函数 web_reg_find，检查 CRM 系统主界面上是否存在文本字符串 tester1。创建的检查点函数如下：

```
web_reg_find("Fail=NotFound",
    "Search=Body",
    "SaveCount=Count",
    "Text=tester1",
    LAST);
```

设置好检查点后，可先运行一次脚本，验证文本检查点是否生效，运行完成后会在回放日志中显示下面的信息。

Action.c(21): 注册的 web_reg_find 对于"Text=tester1"成功(计数=2)

上述信息表明，在服务器返回的 CRM 系统主界面信息中找到两次 tester1 文本，用户已经登录成功并进入 CRM 系统的主界面。

3) 参数化用户名

为让脚本能够实现 200 个不同用户的登录，需要使用参数化技术。参数化的详细步骤已在 4.5.1 节的 "登录业务脚本完善" 中作了具体描述，请读者自行查阅。参数化之后的相关代码如下：

```
web_reg_find("Fail=NotFound",
    "Search=Body",
```

```
    "SaveCount=Count",
    "Text=tester{UserID}",
    LAST);
web_submit_data("index.php_2",
    "Action=http://192.168.0.120/crm/index.php?m=user&a=login",
    "Method=POST",
    "RecContentType=text/html",
    "Referer=http://192.168.0.120/crm/index.php?m=user&a=login",
    "Snapshot=t237.inf",
    "Mode=HTML",
    ITEMDATA,
    "Name=name", "Value=tester{UserID}", ENDITEM,
    "Name=password", "Value=111111", ENDITEM,
    "Name=submit", "Value=登录", ENDITEM,
    EXTRARES,
        "Url=Public/css/font/fontawesome-webfont.eot", "Referer=http://192.168.0.120/crm/index.
php?m=index&a=index", ENDITEM,
        "Url=Public/img/btp_out.png", "Referer=http://192.168.0.120/crm/index.php?m=index&a=
index", ENDITEM,
        "Url=index.php?m=message&a=tips", "Referer=http://192.168.0.120/crm/index.php?m=index&a
=index", ENDITEM,
        LAST);


//提交线索请求
web_submit_data("index.php_7",
    "Action=http://192.168.0.120/crm/index.php?m=leads&a=add",
    "Method=POST",
    "RecContentType=text/html",
    "Referer=http://192.168.0.120/crm/index.php?m=leads&a=add",
    "Snapshot=t243.inf",
    "Mode=HTML",
    ITEMDATA,
    "Name=creator_role_id", "Value={CorrelationParameter}", ENDITEM,
    "Name=submit", "Value=保存", ENDITEM,
    "Name=owner_role_id", "Value={CorrelationParameter}", ENDITEM,
    "Name=owner_name", "Value=tester{UserID}", ENDITEM,
    "Name=name", "Value=公司 1", ENDITEM,
    "Name=contacts_name", "Value=Cus1", ENDITEM,
    "Name=position", "Value=负责人", ENDITEM,
```

```
"Name=saltname", "Value=先生", ENDITEM,
"Name=mobile", "Value=13581570155", ENDITEM,
"Name=email", "Value=323424332@qq.com", ENDITEM,
"Name=address['state']", "Value=江西省", ENDITEM,
"Name=address['city']", "Value=南昌市", ENDITEM,
"Name=address['street']", "Value=", ENDITEM,
"Name=nextstep_time", "Value=", ENDITEM,
"Name=nextstep", "Value=", ENDITEM,
"Name=description", "Value=", ENDITEM,
LAST);
```

4) 设置思考时间

为了更加真实地模拟用户的实际操作，应该在脚本中设置思考时间。在登录、打开线索、新建线索、提交线索和退出操作脚本之前各插入思考时间 2 秒，再通过"运行时设置"中的"思考时间"选项卡来设置思考时间的运行策略，选择"重播思考时间"下的"按录制时记录的时间"。具体参考登录业务脚本开发的相关章节。

5) 添加注释信息

为脚本添加必要的注释信息，增加脚本的可读性、重用性和可维护性。在线索创建业务脚本中，应对脚本的概要情况和关键业务点做注释，脚本注释规则与 C 语言注释规则相同。

最后，测试人员可以根据测试需要调整代码的结构，去掉无用的代码。

经过上述多步的脚本完善工作，生成的代码如下：

```
//脚本业务：CRM 系统的线索创建业务
//业务流程：用户登录——打开线索——新建线索——提交线索——退出
//脚本说明：
//  (1)定义了登录、打开线索、新建线索、提交线索和退出事务
//  (2)对 CRM 系统主界面启用了文本检查点
//  (3)对用户名进行了参数化
//作者：XX
//日期：2019.7.11
//打开 CRM 首页
Action()
{
  web_url("index.php",
    "URL=http://192.168.0.120/crm/index.php?m=user&a=login",
    "Resource=0",
    "RecContentType=text/html",
```

```
        "Referer=",
        "Snapshot=t236.inf",
        "Mode=HTML",
        EXTRARES,
        "Url=Public/css/images/ui-icons_222222_256x240.png", "Referer=http://192.168.0.120/crm/index
.php?m=user&a=login", ENDITEM,
        "Url=Public/css/images/ui-icons_888888_256x240.png", "Referer=http://192.168.0.120/crm/index
.php?m=user&a=login", ENDITEM,
        LAST);
    lr_think_time(2);
    lr_start_transaction("线索_登录");
    //检查 CRM 系统主页面是否存在已登录用户的用户名
    web_reg_find("Fail=NotFound",
        "Search=Body",
        "SaveCount=Count",
        "Text=tester{UserID}",
        LAST);
    //提交登录请求，对用户名进行参数化
    web_submit_data("index.php_2",
        "Action=http://192.168.0.120/crm/index.php?m=user&a=login",
        "Method=POST",
        "RecContentType=text/html",
        "Referer=http://192.168.0.120/crm/index.php?m=user&a=login",
        "Snapshot=t237.inf",
        "Mode=HTML",
        ITEMDATA,
        "Name=name", "Value=tester{UserID}", ENDITEM,
        "Name=password", "Value=111111", ENDITEM,
        "Name=submit", "Value=登录", ENDITEM,
        EXTRARES,
        "Url=Public/css/font/fontawesome-webfont.eot", "Referer=http://192.168.0.120/crm/index.php?m
=index&a=index", ENDITEM,
        "Url=Public/img/btp_out.png", "Referer=http://192.168.0.120/crm/index.php?m=index&a=
index", ENDITEM,
        "Url=index.php?m=message&a=tips", "Referer=http://192.168.0.120/crm/index.php?m=index&a
=index", ENDITEM,
        LAST);

    lr_end_transaction("线索_登录",LR_AUTO);
    lr_think_time(2);
```

```
    lr_start_transaction("打开线索");
//打开线索请求
    web_url("线索",
        "URL=http://192.168.0.120/crm/index.php?m=leads",
        "TargetFrame=",
        "Resource=0",
        "RecContentType=text/html",
        "Referer=http://192.168.0.120/crm/index.php?m=index&a=index",
        "Snapshot=t40.inf",
        "Mode=HTML",
        LAST);
    web_url("index.php_3",
        "URL=http://192.168.0.120/crm/index.php?m=message&a=tips",
        "Resource=0",
        "RecContentType=application/json",
        "Referer=http://192.168.0.120/crm/index.php?m=leads",
        "Snapshot=t239.inf",
        "Mode=HTML",
        EXTRARES,
        "Url=index.php?m=message&a=tips", "Referer=http://192.168.0.120/crm/index.php?m=leads", E
NDITEM,
        LAST);

    lr_end_transaction("打开线索",LR_AUTO);
    lr_think_time(2);
    lr_start_transaction("新建线索");

//关联函数,对线索创建人和拥有者 ID 进行关联
/* Correlation comment - Do not change!  Original value='311d936fc4b10a8b999dba7dd5a4bb2b'
Name ='CorrelationParameter' */
    web_reg_save_param_ex(
        "ParamName=CorrelationParameter",
        "LB=name=\"creator_role_id\" value=\"",
        "RB=\"/>",
        SEARCH_FILTERS,
        "Scope=Body",
        "RequestUrl=*/index.php*",
        LAST);
//新建线索请求
    web_url("index.php_4",
```

```
        "URL=http://192.168.0.120/crm/index.php?m=leads&a=add",
        "Resource=0",
        "RecContentType=text/html",
        "Referer=http://192.168.0.120/crm/index.php?m=leads",
        "Snapshot=t240.inf",
        "Mode=HTML",
        LAST);

    web_url("index.php_5",
        "URL=http://192.168.0.120/crm/index.php?m=message&a=tips",
        "Resource=0",
        "RecContentType=application/json",
        "Referer=http://192.168.0.120/crm/index.php?m=leads&a=add",
        "Snapshot=t241.inf",
        "Mode=HTML",
        EXTRARES,
        "Url=index.php?m=message&a=tips", "Referer=http://192.168.0.120/crm/index.php?m=leads&a=
add", ENDITEM,
        LAST);
    lr_end_transaction("新建线索",LR_AUTO);
    //验证公司名称的请求
    web_submit_data("index.php_6",
        "Action=http://192.168.0.120/crm/index.php?m=leads&a=check",
        "Method=POST",
        "RecContentType=application/json",
        "Referer=http://192.168.0.120/crm/index.php?m=leads&a=add",
        "Snapshot=t242.inf",
        "Mode=HTML",
        ITEMDATA,
        "Name=name", "Value=公司 1", ENDITEM,
        EXTRARES,
        "Url=Public/css/images/ui-bg_flat_0_aaaaaa_40x100.png", "Referer=http://192.168.0.120/crm/ind
ex.php?m=leads&a=add", ENDITEM,
        "Url=index.php?m=message&a=tips", "Referer=http://192.168.0.120/crm/index.php?m=leads&a=
add", ENDITEM,
        LAST);
    lr_think_time(2);
    lr_start_transaction("提交线索");
    //提交线索请求，对线索信息拥有者 ID 进行关联
    web_submit_data("index.php_7",
```

```
        "Action=http://192.168.0.120/crm/index.php?m=leads&a=add",
        "Method=POST",
        "RecContentType=text/html",
        "Referer=http://192.168.0.120/crm/index.php?m=leads&a=add",
        "Snapshot=t243.inf",
        "Mode=HTML",
        ITEMDATA,
        "Name=creator_role_id", "Value={CorrelationParameter}", ENDITEM,
        "Name=submit", "Value=保存", ENDITEM,
        "Name=owner_role_id", "Value={CorrelationParameter}", ENDITEM,
        "Name=owner_name", "Value=tester{UserID}", ENDITEM,
        "Name=name", "Value=公司 1", ENDITEM,
        "Name=contacts_name", "Value=Cus1", ENDITEM,
        "Name=position", "Value=负责人", ENDITEM,
        "Name=saltname", "Value=先生", ENDITEM,
        "Name=mobile", "Value=13581570155", ENDITEM,
        "Name=email", "Value=323424332@qq.com", ENDITEM,
        "Name=address['state']", "Value=江西省", ENDITEM,
        "Name=address['city']", "Value=南昌市", ENDITEM,
        "Name=address['street']", "Value=", ENDITEM,
        "Name=nextstep_time", "Value=", ENDITEM,
        "Name=nextstep", "Value=", ENDITEM,
        "Name=description", "Value=", ENDITEM,
        LAST);

    web_url("index.php_8",
        "URL=http://192.168.0.120/crm/index.php?m=message&a=tips",
        "Resource=0",
        "RecContentType=application/json",
        "Referer=http://192.168.0.120/crm/index.php?m=leads&a=index",
        "Snapshot=t244.inf",
        "Mode=HTML",
        EXTRARES,
        "Url=index.php?m=message&a=tips", "Referer=http://192.168.0.120/crm/index.php?m=leads&a=
index", ENDITEM,
        LAST);

    lr_end_transaction("提交线索",LR_AUTO);
    lr_think_time(2);
    lr_start_transaction("线索_退出");
```

```
//退出 CRM 系统请求
web_url("index.php_9",
    "URL=http://192.168.0.120/crm/index.php?m=user&a=logout",
    "Resource=0",
    "RecContentType=text/html",
    "Referer=http://192.168.0.120/crm/index.php?m=leads&a=index",
    "Snapshot=t245.inf",
    "Mode=HTML",
    LAST);
lr_end_transaction("线索_退出",LR_AUTO);
return 0;
}
    return 0;
}
```

3. 线索创建业务的脚本回放

在本案例中，设置迭代运行次数为2，将"日志"选项卡中的"参数替换"选中，单击"运行"按钮或直接按F5快捷键，执行当前脚本。

执行完成后，HP LoadRunner 自动生成"CRMCreateClue 回放摘要"文件，如图4-32 所示。通过单击"CRMCreateClue 回放摘要"文件中的"回放日志"按钮，可以查看两次迭代运行的详细日志。

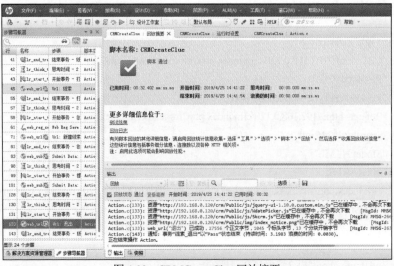

图 4-32　CRMCreateClue 回放摘要

单击"CRMCreateClue 回放摘要"文件中的"测试结果"按钮，打开测试结果文件，如图 4-33 所示。从测试结果可以看出，UserID 是按照预期的设计进行选取的，文本检查点通过，最终整个业务也通过了。通过分析回放日志，未发现其他问题。

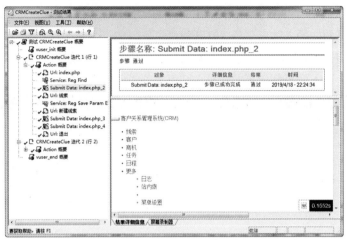

图 4-33　CRMCreateClue 脚本回放成功的结果页面

4.5.3　商机创建业务脚本开发

根据混合业务测试用例中对商机创建业务的要求，要想成功创建商机，登录用户至少拥有 1 位客户。因此，需要为每个登录用户增加 1 位客户，客户数据的准备参见4.7.1 节。

商机创建业务的流程是：用户登录 CRM 系统→打开"商机"页面→单击"新建商机"→输入商机信息并提交商机信息→退出 CRM 系统。登录系统的用户名为 tester1，密码为 111111。

在商机创建业务脚本中，需要对登录、打开商机页面、新建商机、提交商机和退出操作分别建立事务，用来统计这些操作所耗费的时间。添加文本检查点，检查登录后返回的页面信息是否正确。另外，需要对登录的用户信息进行参数化，还要考虑思考时间、注释、关联等内容。

根据脚本开发的流程，接下来，测试人员应该依次进行客户创建业务的脚本录制、脚本完善和脚本回放调试工作。

1. 商机创建业务的脚本录制

本小节简要介绍商机创建业务脚本的录制过程，具体过程如下：

① 商机创建业务脚本的创建操作和录制设置与登录业务脚本的相似，这里不再赘述。在本案例中，线索创建业务脚本名称为 CRMCreateClue。

② 录制线索创建业务，并添加相关事务，具体操作如下。

(1) 在 CRM 系统的登录页面，输入用户名 tester1，密码 111111，插入开始事务

"商机_登录",单击"登录"按钮,进入 CRM 系统主界面后,插入结束事务"商机_登录"。

(2) 在 CRM 系统主界面上,插入开始事务"打开商机",单击"商机"按钮,进入商机管理页面,插入结束事务"打开商机"。

(3) 在客户管理页面,如图 4-34 所示,插入开始事务"创建商机",单击"创建商机"按钮,进入商机创建页面,插入结束事务"创建商机"。

图 4-34　商机管理页面

(4) 在商机创建页面,输入要创建商机的相关信息,如图 4-35 所示,插入开始事务"提交商机",单击"保存"按钮,回到 CRM 系统主界面,插入结束事务"提交商机"。

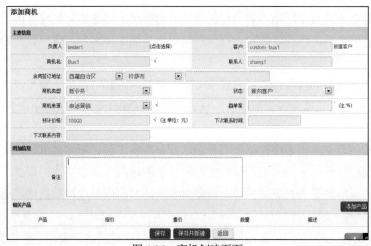

图 4-35　商机创建页面

注意:

创建商机时,商机名称不能为空,且不允许添加已存在的商机名称。

(5) 在 CRM 系统主界面,插入开始事务"商机_退出",单击"退出"按钮,返回到系统的登录页面,插入结束事务"商机_退出",结束脚本录制,系统会自动生成脚本。

2. 商机创建业务的脚本完善

本小节主要介绍商机创建业务脚本的完善过程，涉及手动关联、自动关联、检查点、参数化等多种技术的使用，具体过程如下。

1) 自动关联技术

脚本生成后，HP LoadRunner 会自动扫描脚本中可能存在关联的地方，并将结果显示在"设计工作室"对话框中，如图 4-36 所示，扫描到三处关联项。

图 4-36　CRMCreateBus 的"设计工作室"对话框

接下来，我们仔细分析这三处关联项，以便确认是否需要设置关联。

- 对于第一处关联项内容，需要自动关联的代码如下：

"Name=owner_role_id", "Value=319d953d65a2831a681a5e772c156a22", ENDITEM,

该关联内容是商机拥有者的 role_id，需要与登录用户保持一致，因此此处需要进行关联设置。

- 对于第二处关联项内容，需要自动关联的代码如下。

"Name=creator_id", "Value=128680dde427d041482d64baed2a29fe", ENDITEM,

该关联内容是商机创建者的 user_id，也需要与登录用户保持一致，因此此处也需要进行关联设置。

- 对于第三处关联项内容，zhang1 是联系人的名字，在脚本运行过程中，联系人的名字不需要变化，因此此处不需要关联。

与线索创建业务相似，亦将 "web_url("商机",…, LAST)" 注释掉，修改脚本中的商机名字，将 Bus1 改为 Bus2，回放一遍脚本。然后在"设计工作室"中自动扫描出关联，然后设置关联，HP LoadRunner 就会自动在新建商机请求之前插入关联函数。具体代码如下：

/* Correlation comment - Do not change! Original value='128680dde427d041482d64baed2a29fe'

Name ='CorrelationParameter' */

```
    web_reg_save_param_ex(
      "ParamName=CorrelationParameter",
      "LB=name=\"creator_id\" value=\"",
      "RB=\"",
      SEARCH_FILTERS,
      "Scope=Body",
      "RequestUrl=*/index.php*",
      LAST);
```
    /* Correlation comment - Do not change! Original value='319d953d65a2831a681a5e772c156a22'
Name ='CorrelationParameter_1' */

```
    web_reg_save_param_ex(
      "ParamName=CorrelationParameter_1",
      "LB=name=\"owner_role_id\" value=\"",
      "RB=\"",
      SEARCH_FILTERS,
      "Scope=Body",
      "RequestUrl=*/index.php*",
      LAST);
```

2) 手工关联技术

在 CRMCreateClue 脚本中，还有一处需要关联，但是 HP LoadRunner 并未扫描出来，需要测试人员进行手工关联操作。需要关联的内容如下：

```
    "Name=customer_id", "Value=51", ENDITEM,
```

由于不同的登录用户选取不同的客户去创建商机，因此在脚本执行时，客户是变化的，即 customer_id 是变化的。需要对 customer_id 的 value 值进行手工关联，关联操作的步骤如下：

(1) 确定是从哪个请求函数返回的信息中查找关联内容。经分析，"选择客户"对话框中有我们需要的客户记录，如图 4-37 所示，因此弹出该对话框的请求函数返回的信息中很可能有 customer_id。

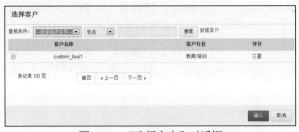

图 4-37   "选择客户"对话框

（2）在"输出"窗口中，选择"代码生成"视图，这里记录着浏览器与服务器的详细通信日志，其中 Request 部分是浏览器向服务器发送的请求，Response 部分是指服务器为响应某个请求而返回的信息。在该视图中找到弹出"选择客户"对话框的请求信息，如图 4-38 所示，在其后的 Response 部分找到与 custom_id(当前值为 51)相关的代码，如图 4-39 所示。

图 4-38　弹出"选择客户"对话框的请求信息

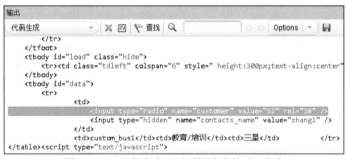

图 4-39　"选择客户"对话框请求的返回信息

（3）获取 custom_id(当前值为 51)的左边界和右边界，在弹出"选择客户"对话框的请求函数前插入关联函数 web_reg_save_param_ex，并配置其参数，参数名称为 CustomID，左边界为 input type=\"radio\" name=\"customer\" value=\"，右边界为\"，请求范围选择"主体"，如图 4-40 所示。

这里有以下两点需要注意。

- 在"关联参数设置"对话框中，左右边界中的特殊字符前无须加上转义符\，系统会自动在特殊符号前添加转义符号。
- 左右边界的字符串在每次回放中必须确保是固定不变的。如果左右边界的字符串在某次回放中发生了改变，那么根据关联函数在该次回放中就取不到要查找的关联参数值。

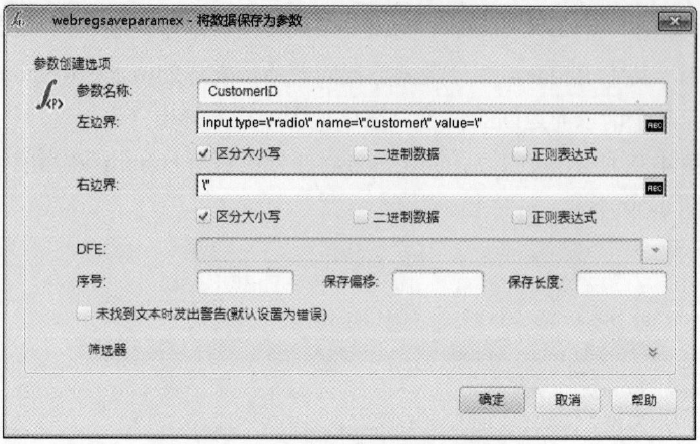

图4-40　custom_id 关联函数的参数配置

配置完关联函数的参数后,对应脚本中生成如下代码。

```
web_reg_save_param_ex(
    "ParamName=CustomerID",
    "LB=input type=\"radio\" name=\"customer\" value=\"",
    "RB=\" ",
    "NotFound=error",
    SEARCH_FILTERS,
    "Scope=BODY",
    LAST);
```

(4) 将脚本中的 custom_id(当前值为 51)用{CustomerID}代替,相关脚本如下。

```
"Name=customer_id", "Value={CustomerID}", ENDITEM,
```

设置完上述关联后,可回放脚本,并通过日志和"运行时数据"视图来检查关联参数取值是否正确。

3) 使用文本检查点

使用检查点技术验证用户是否成功登录到 CRM 系统主界面。相关操作和代码参见登录业务脚本开发中的相关内容。需要注意,每次脚本回放前,都要修改商机名称,防止新添加的商机名称与已有名称重复,造成商机添加失败。

4) 参数化用户名和客户名

使用参数化技术实现 200 个不同用户的登录,详细步骤已在 4.5.1 节的"登录业务脚本完善"中作了具体描述,请读者自行查阅。相关代码如下:

```
web_reg_find("Fail=NotFound",
```

```
        "Search=Body",
        "SaveCount=Count",
        "Text=tester{UserID}",
        LAST);
    web_submit_data("index.php_2",
        "Action=http://192.168.0.120/crm/index.php?m=user&a=login",
        "Method=POST",
        "RecContentType=text/html",
        "Referer=http://192.168.0.120/crm/index.php?m=user&a=login",
        "Snapshot=t30.inf",
        "Mode=HTML",
        ITEMDATA,
        "Name=name", "Value=tester{UserID}", ENDITEM,
        "Name=password", "Value=111111", ENDITEM,
        "Name=submit", "Value=登录", ENDITEM,
        EXTRARES,
        "Url=Public/css/font/fontawesome-webfont.eot", "Referer=http://192.168.0.120/crm/index.
php?m=index&a=index", ENDITEM,
        "Url=Public/img/btp_out.png", "Referer=http://192.168.0.120/crm/index.php?m=index&a=
index", ENDITEM,
        "Url=index.php?m=message&a=tips", "Referer=http://192.168.0.120/crm/index.php?m=index&a
=index", ENDITEM,
        LAST);
```

另外，商机中的客户名称与登录用户是一一对应的，因此客户名称中的数字用 {UserID}代替，相关代码如下。

```
    "Name=customer_name", "Value=custom_bus{UserID}", ENDITEM,
```

5) 参数化商机名

由于商机创建业务不允许添加已有商机名称的信息，商机创建业务脚本每次运行都需要使用唯一的、与已有记录不重复的商机名称。要实现这一要求，测试人员需要对商机名称进行参数化，并对参数化的策略进行设置，使参数的运行符合测试业务的要求，参数化操作步骤如下。

(1) 选中 Bus1 中的 1，右击，选择"使用参数替换"|"新建参数"命令，弹出"选择或创建参数"对话框。

(2) 在"选择或创建参数"对话框中，参数名称输入 BusID，其他默认，如图 4-41 所示。

图 4-41　创建商机名称参数变量

(3) 单击"确定"按钮后，VuGen 会弹出提示"是否要用参数替换更多该字符串的出现位置？"，选择"否"，脚本中的 Bus1 会变为 Bus{BusID}。

(4) 将脚本中其他出现 Bus1 的地方改为 Bus{BusID}；

6) 设置商机名参数化策略

为 BusID 添加可选的参数值，设置参数的运行策略。具体步骤如下：

(1) 选中{BusID}，右击，在弹出的菜单中选中"参数属性"，弹出"参数属性"对话框，如图 4-42 所示。

图 4-42　CRMCreateBus 脚本 BusID 的参数属性设置

(2) 在为 BusID 参数添加可选参数值前，首先要估算该参数变量最少需要的参数值数量。假设共有 M 个 Vuser，每个 Vuser 在 30 分钟内的迭代运行次数为 N，M 乘以 N 即可获得 BusID 参数值的最小数量，计算方法如下。

首先，获得脚本的回放时间。在脚本中添加必要的思考时间，删除已创建的商机名称，回放脚本。在脚本的回放概要里可以看到脚本运行的时间，如图 4-43 所示，总共花费 28 秒。

脚本名称: CRMCreateBus

已用时间:　00:28 mm:ss

图 4-43　CRMCreateBus 脚本回放的时间

其次，计算迭代次数 N。依据前面描述的方法可计算出每个虚拟用户在 30 分钟内的迭代次数至少是 65 次，即需要为每个 Vuser 至少分配 65 个 BusID。为了防止脚本执行中出现其他意外情况，增加容错能力，在脚本中为每个 Vuser 实际分配 100 个 BusID。

$$N = \frac{30 \times 60}{28} \text{次} \approx 64.3\text{次}$$

最后，计算并发所需用的商机数量。在测试计划设定的场景方案中，商机创建脚本最多并发 7 个虚拟用户。简单计算可知，BusID 最多需要 700 个参数值。

(3) 单击"用记事本编辑"，采用记事本的形式添加数据源，将数字 1~700 复制到 BusID 所在列的下面，将记事本保存并关闭，700 条数据就会显示在"参数属性"对话框中。

(4) "选择下一行"下拉菜单中选择 Unique，"更新值的时间"下拉菜单中选择 Each iteration，在控制器中为每个 Vuser 分配 100 个参数值。即意味着每个 Vuser 按顺序从参数值列表中选取 100 个参数，如 Vuser1 选取 1~100，Vuser2 选取 101~200……。

(5) "参数属性"对话框的其他项使用默认值，单击"关闭"按钮，完成参数属性设置。

7) 设置思考时间

为更加真实地模拟用户的实际操作，同样也需要在脚本中设置思考时间。在登录、打开商机、新建商机、提交商机和退出操作脚本之前各插入思考时间 2 秒，设置方法参见登录业务脚本开发的相关章节。

最后，为脚本添加必要的注释信息，增强脚本的可读性、重用性和可维护性。测试人员可以根据测试需要调整代码的结构，删除无用的代码。

经过上述多步的脚本完善工作，生成的代码如下。

```
//脚本业务：CRM 系统的商机创建业务
//业务流程：用户登录—打开商机—新建商机—提交商机—退出
//脚本说明：
//    (1)定义了登录、打开商机、新建商机、提交商机和退出事务
//    (2)对 CRM 系统主界面启用了文本检查点
//    (3)对用户名、商机名称和客户名称进行了参数化
//作者：XX
//日期：2019-4-19
Action()
{
  web_url("index.php",
    "URL=http://192.168.0.120/crm/index.php?m=user&a=login",
```

```
        "Resource=0",
        "RecContentType=text/html",
        "Referer=",
        "Snapshot=t29.inf",
        "Mode=HTML",
        EXTRARES,
        "Url=Public/js/skin/WdatePicker.css", "Referer=http://192.168.0.120/crm/index.php?m=user&a=
login", ENDITEM,
        "Url=Public/css/images/ui-bg_glass_75_ffffff_1x400.png", "Referer=http://192.168.0.120/crm/
index.php?m=user&a=login", ENDITEM,
        "Url=Public/css/images/ui-icons_222222_256x240.png", "Referer=http://192.168.0.120/crm/
index.php?m=user&a=login", ENDITEM,
        "Url=Public/css/images/ui-icons_888888_256x240.png", "Referer=http://192.168.0.120/crm/
index.php?m=user&a=login", ENDITEM,
        LAST);
    lr_think_time(2);
    lr_start_transaction("商机_登录");
    //检查 CRM 系统主页面是否存在已登录用户的用户名
    web_reg_find("Fail=NotFound",
        "Search=Body",
        "SaveCount=Count",
        "Text=tester{UserID}",
        LAST);
    //提交登录请求，对用户名进行参数化
    web_submit_data("index.php_2",
        "Action=http://192.168.0.120/crm/index.php?m=user&a=login",
        "Method=POST",
        "RecContentType=text/html",
        "Referer=http://192.168.0.120/crm/index.php?m=user&a=login",
        "Snapshot=t30.inf",
        "Mode=HTML",
        ITEMDATA,
        "Name=name", "Value=tester{UserID}", ENDITEM,
        "Name=password", "Value=111111", ENDITEM,
        "Name=submit", "Value=登录", ENDITEM,
        EXTRARES,
        "Url=Public/css/font/fontawesome-webfont.eot", "Referer=http://192.168.0.120/crm/index.php?m
=index&a=index", ENDITEM,
        "Url=Public/img/btp_out.png", "Referer=http://192.168.0.120/crm/index.php?m=index&a=index",
 ENDITEM,
        "Url=index.php?m=message&a=tips", "Referer=http://192.168.0.120/crm/index.php?m=index&a
=index", ENDITEM,
```

```
            LAST);
        lr_end_transaction("商机_登录",LR_AUTO);
        lr_think_time(2);
        lr_start_transaction("打开商机");
    //打开商机页面请求
        web_url("商机",
        "URL=http://192.168.0.120/crm/index.php?m=business",
        "TargetFrame=",
        "Resource=0",
        "RecContentType=text/html",
        "Referer=http://192.168.0.120/crm/index.php?m=index&a=index",
        "Snapshot=t3.inf",
        "Mode=HTML",
        LAST);    web_url("index.php_3",
            "URL=http://192.168.0.120/crm/index.php?m=message&a=tips",
            "Resource=0",
            "RecContentType=application/json",
            "Referer=http://192.168.0.120/crm/index.php?m=business",
            "Snapshot=t32.inf",
            "Mode=HTML",
            EXTRARES,
            "Url=index.php?m=setting&a=getbusinessstatuslist", "Referer=http://192.168.0.120/crm/index.
php?m=business", ENDITEM,
            "Url=index.php?m=message&a=tips", "Referer=http://192.168.0.120/crm/index.php?m=business",
ENDITEM,
            LAST);


        lr_end_transaction("打开商机",LR_AUTO);
        lr_think_time(2);
        lr_start_transaction("新建商机");
    //关联函数，对客户创建者 id 进行关联
        /* Correlation comment - Do not change!  Original value='128680dde427d041482d64baed2a29fe'
Name ='CorrelationParameter' */
        web_reg_save_param_ex(
            "ParamName=CorrelationParameter",
            "LB=name=\"creator_id\" value=\"",
            "RB=\"",
            SEARCH_FILTERS,
            "Scope=Body",
            "RequestUrl=*/index.php*",
            LAST);
    //关联函数，对客户拥有者 role_id 进行关联
```

```
      /* Correlation comment - Do not change!  Original value='319d953d65a2831a681a5e772c156a22'
Name ='CorrelationParameter_1' */
      web_reg_save_param_ex(
          "ParamName=CorrelationParameter_1",
          "LB=name=\"owner_role_id\" value=\"",
          "RB=\"",
          SEARCH_FILTERS,
          "Scope=Body",
          "RequestUrl=*/index.php*",
          LAST);
      //新建客户请求
      web_url("index.php_4",
          "URL=http://192.168.0.120/crm/index.php?m=business&a=add",
          "Resource=0",
          "RecContentType=text/html",
          "Referer=http://192.168.0.120/crm/index.php?m=business",
          "Snapshot=t33.inf",
          "Mode=HTML",
          LAST);


      web_url("index.php_5",
          "URL=http://192.168.0.120/crm/index.php?m=message&a=tips",
          "Resource=0",
          "RecContentType=application/json",
          "Referer=http://192.168.0.120/crm/index.php?m=business&a=add",
          "Snapshot=t34.inf",
          "Mode=HTML",
          EXTRARES,
          "Url=index.php?m=message&a=tips", "Referer=http://192.168.0.120/crm/index.php?m=
business&a=add", ENDITEM,
          LAST);


      lr_end_transaction("新建商机",LR_AUTO);
      //关联函数，对客户名称进行关联
      web_reg_save_param_ex(
          "ParamName=CustomerID",
          "LB=input type=\"radio\" name=\"customer\" value=\"",
          "RB=\" ",
          "NotFound=error",
          SEARCH_FILTERS,
          "Scope=BODY",
          LAST);
```

```
web_url("index.php_6",
    "URL=http://192.168.0.120/crm/index.php?m=customer&a=listDialog",
    "Resource=0",
    "RecContentType=text/html",
    "Referer=http://192.168.0.120/crm/index.php?m=business&a=add",
    "Snapshot=t35.inf",
    "Mode=HTML",
    EXTRARES,
    "Url=Public/css/images/ui-bg_flat_0_aaaaaa_40x100.png", "Referer=http://192.168.0.120/crm/
index.php?m=business&a=add", ENDITEM,
    "Url=index.php?m=message&a=tips", "Referer=http://192.168.0.120/crm/index.php?m=
business&a=add", ENDITEM,
    LAST);
//验证商机名称是否合法，对商机名称进行参数化
web_submit_data("index.php_7",
    "Action=http://192.168.0.120/crm/index.php?m=business&a=check",
    "Method=POST",
    "RecContentType=application/json",
    "Referer=http://192.168.0.120/crm/index.php?m=business&a=add",
    "Snapshot=t36.inf",
    "Mode=HTML",
    ITEMDATA,
    "Name=name", "Value=Bus{BusID}", ENDITEM,
    EXTRARES,
    "Url=index.php?m=message&a=tips", "Referer=http://192.168.0.120/crm/index.php?m=
business&a=add", ENDITEM,
    LAST);
lr_think_time(2);
lr_start_transaction("提交商机");
//提交商机信息请求
web_submit_data("index.php_8",
    "Action=http://192.168.0.120/crm/index.php?m=business&a=add",
    "Method=POST",
    "RecContentType=text/html",
    "Referer=http://192.168.0.120/crm/index.php?m=business&a=add",
    "Snapshot=t37.inf",
    "Mode=HTML",
    ITEMDATA,
    "Name=creator_id", "Value={CorrelationParameter}", ENDITEM,
    "Name=owner_role_id", "Value={CorrelationParameter_1}", ENDITEM,
    "Name=customer_id", "Value={CustomerID}", ENDITEM,
    "Name=customer_name", "Value=custom_bus{UserID}", ENDITEM,
```

```
        "Name=name", "Value=Bus{BusID}", ENDITEM,
        "Name=contacts_id", "Value=38", ENDITEM,
        "Name=contacts_name", "Value=zhang1", ENDITEM,
        "Name=contract_address['state']", "Value=西藏自治区", ENDITEM,
        "Name=contract_address['city']", "Value=拉萨市", ENDITEM,
        "Name=contract_address['street']", "Value=", ENDITEM,
        "Name=type", "Value=新业务", ENDITEM,
        "Name=status_id", "Value=3", ENDITEM,
        "Name=origin", "Value=电话营销", ENDITEM,
        "Name=gain_rate", "Value=", ENDITEM,
        "Name=estimate_price", "Value=10000", ENDITEM,
        "Name=nextstep_time", "Value=", ENDITEM,
        "Name=nextstep", "Value=", ENDITEM,
        "Name=description", "Value=", ENDITEM,
        "Name=submit", "Value=保存", ENDITEM,
        LAST);


    web_url("index.php_9",
        "URL=http://192.168.0.120/crm/index.php?m=setting&a=getbusinessstatuslist",
        "Resource=0",
        "RecContentType=application/json",
        "Referer=http://192.168.0.120/crm/index.php?m=business&a=index",
        "Snapshot=t38.inf",
        "Mode=HTML",
        EXTRARES,
        "Url=index.php?m=message&a=tips", "Referer=http://192.168.0.120/crm/index.php?m=
business&a=index", ENDITEM,
        LAST);


    lr_end_transaction("提交商机",LR_AUTO);
    lr_think_time(2);
    lr_start_transaction("商机_退出");
    //退出 CRM 系统请求
    web_url("index.php_10",
        "URL=http://192.168.0.120/crm/index.php?m=user&a=logout",
        "Resource=0",
        "RecContentType=text/html",
        "Referer=http://192.168.0.120/crm/index.php?m=business&a=index",
        "Snapshot=t39.inf",
        "Mode=HTML",
        LAST);
```

```
lr_end_transaction("商机_退出",LR_AUTO);
return 0;
}
```

3. 商机创建业务的脚本回放

在脚本回放之前，必须确认新创建的商机名称的唯一性，可采用以下两种方式。

- 修改商机名称前缀，使它与已经存在的商机名称区分开，比如将 Bus{BusID} 改为 Busa{BusID}。
- 删除已创建的商机记录。可以通过 CRM 系统自带的功能删除，也可以进入 MySQL 数据库后台找到 business 表，删除相应的商机记录。

在本案例中，设置迭代运行次数为 2，将"日志"选项卡中的"参数替换"选中，单击"运行"按钮或直接按 F5 快捷键，执行当前脚本。执行完成后，HP LoadRunner 自动生成"CRMCreateBus 回放摘要"文件，单击回放摘要文件中的"测试结果"按钮，可以打开测试结果文件，如图 4-44 所示。从测试结果中可以看出 UserID 是按照预期的设计进行读取的，文本检查点通过，最终整个业务也通过了。通过分析回放日志，未发现其他问题。

图 4-44　CRMCreateBus 脚本回放成功的结果页面

4.5.4　其他脚本开发

前面已经完成了登录业务脚本、线索创建业务脚本和商机创建业务脚本的开发工作，剩下的客户创建业务脚本、日程创建业务脚本和任务创建业务脚本的开发过程相对简单，读者可参考上述过程自行开发脚本。这里只将日程创建业务脚本和任务创建业务脚本开发的要点和提示列出来，不再做详细的步骤说明。

1. 客户创建业务脚本的开发要点及提示

① 脚本名称：CRMCreateBus。

② 插入事务：在脚本中，分别添加事务"客户_登录""打开客户""新建客户""提交客户""客户_退出"。

③ 关联：对日程拥有者 id 进行关联。

④ 检查点：通过插入文本检查点来检查 CRM 主页面是否存在已登录的用户名。

⑤ 参数化：对登录的用户名、客户名进行参数化。

⑥ 设置思考时间。

⑦ 添加必要的注释。

⑧ 在 MySQL 数据库中，客户的表名为 customer。

2. 日程创建业务脚本开发的要点及提示

① 脚本名称：CRMCreateSch。

② 插入事务：在脚本中，分别添加事务"日程_登录""打开日程""新建日程""提交日程""日程_退出"。

③ 关联：对日程拥有者 id 和创建者 id 进行关联。

④ 检查点：通过插入文本检查点来检查 CRM 主页面是否存在已登录的用户名。

⑤ 参数化：对登录的用户名进行参数化。

⑥ 设置思考时间。

⑦ 添加必要的注释。

⑧ 在 MySQL 数据库中，日程的表名为 event。

3. 任务创建业务脚本开发要点及提示

① 前提条件：登录用户至少拥有 1 位下属用户，可供分配任务。因此，首先需要为"销售"岗位的 tester1…tester200 创建下属用户，具体步骤如下。

(1) 利用管理员用户登录 CRM 系统，打开"系统"—"组织架构"；

(2) 为"销售"岗位添加一个下级岗位"销售助理"；

(3) 在"销售助理"岗位添加用户 vtester。

这样，在任务创建业务中，所有登录用户的任务执行人就可以选择下属员工vtester。

② 脚本名称：CRMCreateTask。

③ 插入事务：在脚本中，分别添加事务"任务_登录""打开任务""新建任务"

"提交任务""任务_退出"。

  ④ 关联：对任务创建者 id 进行关联。

  ⑤ 检查点：通过插入文本检查点来检查 CRM 主页面是否存在用户名。

  ⑥ 参数化：对登录的用户名进行参数化。

  ⑦ 设置思考时间。

  ⑧ 添加必要的注释。

  ⑨ 在 MySQL 数据库中，日程的表名为 task。

4.6　设计测试场景

  脚本开发完成后，需要将脚本加载到控制器中，然后进行测试场景的设计。场景设计主要是对控制器进行设置，设置脚本的运行环境，本节将依据 4.3.2 节创建的测试场景模型来进行测试场景设计。

  在本案例中，登录业务脚本单独放在一个场景中运行，而线索创建业务、客户创建业务、商机创建业务、日程创建业务和任务创建业务的脚本组合放在一个场景中运行。因此，本次测试需要设计两个测试场景，下面给出具体的操作方法。

4.6.1　登录业务场景设计方案

  首先，将登录业务脚本 CRMLogin 加载到控制器中，打开"创建场景"对话框，选中相对灵活的"手动场景"方式来设计场景，如图 4-45 所示。LoadRunner 的 Controller 组件提供了手动和面向目标两种测试场景。手动场景方式根据性能测试用例中的要求，由测试人员手动配置测试场景的各项参数和运行策略等内容。面向目标的场景方式根据已定义的性能目标，由控制器基于该目标自动创建测试场景，可以针对虚拟用户数、每秒点击数、每秒事务数、事务响应时间和每分钟页面数五种性能指标来定义目标。

图 4-45　场景类型设置界面

  依据登录业务的测试场景模型，需要在控制器中进行测试场景设计操作，包括设置并发的虚拟用户数、Vuser 的调度策略和集合点策略，使用 IP 欺骗技术(为 Vuser 增加多个虚拟 IP 地址)，添加各种资源计数器，设置测试的负载发生器等内容。下面给出上述场景设计内容的设置操作。

1. 设置并发的虚拟用户数

在登录业务测试用例中，并发性要求是"系统应具备4分钟完成384次登录的并发能力"，测试人员需要从该要求中进一步估算出具体的并发用户数，具体方法如下。

①先通过基准测试来获取登录业务在低负载压力下总的运行时间 T。

根据测试计划中登录业务基准测试的要求，低负载压力下的并发用户数为 5，据此在控制器中执行登录业务脚本。脚本运行完毕后，通过"事务响应时间"状态图查看脚本总的运行时间 T 为 5.62 秒，如图 4-46 所示。

事务	最大值	最小值	平均值	标准值	最后一
登录	0.550	0.432	0.506	0.039	0.497
vuser_init_Transaction	0.000	0.000	0.000	0.000	0.000
Action_Transaction	5.877	5.401	5.620	0.122	5.550
退出	0.481	0.207	0.297	0.088	0.251
vuser_end_Transaction	0.000	0.000	0.000	0.000	0.000

图 4-46　登录业务基准测试的响应时间

② 然后根据如下公式计算得出并发用户数 N。

$$N = \frac{384}{4 \times 60} \times T \qquad\qquad 式(1)$$

将总运行时间 T 代入公式 1 中，可得出并发用户数 N 约等于 9。从业务角度可以理解为：9 个用户在 4 分钟的时间内不断地执行登录操作，能够完成 384 次登录操作。

$$N = \frac{384}{4 \times 60} \times 5.62个 = 8.992个 \approx 9个$$

在控制器中，打开"全局计划"视图里的"启动 Vuser"选项，可以设置并发用户数，如图 4-47 所示。

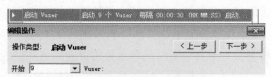

图 4-47　并发虚拟用户数的设置

2. Vuser 的调度策略

确定了并发用户数之后，接下来需要设置虚拟用户的调度策略，主要包括并发用户的启动加载方式、持续运行时间和结束释放方式等。在实际业务中，用户发起的种种业务并不是"齐步走"的。如登录业务，用户陆续登录到系统上。为更加真实地模拟用户业务，同时也为了考察服务器性能的持续性，需要设置一个逐步加压，持续运行，逐步退出的过程。逐步加压的目的是为了检查服务器对于不同请求的处理能力，持续运行是为了检查被测服务器的稳定性，而逐步退出可以检查系统是否有内存泄漏等方面的问题。

　　登录业务的 Vuser 调度策略为：场景启动时，每 15 秒加载一个 Vuser；Vuser 加载完成后，场景持续运行 30 分钟；场景结束时，每 15 秒释放一个 Vuser。"全局计划"视图中，需要依据上述描述完成虚拟用户的调度策略设置。设置完毕后，会在右侧的"交互计划图"中生成比较直观的调度策略图，如图 4-48 所示。

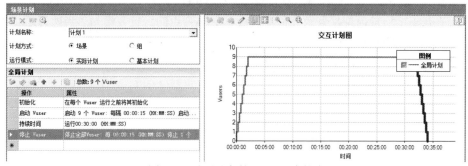

图 4-48　登录业务的 Vuser 调度策略

注意：

在设置了场景的持续运行时间后，脚本中原来设置的迭代次数会失效。

3. 设置集合点策略

　　由于登录脚本中设置了集合点，因此还需要在控制器中设置集合点策略。具体步骤如下。

　　(1) 单击"场景"菜单下的子菜单"集合"，弹出"集合信息"对话框，如图 4-49 所示。需要注意的是，如果脚本中未设置集合点，"集合"子菜单是不可选的。

图 4-49　集合点功能设置对话框

(2) 单击"策略"按钮，进入集合点策略设置界面，如图 4-50 所示。集合点策略分为三种：当所有 Vuser 中的百分之多少到达集合点后释放；当所有运行中 Vuser 的百分之多少到达集合点后释放；当多少个 Vuser 到达后释放。同时，还可以设置三种策略 Vuser 之间的超时值，默认是 30 秒，即某个 Vuser 等的时间超过了 30 秒，就不再等待，脚本将释放已经到达集合点的所有 Vuser。

依据测试场景模型，登录业务性能测试的集合点的设置策略为：当所有运行中 Vuser 的 100%到达集合点后释放。

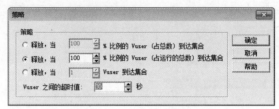

图 4-50　集合点策略设置界面

4. 为 Vuser 分配 IP 地址

在场景运行时，默认情况下，负载发生器上的所有 Vuser 都使用机器唯一的 IP 地址向服务器发送请求，这与实际运行情况不符。为了更加接近使用的真实情况，在本次性能测试中，使用 IP 欺骗技术为负载发生器上的 Vuser 分配多个不同的 IP 地址。

所谓的 IP 欺骗就是指在负载发生器上虚拟多个不同的 IP 地址，并将这些 IP 地址分给不同的 Vuser 使用，使测试的环境更加真实。使用 IP 欺骗技术的前提条件是负载发生器必须使用静态 IP 地址的方式，不能使用动态获取 IP 地址的方式。

依据测试场景模型要求，在负载发生器上虚拟 10 个 IP 地址来实施 IP 欺骗技术，具体操作步骤如下。

(1) 启动 IP Wizard 工具。选择"开始"|"所有程序"|HP Software|HP LoadRunner|Tools|IP Wizard 命令，弹出"IP 向导"对话框，如图 4-51 所示。

(2) 设置服务器 IP 地址。选中"创建新设置"，单击"下一步"按钮，弹出设置服务器 IP 地址的对话框，输入服务器的 IP 地址，如图 4-52 所示。

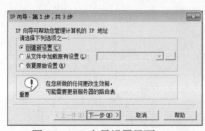

图 4-51　IP 向导设置界面

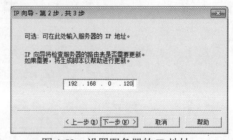

图 4-52　设置服务器的 IP 地址

(3) 设置虚拟 IP 地址。单击"下一步"按钮，进入 IP 地址添加对话框，如图 4-53 所示。

在该设置界面，创建了 10 个虚拟 IP 地址，分别是 192.168.0.10~192.168.0.19。选中"验证新 IP 地址未被使用"复选框，以指示 IP 向导对新地址进行检查，HP LoadRunner 会自动检查新添加的 IP 地址在同一网段中是否已被使用。如果 IP 地址已经被使用，那么这些 IP 地址将不会被添加进来，只有未被使用的 IP 地址才会被添加进来，单击"确定"按钮。完成之后，IP 向导会显示出 IP 地址变更统计的对话框，如图 4-54 所示。

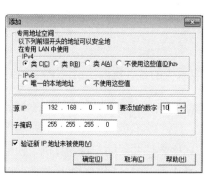

图 4-53　设置虚拟 IP 地址和子网掩码

图 4-54　IP 地址变更统计

在该对话框中，可以单击"另存为"按钮，将本次添加的 IP 地址保存成 .ips 文件，下次再使用时就可以直接加载此文件。

(4) 确认虚拟 IP 地址。单击"确定"按钮后，虚拟的 IP 地址就会生效。在负载机的命令行窗口输入 ipconfig，可以验证刚创建的 IP 地址是否生效。

另外，还可以使用 lr_get_vuser_ip 函数得到当前虚拟用户的 IP 地址，在脚本前加入下面的代码即可。

```
char *ip=lr_get_vuser_ip();
if(ip)
    lr_output_message("该 Vuser 使用的 IP 地址是%s",ip);
else
    lr_output_message("IP 欺骗失效");
```

场景运行时，打开每个 Vuser 的日志，就可以看到虚拟用户各自所使用的 IP 地址，图 4-55 是其中一个 Vuser 的运行日志。

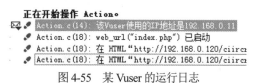

图 4-55　某 Vuser 的运行日志

(5) 启动 IP 欺骗技术。在负载发生器上成功虚拟多个 IP 地址后，还需要在控制器中启动 IP 欺骗技术。选择菜单"场景"|"启用 IP 欺骗器"，启动 IP 欺骗策略。在启动 IP 欺骗后，在控制器的下方会看到 IP 欺骗的标记，如图 4-56 所示。

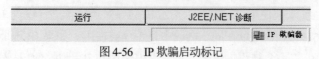

图 4-56　IP 欺骗启动标记

测试结束后，应及时释放虚拟的 IP 地址，否则负载发生器将一直占用相关 IP 地址，影响局域网其他用户的使用。可在 IP 向导设置界面，通过选中"恢复原始设置"单选按钮进行 IP 地址释放。

5. 添加资源计数器

在测试场景运行过程中，测试人员需要对被测系统的各种资源使用情况进行监控，并从中分析出系统可能存在的瓶颈和问题。

1) Windows 资源监控

在 CRM 测试系统中，Web 服务端软件和数据库软件共用同一台计算机，使用的是 Windows 操作系统，测试人员应对 Windows 操作系统的各项指标进行监控，以便更好地分析测试中出现的问题。一般对 Windows 操作系统的监控方法有两种：一种是使用 HP LoadRunner 直接监控；另一种是使用 Windows 操作系统自带的性能工具进行监控。在本案例中，使用 HP LoadRunner 直接监控，即通过添加计数器的方式来监控 Windows 操作系统的各项指标。

在添加 Windows 资源计数器之前，首先，需要配置被监控主机的访问模式和应开启的服务，以使得计数器可以顺利取到数据。具体配置步骤如下：

(1) 修改被监控主机访问模式。进入"管理工具"|"本地安全策略"|"本地策略"|"安全选项"|"网络访问：本地账户的共享和安全模型"，将访问方式更改为"经典-对本地用户进行身份验证，不改变其本来身份"，如图 4-57 所示。需要注意的是，被监控主机一定要设置非空的登录密码，否则控制器无法登录该主机。

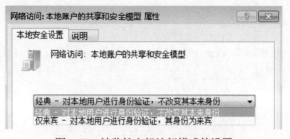

图 4-57　被监控主机访问模式的设置

(2) 保证被监视系统开启以下三个服务：Remote Procedure Call(RPC)、Remote Registry Service 和 Remote Registry。其中，Remote Procedure Call(RPC)Locator 的登录选项中需要输入当前主机账户和密码，然后重启该服务，其他服务设置不变。实际应用中，有时只要开启两个服务 Remote Procedure Call(RPC)和 Remote Registry 即可。

(3) 确认并打开共享文件。首先，在监视的目标主机上右击"我的电脑"| 选择"管理"|"共享文件夹"|"共享"，确保"共享"目录下建有名称为 C$的共享文件夹，如果该文件夹不存在，则需要通过"添加共享"菜单进行手动添加。然后，在安装 HP LoadRunner 的机器上使用"运行"指令打开命令行界面，在命令行中输入"\\被监控主机 IP\C$"，回车确定之后，在弹出的界面上输入管理员账号和密码。如果能看到被监控主机的 C 盘，就说明 HP LoadRunner 所在计算机具有被监控主机的管理员权限，可以使用 HP LoadRunner 连接。

完成被监控主机的配置后，就可以在控制器中添加 Windows 资源计数器，具体步骤如下。

(1) 打开 Windows 资源计数器配置界面。在 Controller 的 Windows 资源图中右击，在弹出的菜单中选择"添加度量"，弹出"Windows 资源"对话框，如图 4-58 所示。

(2) 添加需要监控的目标计算机。单击对话框的"添加"按钮，输入目标计算机的机器名或 IP 地址并选择操作系统平台，如图 4-59 所示。

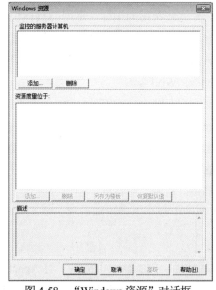

图 4-58　"Windows 资源"对话框

图 4-59　添加计算机信息

(3) 单击"资源度量位于"下的"添加"按钮，如果当前场景首次监控该计算机的资源，则会弹出被监控计算机的用户登录对话框，如图 4-60 所示。该对话框的密码信息不允许为空，这也是被监控计算机登录密码不允许为空的原因。

(4) 在用户登录对话框中输入被监控计算机的用户名和密码，单击"确定"按钮，弹出 Windows 资源指标选择对话框，如图 4-61 所示。

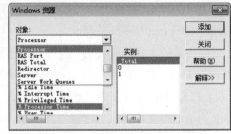

图 4-60　被监控主机的用户登录对话框　　　图 4-61　Windows 资源指标选择对话框

(5) 在 Windows 资源指标选择对话框中，可以选择内存、CPU、磁盘、进程、网络等对象的相关指标。由于指标较多，可以选择比较常用的指标，常用的指标说明如下。

内存分析常用的计数器指标有：Memory\Available Mbyte，Memory\Pages/sec、Pages Read/sec 和 Page Faults/sec，Process\Private Bytes、Work set。

CPU 分析常用的计数器指标有：Processor\%Processor Time、%User Time、%Privileged Time、%DPC Time，System\Processor Queue Length。

磁盘分析常用的计数器指标有：Physical Disk\%Disk Time、Average Disk Queue Length、Average Disk Seconds/Read 和 Average Disk Seconds/Write。

(6) 添加完度量指标之后，返回到"Windows 资源"对话框。单击"确定"按钮后，激活 Windows 资源监视器，Windows 资源图中就会出现指标数据。

2) Apache 资源监控

在 CRM 系统中，使用 Apache 作为服务端软件，控制器中也提供了对 Apache 服务器的监控方法。在添加 Apache 资源计数器之前，同样需要先行修改 Apache 的配置，具体做法如下。

(1) 打开 apache/conf/extra/httpd-info.conf 配置文件，添加如下代码：(如果配置文件中存在该代码，只是处于注释状态，取消注释即可)

```
<Location /server-status>
SetHandler server-status
Order deny，allow
Deny from nothing
Allow from all
</Location>
```

然后，在该配置文件中找到 ExtendedStatus 项，将其值设置为 On，该选项的默认值为 Off，具体代码信息如下。

```
ExtendedStatus On
```

(2) 打开 apache/conf/httpd.conf 配置文件，将 Include conf/extra/httpd-info.conf 前的注释符号#去掉。将 LoadModule status_module modules/mod_status.so 前的注释符号#去掉，加载该模块。

(3) 重新启动 Apache，测试上述修改是否生效。在浏览器地址栏输入 http://服务器 IP/server-status?auto，正常情况下会在打开的页面中显示以下信息。

```
Total Accesses: 43784
Total kBytes: 824256
Uptime: 36941
ReqPerSec: 1.18524
BytesPerSec: 22848.3
BytesPerReq: 19277.3
BusyWorkers: 55
IdleWorkers: 70
```

相关指标的含义如下。

- Total Accesses：到目前为止 Apache 接收的联机数量及传输的数据量。
- Total kBytes：接收的总字节数。
- Uptime：服务器运行的总时间(单位秒)。
- ReqPerSec：平均每秒请求数。
- BytesPerSec：平均每秒发送的字节数。
- BytesPerReq：平均每个请求发送的字节数。
- BusyWorkers：正在工作数。
- IdleWorkers：空闲工作数。

BusyWorkers 加 IdleWorkers 的和是 Apache 服务器所允许的同时工作的最大线程数，最大线程数可以在 httpd_mpm.conf 配置文件中通过修改 ThreadPerChild 选项进行设置。

Apache 的配置文件修改完成后，就可以在控制器中添加 Apache 资源计数器，进行 Apache 资源的监控。具体步骤如下：

(1) 右击 Controller 中的 Apache 图，然后选择"添加度量"。

(2) 在"Apache"对话框的"监视的服务器计算机"部分，单击"添加"按钮，在弹出的对话框中输入要监视计算机的名称或 IP 地址，选择计算机运行的操作系统平台，单击"确定"按钮。

(3) 在"Apache"对话框的"资源度量位于"部分中，单击"添加"按钮，弹出"Apache -添加度量"对话框，显示可添加的度量和服务器属性，如图 4-62 所示。

图 4-62 添加 Apache 资源监控的资源指标

(4) 在"服务器属性"部分，输入端口号和不带服务器名的 URL，并单击"确定"按钮。默认的 URL 是/server-status？auto。

(5) 在"Apache"对话框中，单击"确定"按钮，激活 Apache 资源监视器。

注意，当激活 Apache 资源监视器后，如果收到如下错误提示。

Monitor name :Apache. 正在分析错误，找不到令牌: BusyServers。度量：

BusyServers|192.168.0.120。提示：

1) 此类度量不存在，或者 html 页可能不同于所支持的页。

2) 尝试将 <Installation>\dat\monitors 中的 Apache.cfg 替换为相应的 Apache_<版本>.cfg 文件，并重新运行应用程序(入口点: CApacheMeasurement::NewData)。

[MsgId: MMSG-47479]

这是由于需要监视的目标 Apache 提供的计数器与 HP LoadRunner 默认的计数器版本不一致导致的。此时建议先关闭 Controller，打开 LoadRunner\dat\monitors 下的 apache.cfg 文件，执行如下操作。

(1) 将 Counter0=IdleServers 修改为 Counter0=IdleWorkers，同时将注释信息 Label0=#Idle Servers (Apache)修改为 Label0=#Idle Workers (Apache)，描述信息也建议

修改。

(2) 将 Counter4=BusyServers 修改为 Counter4=BusyWorkers，同时将注释信息 Label4=#Busy Servers (Apache)修改为 Label4=#Busy Workers (Apache) ，描述信息也建议修改。

(3) 保存并关闭该文件，重新打开 Controller 并添加 Apache 计数器，如图 4-63 所示，这样监视就正常了。

图 4-63　修改后的 Apache 资源监控的资源指标

在 CRM 系统测试中，选择"点击次数/秒""忙工作线程数""闲工作线程数"和"已发送 KB/秒"这 4 个度量指标。由于当前 Apache 版本对"CPU 使用情况"指标支持不理想，暂不监控该指标。

6. 设置测试的负载机

负载发生器是模拟多个 Vuser 运行测试脚本的计算机，在场景运行时，每个 Vuser 都会消耗负载发生器的资源。如果 Vuser 过多，会导致负载发生器本身出现性能瓶颈，影响测试的结果。因此，当并发的 Vuser 数过多，超出了一台负载机可处理的上限时，需要再增加若干台负载发生器来分担压力。

在测试过程中，需要事先计算使用多少台负载发生器才是合理的。计算方法为：先估算出一个 Vuser 运行时需要占用的系统资源，进而估算出一台负载发生器最多可以支持的 Vuser 数。例如，假设负载机使用的内存容量为 2GB，在测试过程中每个虚拟用户需要的内存资源大概为 10MB，那么这台计算机的内存最多能支持 200 个 Vuser 同时运行。如果需要测试 300 个 Vuser 的并发性，则至少需要用两台负载发生器。

需要注意的是，当使用多台负载发生器时，一定要保证负载均衡。这里的负载均衡是指在进行性能测试的过程中，尽量保证每台负载机均匀地对服务器进行施压。如果负载处于不均衡状态，一部分负载发生器运行的 Vuser 数量多，一直处于忙碌状态，而另一部分负载机运行的 Vuser 数量少，长时间处于空闲状态，这样测试出的值是不可靠的。

在登录业务测试中，并发用户数仅为 9，远远低于一台负载发生器处理能力的上限，使用一台机器即可。负载发生器的添加方法比较简单，可以参考相关书籍或 HP LoadRunner 的帮助文档自行完成。需要提醒的是，作为负载发生器的计算机必须装有 HP LoadRunner 专用的负载发生器组件，并且需要开启 agent process 服务程序，以便在控制器中将其设置为负载发生器。

另外，在控制器中，还可以对脚本的运行策略进行设置，具体方法为：选中要设置的脚本，右击，在弹出的菜单中选择"运行时设置"，即可弹出"运行时设置"对话框。可以对脚本的"迭代次数""思考时间""日志"等进行设置，这些设置在脚本开发中都有详细的说明，读者可自行查阅。

至此，通过以上步骤，已经完成了登录业务脚本的场景设计工作，将场景保存为 Sce_CRMLogin。

4.6.2 CRM 系统混合业务场景设计方案

首先，将线索创建业务脚本 CRMCreateClue、客户创建业务脚本 CRMCreateCus、商机创建业务脚本 CRMCreateBus、日程创建业务脚本 CRMCreateSch、任务创建业务脚本 CRMCreateTask 加载到控制器中，采用"手动场景"方式设计场景。

依据混合业务的测试用例和测试场景模型的要求，测试人员需要在控制器中进行测试场景设计操作，包括设置并发的虚拟用户数、虚拟用户的调度策略，使用 IP 欺骗技术为 Vuser 分配多个 IP 地址，添加资源计数器，设置负载发生器等内容。下面给出上述场景设计内容的设置操作。

1. 设置并发的虚拟用户数

根据混合业务的测试用例要求，总并发用户数为 30 个，其中线索创建业务脚本的并发用户数占 40%，客户创建业务脚本的并发用户数占 25%，商机创建业务脚本的并发用户数占 20%，日程创建业务脚本占 10%，任务创建业务脚本占 5%。依据这样的要求，在控制器中设置并发用户数，具体步骤如下。

(1) 打开"全局计划"视图中的"启动 Vuser"，在弹出的对话框中设置并发用户数为 30。

(2) 将场景切换到百分比模式。选择菜单"场景"下的"将场景转换为百分比模式"命令，如图 4-64 所示。

图 4-64　将场景转换为百分比模式

在场景脚本视图中，设置各脚本并发用户数的比例，如图 4-65 所示。

	脚本名称	脚本路径	%	Load Generator
☑	创建线索	D:\CRMTest\CRMCreateClue	40 %	localhost
☑	创建商机	D:\CRMTest\CRMCreateBus	20 %	localhost
☑	创建客户	D:\CRMTest\CRMCreateCus	25 %	localhost
☑	创建日程	D:\CRMTest\CRMCreateSch	10 %	localhost
☑	创建任务	D:\CRMTest\CRMCreateTask	5 %	localhost

图 4-65 设置各脚本并发用户数的比例

(3) 将场景切换回用户组模式。选择菜单"场景"下的"将场景转换为 Vuser 组模式"命令，如图 4-66 所示。只有在用户组模式下，才可以运行场景。

	组名称	脚本路径	数量	Load Generator
☑	创建线索	D:\CRMTest\CRMCreateClue	12	localhost
☑	创建客户	D:\CRMTest\CRMCreateCus	8	localhost
☑	创建商机	D:\CRMTest\CRMCreateBus		localhost
☑	创建日程	D:\CRMTest\CRMCreateSch	3	localhost
☑	创建任务	D:\CRMTest\CRMCreateTask	1	localhost

图 4-66 Vuser 模式下各脚本的并发用户数

2. 虚拟用户的调度策略

依据混合业务脚本的测试场景模型，虚拟用户的调度策略为：场景启动时，每 15 秒加载一个虚拟用户；虚拟用户加载完成后，场景持续运行 30 分钟；场景结束时，每 15 秒释放一个虚拟用户。

在"全局计划"视图中，可以按照上述要求设置虚拟用户的调度策略。调度策略设置完毕后，会在右侧的"交互计划图"中生成比较直观的调度策略图，如图4-67所示。

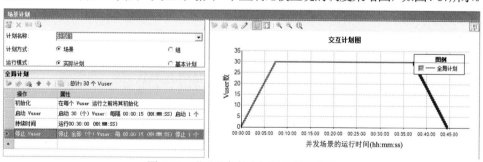

图 4-67 登录业务的虚拟用户调度策略

3. 为 Vuser 分配 IP 地址

依据测试场景模型，使用 IP 欺骗技术为负载发生器上的 Vuser 分配 10 个不同的 IP 地址，分别为 192.168.0.10~192.168.0.19。

4. 添加资源计数器

在混合业务测试场景中，添加 Windows 资源计数器和 Apache 资源计数器。另外，使用一台负载发生器即可支持 30 个并发用户执行。

通过以上步骤，已经完成了混合业务脚本的场景设计工作，场景文件保存为 Sce_CRMGroup。

4.6.3　将脚本和场景上传到 ALM

LoadRunner 可与 ALM 无缝通信，可将 LoadRunner 脚本和场景文件上传到 ALM 的测试计划模块中，便于统一管理。相关操作与 UFT 脚本的上传相似，这里仅给出操作的主要步骤。

1. 将 LoadRunner 脚本上传到 ALM

(1) 打开 LoadRunner 的 VuGen 组件，通过选择 ALM |"HP ALM 连接"命令与 ALM 建立连接，如图 4-68 所示。

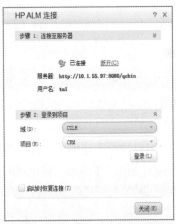

图 4-68　VuGen 与 ALM 连接

(2) 打开要上传的脚本，将脚本存放在 ALM 测试计划的指定文件夹中。

(3) 进入 ALM，在测试计划模块中验证上传是否成功。

2. 将 LoadRunner 场景上传到 ALM

(1) 打开 LoadRunner 的 Controller 组件，通过选择"工具"|"HP ALM 连接"命令与 ALM 建立连接，如图 4-69 所示。

(2) 将测试场景存放在 ALM 测试计划的指定文件夹中。

(3) 进入 ALM，在测试计划模块中验证上传是否成功，如图 4-70 所示。

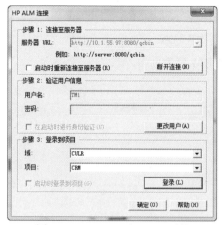

图 4-69　Controller 与 ALM 连接

图 4-70　上传 LoadRunner 文件后的测试计划列表

4.7 执行测试

4.7.1 配置测试数据

　　场景方案设计完成后，测试人员还要为脚本的运行准备必要的测试数据。本次测试中，需要准备 200 条可登录系统的用户信息，并为每个用户添加至少 1 条客户信息。测试数据获取途径很多，一般可从以下几方面入手。

　　使用历史数据。例如：搜索模块，需要数据库中至少已存在 10 万条记录。如果系统的数据库中已有超过 10 万条历史记录，那么在准备数据时，可以直接调用这些现有的数据。

　　手动创建准备数据。这种方式一般适用于要准备的数据量不大的情况，如果登录模块，需要 2 个可登录系统的用户账号，那么测试人员可以手动创建。当要准备的数据量很大时，该方式就不适合了。

　　通过 SQL 语句添加准备数据。这种方式要求待添加的数据之间没有复杂的依赖关系，否则，就很难通过简单的 SQL 语句添加准备数据。

　　通过特殊的软件添加准备数据。在测试中，可以请开发人员根据需求定制开发一个小程序来完成测试数据的添加，有些情况也可以使用 HP UFT、HP LoadRunner 等工具来生成测试数据。

　　本案例中所需的测试数据可以借助 HP LoadRunner 进行准备。

1. 准备用户数据

　　使用 HP LoadRunner 添加 200 条可登录系统的用户账号，具体步骤如下。

(1) 打开 VuGen,新建脚本 CRMAddUsers。

(2) 打开"开始录制"对话框,"录制到操作"选择 vuser_init,其他项默认,如图 4-71 所示,单击"开始录制"按钮,弹出 CRM 登录页面。

图 4-71　"开始录制"对话框设置

(3) 在 CRM 登录页面,输入管理员的用户名和密码(默认用户名:admin,密码:admin),单击"登录"按钮,进入 CRM 系统主界面。

(4) 选择"系统"菜单下的"组织架构",然后单击"添加用户"按钮,进入用户添加界面。

(5) 将"录制到操作"改为 Action,然后输入用户信息,如图 4-72 所示,单击"保存并新建"按钮。

(6) 然后将"录制到操作"改为 vuser_end,如图 4-73 所示,单击"退出"按钮,返回到系统的登录界面。

图 4-72　添加用户界面　　　　图 4-73　"录制到操作"设置为 vuser_end

(7) 将 Action 脚本中 tester1 的 1 用参数 UserID 代替,相关语句修改结果如下。

"Name=**name**", "Value=**tester{UserID}**", **ENDITEM**,

(8) 打开参数 UserID 的 "参数属性" 对话框，为 UserID 添加 200 个参数值，分别为 1……200，其他默认不变，如图 4-74 所示。

图 4-74　UserID 参数属性设置

(9) 打开 "运行时设置" 对话框，将 "常规" 下的 "运行逻辑" 选项卡中的 "迭代次数" 设置为 200，选中 "日志" 选项卡中的 "扩展日志" 下的 "参数替换"。

(10) 删除已创建的 tester1…tester200 用户，避免干扰脚本回放。可以通过管理员用户进入 CRM 系统使用删除功能实现删除，也可以通过 MySQL 后台，执行 SQL 命令直接删除 user 表中的相关记录。

(11) 回放脚本，确认用户创建是否成功。在回放过程中，测试人员应密切注意输出日志，查看每次迭代的参数和脚本运行是否正确。回放完成后，可以在结果文件中查看测试回放的详细结果，如图 4-75 所示，我们成功创建 200 个用户。

图 4-75　CRMAddUsers 脚本的运行结果

在 CRMAddUsers 脚本中，将添加用户之前的脚本放在 vuser_init 中，添加用户的脚本放在 Action 中，退出操作脚本放在 vuser_end 中，这是利用 vuser_init 和 vuser_end 脚本只能执行一次，而 Action 脚本可以迭代执行多次的特点。通过该设置实现了"管理员用户登录——循环添加多条用户信息——退出系统"的处理过程，使脚本执行效率更高。

2. 准备客户数据

使用客户创建业务脚本(CRMCreateCus)，为每个用户添加一条客户信息。在本案例中按照这样的规则创建客户：tester1 创建客户 custom_bus1，tester2 创建客户 custom_bus2，...，tester200 创建客户 custom_bus200，具体操作如下。

(1) 打开 CRMCreateCus 脚本，将脚本另存为 CRMBusCreateCus。然后将脚本中的 custom{CusID}改为 custom_bus{CusID}，共两处需要修改。

(2) 打开参数 UserID 的"参数属性"对话框，将"选择下一行"设置为 Sequential，即顺序选择参数列表中的参数值，如图 4-76 所示。

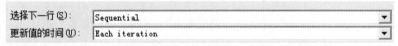

图 4-76　CRMBusCreateCus 的 UserID 的参数属性

(3) 打开参数 CusID 的"参数属性"对话框，将"选择下一行"设置为 Sequential。

(4) 打开"运行时设置"，将"运行逻辑"中的迭代次数设置为 200，将"思考时间"中的"思考时间选项"设置为"忽略思考时间"。至此，脚本修改完毕。

(5) 删除已创建的 custom_bus1…custom_bus200 用户，防止干扰脚本回放。

(6) 回放脚本，确认客户创建是否成功。在回放过程中，测试人员应密切注意输出日志和运行时数据，检查每次迭代的参数和脚本运行是否正确。回放完成后，可以在结果文件中查看测试回放的详细结果。

通过上述步骤，为每个登录用户创建了一条客户信息，也为商机创建业务脚本的运行提供了测试数据。

4.7.2　执行测试场景

经过详细的场景测试准备工作之后，测试人员就可以执行测试场景方案。在实际测试中，可以有两种执行场景方案的方式，一种是在 HP ALM 系统中创建性能测试的测试集去执行相关的测试场景文件，这种方式的具体操作与 3.6.1 节中执行功能自动化测试的测试集的操作相似，这里不再赘述；另一种是直接在控制器中运行场景方案。通常情况下，测试人员会更多选择通过控制器运行性能测试的场景方案，主要原因如下。

① 测试场景方案可能需要多次修改策略，如 Vuser 调度策略。如果采用第一种执行方式，每次场景修改后都需要将场景文件上传到 HP ALM 系统后再执行，会降低性能测试的效率。

② 测试场景方案运行时间通常比较长，且一次只执行一个测试场景方案，使用 HP ALM 的测试集执行多个测试场景方案的优势无法发挥。

在本案例中，选择直接在控制器中执行场景方案。做好执行结果的相关配置工作之后，直接单击"开始场景"按钮即可启动场景。具体过程如下。

首先，设置执行结果目录。具体操作方法为：选择"结果"|"结果设置"命令，弹出"设置结果目录"对话框，选择结果所在的目录。如果选中"自动为每次场景执行创建结果目录"，那么每次执行场景方案时，HP LoadRunner 都会生成不同名称的结果文件。如果该项不被选中，则执行的后一次结果文件会将前一次的覆盖掉，如图 4-77 所示。

图 4-77　"设置结果目录"对话框

然后，启动场景。单击"运行"选项卡中的"开始场景"按钮，启动场景的运行。

4.7.3　监控测试场景

在场景执行过程中，测试人员要监控场景的运行情况，尤其是执行初期比较容易暴露测试脚本和场景设计中的问题，尽早发现并解决测试中存在的问题可以减少一些不必要的时间浪费。例如，如果场景要持续运行 24 小时，在场景运行结束后才发现测试脚本中犯了某些低级错误，那么本次场景运行基本上就没有任何意义。

在场景执行过程中，主要监控的内容包括 Vuser 的运行状态、场景运行的概要信息、错误输出消息、Vuser 运行日志、数据分析图和资源计数器。下面介绍这几项监控的内容。

1. Vuser 的运行状态

在场景执行期间，可以在"运行"视图中的"场景组"区域中查看 Vuser 组及单个 Vuser 的运行状态，如图 4-78 所示。

图 4-78　场景组中 Vuser 运行的情况

场景组中各个状态的含义如表 4-16 所示。

表 4-16　Vuser 运行状态的含义

状态	含义
关闭	处于关闭状态的 Vuser 数
挂起	准备初始化并正在等待可用的负载发生器或正在向负载发生器传输文件的 Vuser 数
初始化	正在远程负载机上进行初始化的 Vuser 数
就绪	已执行脚本初始化部分(init 脚本)并准备运行的 Vuser 数
运行	正在负载发生器上执行 Vuser 脚本的 Vuser 数
集合点	已到达集合并正在等待 Controller 释放的 Vuser 数
完成/通过	已完成运行且脚本通过的 Vuser 数
完成/失败	已完成运行且脚本失败的 Vuser 数
错误	遇到问题的 Vuser 数。可通过"场景状态"区域的"错误"按钮打开输出窗口,了解完整的错误说明
逐步退出	退出前完成迭代或操作的 Vuser 的数
退出	已完成运行或已停止,且现在正在退出的 Vuser 数
停止	已停止运行的 Vuser 数

2. 场景运行的概要信息

可以在"运行"视图的"场景状态"区域中查看正在运行场景的概况,如图 4-79 所示。

图 4-79　场景执行状态图

"场景状态"区域中各参数项的含义如表 4-17 所示。

表 4-17　场景运行的概要信息含义

状态	含义
场景状态	表示场景是处于"正在运行"还是"关闭"状态
运行 Vuser	表示当前正在运行的 Vuser 数
已用时间	表示自场景开始运行以来已经用过的时间
点击数/秒	表示在每个 Vuser 运行期间，每秒钟向被测系统提交了多少次点击 (HTTP 请求数)
通过/失败的事务数	表示自场景开始运行以来已通过/失败的事务数
错误	表示自场景开始运行以来已发生错误的 Vuser 数

3. 错误输出消息

在场景运行时，Vuser 和负载发生器会向 Controller 发送错误、通知、警告、调试和批处理消息，这些信息可以在 Controller 的"输出"窗口中查看到。通过选择"视图" | "显示输出"命令或单击"场景状态"区域中"错误"右侧的快照按钮可以打开"输出"窗口，如图 4-80 所示。

图 4-80　"输出"窗口

在"消息类型"下拉框中，可以选择要显示的消息类型。在场景运行过程中，测试人员主要关注的是"错误"类型的消息。通过对错误进行分析，找到出错的原因并进行改正，才能使后续场景可以正常运行。

在"输出"窗口，选择"错误"消息类型，可以查看当前错误消息列表，双击具体消息后，在"详细消息文本"区域中就会显示该错误的描述信息，如图 4-81 所示。

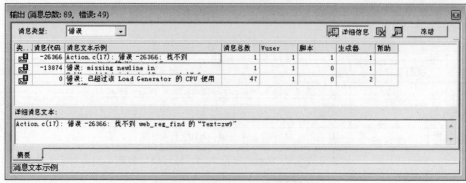

图 4-81　"错误"类型消息窗口

通过查看错误的描述信息，测试人员可以判断错误发生的原因。进一步单击"消息总数"列中的数字，可以查看该条错误产生的位置，如图 4-82 所示。

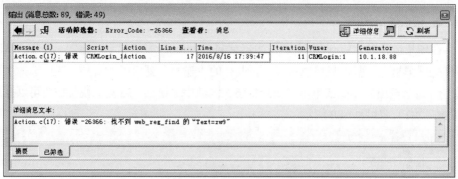

图 4-82　查看错误消息的位置信息

从图 4-82 可以看出，该错误出现在 CRMLogin_1 脚本的第 11 次迭代运行中，错误位置是脚本 Action 中的第 17 行，Vuser 的 ID 是 1，负载发生器 IP 地址为 10.1.18.88。掌握了错误的位置信息，再结合该 ID 的 Vuser 的运行日志等信息可以帮助测试人员更快、更准确地找到错误产生的原因。

4. 单个 Vuser 运行日志

测试人员需要监控所有 Vuser 的运行情况，并进行控制，同时还需要监控虚拟用户组中每个 Vuser 运行的情况，并且一定要观察日志文件的情况，如图 4-83 所示。Vuser 日志是监测单个 Vuser 运行细节的关键数据，是挖掘脚本或场景问题的重要依据。

需要注意的是，应该选中用户组脚本的"运行时设置"中"日志"选项卡的"参数替换"，否则会出现没有 Vuser 日志的情况。

图 4-83 监视虚拟用户组运行的情况和日志文件

5. 数据分析图

HP LoadRunner 提供了大量数据图，用于记录场景运行过程中某些指标的变化情况。图 4-84 显示了 HP LoadRunner 可监控的数据图，这些数据图是测试场景监控和测试结果分析的重要依据。

图 4-85 显示的是场景执行过程中，对应数据图中指标数据的收集情况，默认可以显示四种图，可以自行添加和改变。一般来说，在数据图部分主要监视正在运行的 Vuser 数、每秒事务数、事务响应时间、

图 4-84 可用监控资源图

Apache 计数器、Windows 资源计数器、每秒点击数这 6 个视图的变化。

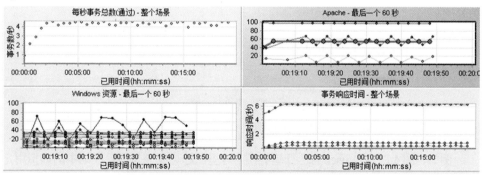

图 4-85 列出了特定数据图的指标数据收集情况

测试过程中，HP LoadRunner 会根据设置进行数据的收集。测试人员通过监控虚拟用户执行状态、场景运行状态和数据图中的指标数据来确定当前场景是否正常运行。

4.7.4 登录业务场景运行与监控

本小节依据 4.7.3 节的监控内容，依次分析登录业务场景的运行情况。

1. 观察所有虚拟用户的执行情况

在场景执行过程中，Vuser 的状态是根据之前的设置变化的。例如登录业务脚本中设置了集合点，那么只有当前所有运行的 Vuser 到达"集合点"状态后，才开始释放用户，进入"运行"状态，在场景执行的持续时间里，Vuser 就在"运行"和"集合点"之前切换，直至持续时间运行完成，最后退出。测试人员应该清楚地掌握 Vuser 的运行过程。

2. 关注脚本中所有事务的通过情况

单击"场景执行状态"下"通过的事务"后的放大镜，弹出"事务"对话框，如图 4-86 所示。该图显示了脚本中所有事务的通过情况，从图中可以看到 Vuser_init 通过了 9 次，其实就是通过了 9 个 Vuser，因为在脚本中 Vuser_init 初始化部分只执行一次，故 9 个 Vuser 就是 9 次，Vuser_end 也是同样的道理。其他事务的执行次数则与服务器的响应速度有关。在场景执行过程中，测试人员应关注这些事务的通过情况，如果出现大量的失败事务，失败率超出了规定的 2%，应停止场景方案的运行，找出失败的原因。

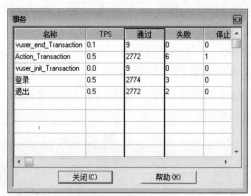

图 4-86　事务状态图

3. 关注主要数据图的指标变化走势

例如，图 4-87 是 Vuser 的运行趋势图，这里的趋势应该与场景计划中的虚拟用户调度策略一致。例如：场景启动时，指定时间内要增加几个 Vuser，然后持续运行多长时间，结束时指定时间内要有几个 Vuser 结束。如果该图的走势与虚拟用户的调度策略不一致，则有可能存在错误。

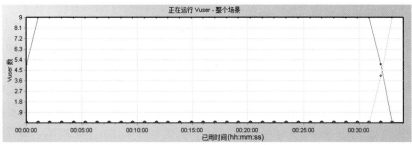

图 4-87　Vuser 运行趋势图

4. "每秒通过的事务总数"数据图

"每秒通过的事务总数"是衡量服务器处理能力的很重要的指标,它是测试人员需要重点监控的指标之一。在登录业务测试中,场景启动时,每秒通过的事务数会随着 Vuser 的增加而增加;场景持续运行期间,事务数曲线会保持相对稳定;当 Vuser 结束释放期间,事务数会随着 Vuser 数的减少而减少,如图 4-88 所示。在实际测试中,可能会遇到场景尚未加载到最大 Vuser 数时,每秒事务总数曲线却不再增加了或者出现显著减少的现象,这说明某些资源可能出现了瓶颈。

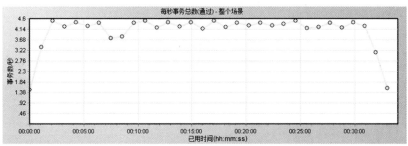

图 4-88　每秒事务数趋势图

5. "每秒点击次数"数据图

"每秒点击次数"显示的是 Vuser 每秒向 Web 服务器提交的 HTTP 请求数。该图应该与"每秒事务数"图的走势相似,依据点击次数可以评估 Vuser 产生的负载量,本次测试中"每秒点击次数"的走势如图 4-89 所示。

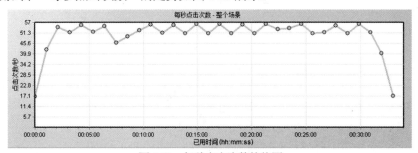

图 4-89　每秒点击次数趋势图

6. "事务平均响应时间"数据图

"事务平均响应时间"是衡量软件性能好坏的一个非常重要的指标,它描述了客户端发出请求到服务器返回请求的时间,它直接反映了服务器处理能力的高低。在场景执行过程中,测试人员应经常关注该指标的变化情况,可以将此图与"Vuser 运行数量""每秒事务数""事务平均响应时间"对比查看。如果该指标数值急剧升高或者与期望值偏离过大,说明服务器处理某些资源可能存在瓶颈。本次测试"事务平均响应时间"的走势图如图 4-90 所示。

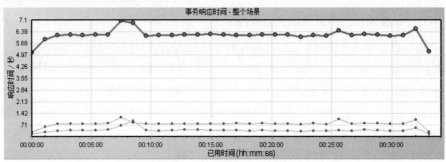

图 4-90　事务响应时间趋势图

7. "Windows 系统资源图"数据图

"Windows 系统资源图"显示在场景运行期间被监控的测试服务器的系统资源使用情况。通过该图,测试人员可以掌握被测服务器的 CPU、内存、网络、硬盘等硬件资源的使用情况。本次测试过程中,CRM 系统服务器的"Windows 系统资源图"如图 4-91 所示。

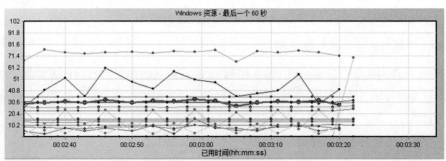

图 4-91　Windows 资源监控图

8. "Apache"资源计数器图

"Apache"图显示在场景运行期间 Apache 系统的资源使用情况。通过该图,测试人员可以掌握 Apache 系统的线程使用情况、点击率、发送的字节数等指标的走势。本次测试过程中,CRM 系统测试服务器的性能表现如图 4-92 所示。

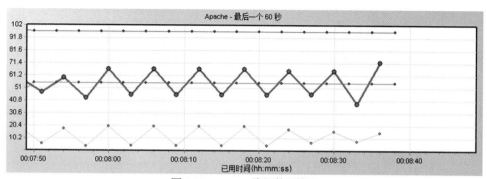

图 4-92　Apache 资源使用情况

9. 关注错误输出信息

在本次测试过程中出现了几个错误，通过单击"场景状态"下"错误"后的放大镜弹出"输出"窗口，如图 4-93 所示，单击相应的错误信息可查看明细。在场景执行过程中如有错误，会在界面上以红色显示，非常显眼。

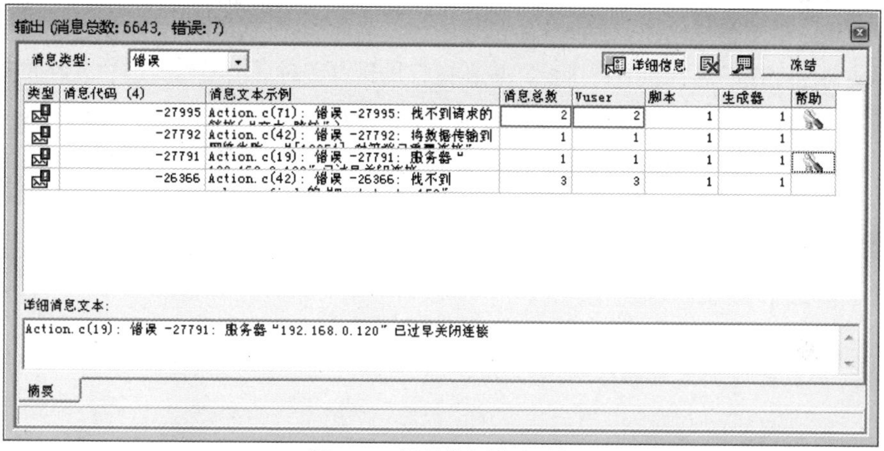

图 4-93　场景执行错误列表

另外，在执行场景方案时，经常会遇到"下载时间超时""步骤下载超时"等类似的错误提示。可以在 HP LoadRunner 中修改相关选项的超时时间来避免这些问题。具体的做法是：在 VuGen 中，选择"重放"|"运行时设置"|"首选项"命令，然后单击"选项"按钮，弹出"高级选项"对话框，将"HTTP 请求连接超时""HTTP 请求接收超时""HTTP Keep-Alive 超时"和"步骤下载超时"这 4 个属性的值调高，如：可将前三个属性值设置为 600，"步骤下载超时"属性值设置成 5000，如图 4-94 所示。

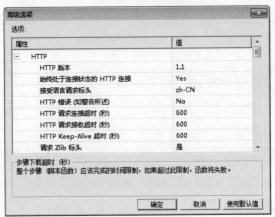

图 4-94　脚本运行超时属性设置

4.7.5　混合业务场景运行与监控

混合业务场景的运行和监控内容与登录业务场景大体一致，这里不再赘述。需要注意的是：由于客户创建业务脚本中创建的客户名称和商机创建业务中创建的商机名称不能与已存在的名称重复，因此，重新运行场景方案时，需要修改客户名称和商机名称，防止使用已存在的名称，导致脚本不能按预期执行。

按照预期设计，100%并发量的登录业务场景大约执行 34 分钟，100%并发量的混合业务场景大约执行 45 分钟，场景执行完成后，就可以进行测试结果的收集与分析工作。

4.8　分析测试结果

测试场景执行完成后，测试人员需要收集测试结果，并对测试结果进行分析。通过分析，可以确定被测系统的性能是否符合预期的要求，存在哪些性能问题，并通过对测试结果的逐步分析，找出系统可能存在的瓶颈，给出系统性能优化的建议。性能测试的结果分析是一项非常复杂的工作，需要测试人员具备全面的计算机软、硬件知识，以及丰富的项目经验和解决问题的能力。

测试场景按照预期执行完成后，首先进行的是收集测试结果。单击控制器工具栏中的结果分析( )按钮，HP LoadRunner 的分析器(Analysis)组件将会自动收集当前场景的运行结果。收集完成后，测试结果会展现在分析器界面中，如图 4-95 所示，测试人员就可以据此进行测试结果的分析。

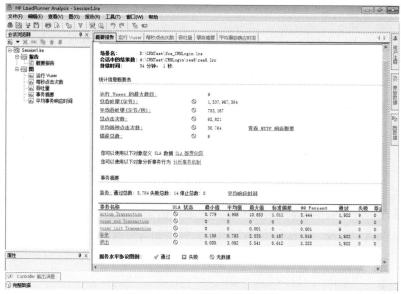

图 4-95　场景执行的最终结果图

HP LoadRunner 性能测试结果分析是一个复杂的过程，需要从大量的结果数据中分析出被测系统的性能。在分析过程中，测试人员通常需要关注结果摘要数据、Vuser运行图、平均事务响应时间图、每秒事务图、每秒点击数图、每秒吞吐量图、各种系统资源图、网页细分图等统计和监测结果，并结合分析器组件中的筛选、合并、页面细分等技术进一步挖掘系统的性能数据。下面依次分析登录业务场景和混合业务场景的场景执行结果。

4.8.1　登录业务场景测试结果分析

1. 分析测试结果摘要

场景测试结果收集完成后，默认显示的是测试摘要信息，包括"场景执行情况摘要""统计信息摘要""事务摘要""HTTP 响应概要"等信息。测试人员首先需要查看这些摘要信息是否有异常。

1) 场景执行情况摘要

该部分给出了本次测试场景的名称、结果存放路径及场景的持续时间，如图 4-96所示，本次场景运行共耗时 34 分 1 秒，这与场景计划中设计的时间基本吻合。

场景名：　　　　　　D:\CRMTest\Sce_CRMLogin.lrs
会话中的结果数：d:\CRMTest\CRMLogin\res8\res8.lrr
持续时间：　　　　34 分钟，1 秒.

图 4-96　场景执行情况摘要

2) 统计信息摘要

该部分给出了场景执行结束后的并发数、总吞吐量、平均每秒吞吐量、总点击数、平均每秒点击次数、错误总数的统计值，如图 4-97 所示。从该图可以得出如下分析：

① 最大并发用户数为 9，与场景设计中设定的 Vuser 数吻合。

② 错误总数为 9，进一步分析，错误集中在"检查点未找到"和"服务器已过早关闭连接"上。"检查点未找到"说明执行过程中存在几次登录业务执行失败的情况，未能进入到登录后的 CRM 主界面。而"服务器已过早关闭连接"错误出现的很可能的原因是服务器系统不稳定，因为从平均吞吐量上看，通信速度还不到 1MB，远低于测试环境下网络设备和网线的最大带宽 1000MB，说明不是网络的原因，所以 Apache 服务器系统处理并发请求到达瓶颈可能是造成该错误的原因，我们可以在后续的服务器硬件资源占用情况、Apache 服务器自身软件限制等方面检查相关参数。

③ 平均每秒吞吐量和平均每秒点击次数，在本次测试需求中并未有明确要求。在服务器正常处理范围内，这两个指标值应该与并发用户数成正比。在实际性能测试中，吞吐量和平均每秒点击数应该随着 Vuser 增加而增加，否则，网络或服务器上可能存在瓶颈。

统计信息概要表			
运行 Vuser 的最大数目：		9	
总吞吐量（字节）：	⊘	1,537,967,384	
平均吞吐量（字节/秒）：	⊘	753,167	
总点击次数：	⊘	62,821	
平均每秒点击次数：	⊘	30.764	查看 HTTP 响应概要
错误总数：	⊘	9	

图 4-97　统计信息摘要图

3) 事务摘要图

该部分给出了场景执行结束后相关 Action 的平均响应时间、通过率等情况，如图 4-98 所示。从该图中测试人员可以得到每个事务的平均响应时间与业务成功率，这两个指标在测试用例中都做了明确的要求。其中，事务平均响应时间指标在"事务平均响应时间"图中有更详细的数据，此处暂不进行分析。通过该图，计算出"登录"事务、"退出"事务和整个 Action 事务的业务成功率，分别是 99.5%、100%和 99.7%，均高于预期的 98%，该项指标通过。

事务：通过总数: 5,784 失败总数: 14 停止总数: 0　　平均响应时间

事务名称	SLA 状态	最小值	平均值	最大值	标准偏差	90 Percent	通过	失败	停止
Action Transaction	⊘	0.779	4.988	10.653	1.011	5.444	1,922	9	0
vuser_end Transaction	⊘	0	0	0	0	0	9	0	0
vuser_init Transaction	⊘	0	0	0.001	0	0.001	9	0	0
登录	⊘	0.159	0.783	2.535	0.187	0.918	1,922	5	0
退出	⊘	0.085	3.082	5.541	0.612	3.322	1,922	0	0

图 4-98　事务摘要图

4) HTTP 相应摘要

该部分显示在场景执行过程中，服务器针对每个 HTTP 请求返回的状态码，如图 4-99 所示。本次测试过程中，HP LoadRunner 共模拟发出了 62 821 次请求(与"统计信息摘要"中的总点击次数一致)，其中 HTTP 200 的是 58 972，表示请求被正确响应，HTTP 302 的是 3849，表示请求被重定向到其他 URL 的资源。

HTTP 响应概要

HTTP 响应	合计	每秒
HTTP 200	58,972	28.88
HTTP 302	3,849	1.885

图 4-99　HTTP 响应摘要

2. "运行 Vuser"图

"运行 Vuser"图显示了测试过程中 Vuser 的运行走势，测试人员应该确认其是否与场景设计中 Vuser 的调度策略相符合。该图默认状态下，X 轴粒度较大，无法直观地看出 Vuser 的加载和释放数据，因此，改变 X 轴粒度为 15 秒(在调度策略中每 15 秒加载 1 个 Vuser，结束时每 15 秒释放 1 个 Vuser，选择 15 秒可以直观查看 Vuser 的数量变化情况)，粒度改变后的"运行 Vuser"图如图 4-100 所示。

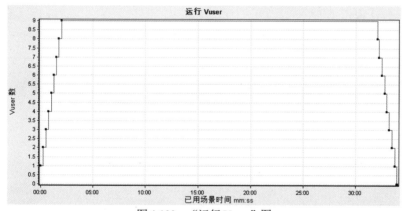

图 4-100　"运行 Vuser"图

从图 4-100 可以看出，Vuser 的启动加载方式、持续运行方式和结束释放方式均符合场景设计中的调度策略，该数据图走势正常。

3. "每秒事务总数"图、"每秒点击次数"图和"平均吞吐量"图

这三个图的走势应该大体一致，相关含义在前面已经做了详细说明，读者可自行查阅。在正常情况下，随着 Vuser 数的增加，每秒事务数、每秒点击次数和平均吞吐量指标也会相应地增加；当 Vuser 数值比较稳定时，这三个指标的变化情况也应该趋于稳定；当 Vuser 数值减少的时候，这三个指标值也会相应减少。可使用合并技术，分别将这三个图合并到"运行 Vuser"图中，便于对比检查。如图 4-101~图 4-103 所示。

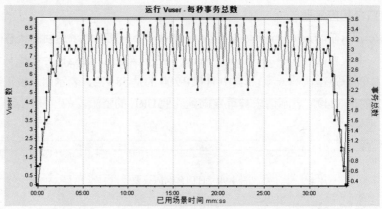

图 4-101　　"运行 Vuser"与"每秒事务总数"的合并图

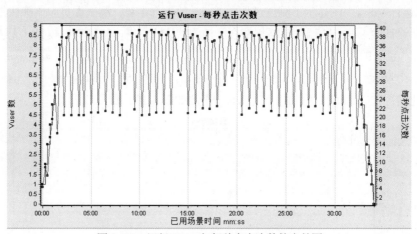

图 4-102　　运行 Vuser 与每秒点击次数的合并图

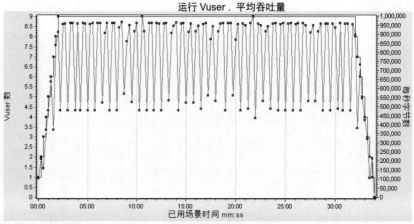

图 4-103　　Vuser 与平均吞吐量的合并图

从三个合并图看出，这三个指标的走势与 Vuser 数变化相吻合，均正常。

4."平均事务响应时间"图

"平均事务响应时间"图中显示了登录业务中每个事务的响应时间,如图 4-104 所示,该图上的事务响应时间和"事务摘要"中的响应时间数值可能有略微的差距,这是由于数据图的采样时间不同造成的,但是一般差距不大,不影响判断。需要注意的是,在分析事务响应时间的时候,先要在分析器中过滤掉思考时间,以使其能够更真实地反映服务器的处理能力。

在图形的下部,可以看到,"登录"事务的最大响应时间小于预期的 3 秒,符合指标要求;"退出"事务的平均响应时间为 3.08 秒,且持续超过 3 秒,这不符合指标要求。

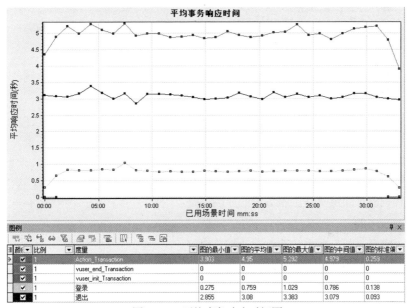

图 4-104　平均事务响应时间图

正常情况下,随着事务数的增加,事务的平均响应时间应该越来越大。那么将"登录"事务和"退出"事务的曲线图与"每秒事务总数"图合并,如图 4-105 所示,从图中可以看出,"登录"事务响应时间的变化趋势与事务数的变化趋势相似,但是"退出"事务响应时间的变化趋势与事务数的变化趋势不一致。

我们使用排除法查找事务响应时间异常的原因,首先排除的就是硬件和网络的原因,因为如果它们出现问题了,登录事务的响应时间也会超过 3 秒,况且,一般情况下,退出事务对硬件和网络的压力不会大于登录操作。那很可能就是软件的问题,确切地说,可能就是退出操作的代码有误。可通过页面细分图,查看各个组件的时间花费情况。

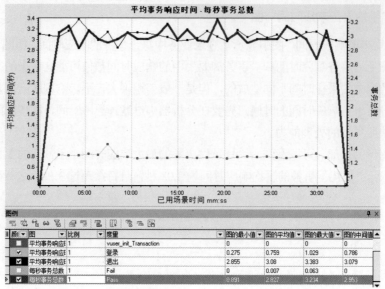

图4-105　平均事务响应时间与每秒事务总数的合并图

5. 页面细分图

页面细分图可以评估页面内容是否影响事务响应时间，找出响应时间过长的组件，并确认导致其响应时间过长是由服务器的原因还是网络原因造成的。

在"网页诊断"图中，选中左边细分树下的"退出"，如图4-106所示，在右边会显示退出操作的相关组件以及下载时间，如图4-107所示。

图4-106　"网页诊断"图的细分树

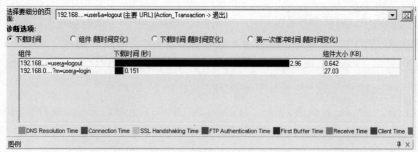

图4-107　退出操作的下载时间细分图

从图4-107可以看出，crm/index.php?m=user&a=logout组件大小仅0.642KB，却用掉了将近3秒的时间，这明显有问题。从图上可以看出其绝大部分时间花费在First

Buffer Time 上。First Buffer Time 是指客户端成功收到服务器发回的第一次缓冲所经历的时间，该时间过长说明服务器有延迟或者网络上有延迟。然后，再进入"第一次缓冲时间细分(随时间变化)"图，如图 4-108 所示。

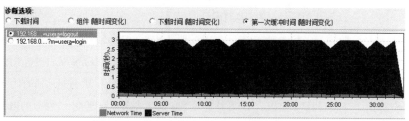

图 4-108　第一次缓冲时间细分图(随时间变化)

从图 4-108 可以看到，问题组件在网络上花费的时间(Network Time)和服务器上花费的时间(Server Time)，很明显绝大部分时间花费在服务器上。至于这个组件为什么在服务器上花费了这么久的处理时间，代码中存在什么问题，需要测试人员协助开发人员做进一步的分析。

另外，通过"登录"事务的下载时间细分图，还可以发现 index.php?m=index&a=index 组件的 Error Time 值较长，如图 4-109 所示，说明该组件存在 HTTP 请求失败的情况，导致 9 个事务执行失败。该组件是打开 CRM 系统登录页面请求的操作，出现失败可能是由于服务器不稳定造成的。图 4-109 详细列出了每个页面所消耗的时间分布，图中的每一个指标含义如表 4-18 所示，该表由 HP LoadRunner 使用手册提供。通过这些指标的数据显示，测试人员可以方便地判断是哪个页面、哪个请求导致了响应时间变长，甚至响应失败。

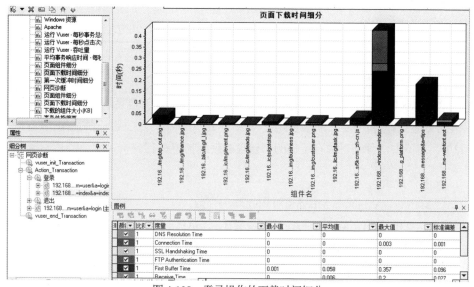

图 4-109　登录操作的下载时间细分

表 4-18 网页下载时间细分指标说明

名称	描述
Client Time	显示因浏览器思考时间或其他与客户端有关的延迟而使客户机上的请求发生延迟时所经过的平均时间
Connection Time	显示与包含指定 URL 的 Web 服务器建立初始连接所需的时间。连接度量是一个很好的网络问题指示器。此外,它还可表明服务器是否对请求做出响应
DNS Resolution Time	显示使用最近的 DNS 服务器将 DNS 名称解析为 IP 地址所需的时间。DNS 查找度量是指示 DNS 解析问题或 DNS 服务器问题的一个很好的指示器
Error Time	显示从发出 HTTP 请求到返回错误消息(仅限于 HTTP 错误)期间经过的平均时间
First Buffer Time	显示从初始 HTTP 请求(通常为 GET)到成功收回来自 Web 服务器的第一次缓冲所经过的时间。第一次缓冲度量是很好的 Web 服务器延迟和网络滞后指示器 (注意:由于缓冲区大小最大为 8KB,因此第一次缓冲时间可能也就是完成元素下载所需的时间。)
FTP Authentication Time	显示验证客户端所用的时间。如果使用 FTP,则服务器在开始处理客户端命令之前必须验证该客户端。FTP 验证度量仅适用于 FTP 协议通信
Receive Time	显示从服务器收到最后一个字节并完成下载之前经过的时间。接收度量是很好的网络质量指示器(查看用来计算接收速率的时间/大小比率)
SSL Handshaking Time	显示建立 SSL 连接(包括客户端 hello、服务器 hello、客户端公用密钥传输、服务器证书传输和其他部分可选阶段)所用的时间。此时刻后,客户端和服务器之间的所有通信都被加密。SSL 握手度量仅适用于 HTTPS 通信

6. 分析 Windows 资源图

Windows 资源图显示了在场景执行过程中被监控的计算机系统资源使用情况,一般情况下监控计算机的 CPU、内存、网络、磁盘等各个方面的资源使用情况(见图 4-110)。接下来,分别对内存、CPU、磁盘的使用情况进行分析。

1) 内存分析

① Memory\Available MBytes(可用物理内存数)

从图 4-110 看出,Memory\Available MBytes 指标的平均值为 3417.767MB,而被测服务器总的物理内存为 4GB,也就是 4096MB。内存使用率为:(4096-3417.767)/4096=16.56%,远远低于"内存使用率不得高于 70%"的性能测试要求,因此内存使用率达标。

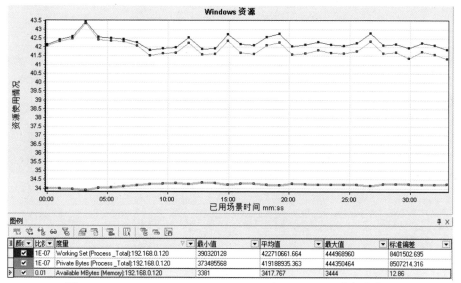

图 4-110　Available MBytes、Private Bytes 和 Working Set 指标走势图

　　内存占用指标同样可以检查是否存在内存泄漏问题。内存泄漏是性能测试中比较常见的一个缺陷，如果发生了内存泄漏，Memory\Available MBytes 指标值往往会降低，同时，Process\Private Bytes 和 Process\Working Set 指标值会升高。在实际测试中，内存泄漏需要通过一个较长时间的场景运行过程才能准确监控到，测试时间有可能会持续几天或者一周来发现是否存在内存泄漏的问题。若在整个执行过程中，内存占用数比较平稳，未出现系统内存空间持续减少的情况，也就表明当前没有明显的内存泄漏问题。

　　② Memory\Pages/sec(每秒与磁盘交换的页面数)、Memory\Page Reads/sec(每秒从磁盘读取的页面数)、Memory\Page Faults/sec(每秒失效的页面数)

　　这三个指标直接反映了操作系统进行磁盘交换的频度。如果 Memory\Pages/sec 的计数持续高于几百，可能有内存问题；Memory\Page Faults/sec 说明每秒发生页面失效的次数，页面失效的次数越多，说明操作系统向内存读取的次数越多。此时需要查看 Memory\Pages Reads/sec 的计数值，该计数器的阈值为 5，如果计数值超过 5，则可以判断存在内存方面的问题。如图 4-111 所示，Memory\Pages/sec 比较稳定，基本上都在 20 以下，且场景稳定运行期间，该指标值比启动初期值要小，说明内存中页面的命中率较高。Memory\Page Reads/sec 也比较稳定，基本上都在 5 以下。Memory\Page Faults/sec 平均值不高，走势比较平稳。

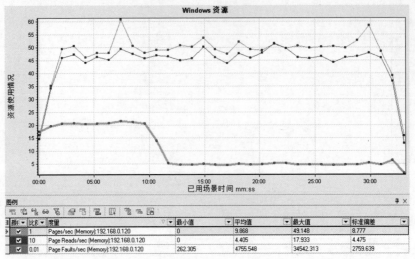

图 4-111　Pages/sec、Page Reads/sec 和 Page faults/sec 指标走势图

③ Memory\Pool Nonpaged Bytes(非分页池中的字节数)

Memory\Pool Nonpaged Bytes 是指非分页池中的字节数，非分页池是一种系统内存区域，操作系统组件在完成其指定任务时在此获得空间。非分页池页面不能退出到分页文件，但是这些页面一经分配就可一直位于主内存中。该指标值如果过高，说明程序在这个分配过程可能存在着内核模式进程的内存泄漏，它终将耗尽所有未分页池空间，并导致之后对未分页池的请求失败。

根据图 4-112 所示，当前该指标的平均值并不大，但是在场景运行后期，该指标值没有明显减少，表明程序未能及时释放非分页池的空间，需要在内存使用上进行一定的优化。

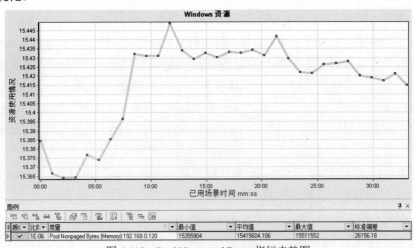

图 4-112　Pool Nonpaged Bytes 指标走势图

2) CPU 分析

① %Processor Time(CPU 使用率)

如图 4-113 所示，%Processor Time 的平均值为 18.389%，最大也不超过 61.399%，远低于"CPU 利用率不高于 75%"的性能测试要求，因此 CPU 利用率指标符合测试需求的要求。

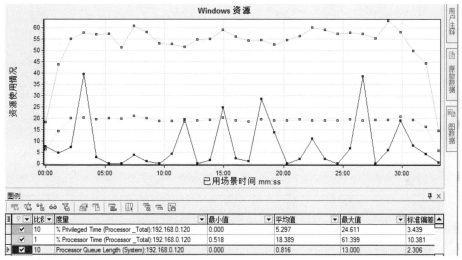

图 4-113　%Processor Time、Processor Queue Length 和 % Privileged Time 指标走势图

② Processor Queue Length(处理队列中的线程数)

如图 4-113 所示，Processor Queue Length 平均值是 0.816，并且该指标值几乎都是保持在 3 以下，没有出现持续性的走高，说明没有发生处理器堵塞现象。

③ % Privileged Time(特权模式下执行代码所花时间的百分比)

% Privileged Time 是指进程中的线程在特权模式下执行代码所花时间的百分比。在调用 Windows 系统服务时，通常在特权模式下运行，以便访问系统专有数据。从图 4-113 可以看出该值并不高，说明处理器的处理能力完全可以处理当前业务。

3) 磁盘分析

① %Disk Time

%Disk Time 指所选磁盘驱动器忙于为读或写入请求提供服务所用时间的百分比。正常值小于 10，此值过大表示耗费太多时间访问磁盘，可考虑更换转速更快的硬盘，优化读写数据的算法。如果同时存在内存占用率过高的问题也可能是因为内存过小造成磁盘占用率高。从图 4-114 可以看出，该指标值的平均值为 0.566，且大部分值都在 10 以下，走势较平稳，所以磁盘处理能力尚可。

② Average Disk Queue Length (平均磁盘队列长度)

该指标值正常情况下应该小于 0.5，此值过大表示磁盘 I/O 太慢，要更换更快的硬盘。如图 4-114 所示，Average Disk Queue Length 指标的平均值为 0.006，最大值为 0.338，这两个值都不大，说明磁盘的 I/O 速度足够快，可以支持当前业务。

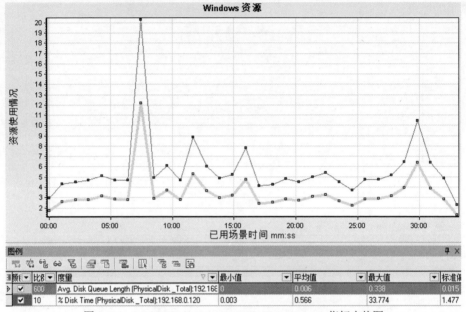

图 4-114　%Disk Time、Average Disk Queue Length 指标走势图

在这里，只是对与登录业务场景运行结果有关的几个常用的性能指标趋势做了简单说明。如果测试人员怀疑某种资源的使用情况出现了问题，可以通过分析该资源的其他指标进一步挖掘可能存在的问题。

7. 分析 Web 服务器资源

如图 4-115 所示，"Apache 资源"图中显示"每秒已发送字节数""每秒点击次数""忙工作线程数"和"空闲工作线程数"4 个指标。前两个指标的走势与正在运行的 Vuser 数的走势相似，不存在问题。从"忙工作线程数"和"空闲工作线程数"可以看出，Apache 最大可分配 125 个线程，而"忙工作线程数"最高只用到 55 个。从这几个指标看，Apache 服务器运行正常。

通过上述的结果分析，可以得出如下测试结果记录表，如表 4-19 所示。

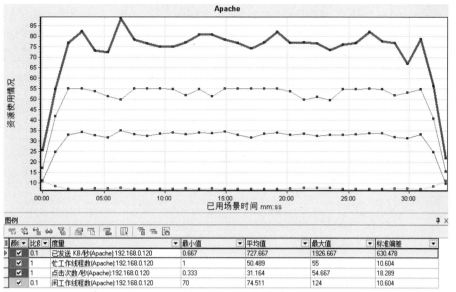

图 4-115　Apache 指标走势图

表 4-19　100%登录业务场景执行测试结果表

测试项	目标值	实际值	是否通过
登录事务响应时间	≤3 秒	0.759 秒	Y
退出事务响应时间	≤3 秒	3.08 秒	N
登录事务成功率	≥98%	99.5%	Y
退出事务成功率	≥98%	100%	Y
CPU 利用率	≤75%	5.297%	Y
内存使用率	≤70%	16.56%	Y

　　从测试结果表中可以看出，除了退出事务的响应时间较长，其他指标均符合预期的要求。在前面，已经初步分析出退出事务的响应时间过长是由于代码效率的问题，应对退出事务相关代码进行优化。

4.8.2　混合业务场景测试结果分析

　　在登录业务场景测试结果分析中，已对测试结果分析过程做了详细的说明，因此，本小节只对混合业务场景执行结果中有问题的点进行分析。

1. 修正可分配的最大线程数

　　经过分析发现：Apache 的"忙工作线程数"指标达到了进程可分配的最大线程数

125，如图 4-116 所示，而且是在 30 个 Vuser 并没有完全启动之前就已经达到了 125，这说明该指标存在瓶颈。

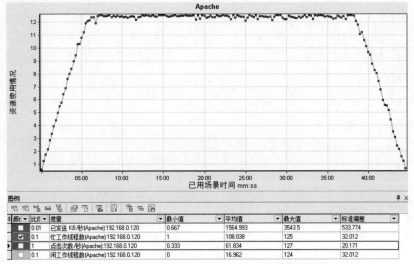

图 4-116　混合场景_30Vuser_Apache 计数器走势图

下面进入服务器，对 Apache 的最大线程数进行修改，具体操作如下。

(1) 打开 apache\conf\extra\httpd-mpm.conf 配置文件，找到以下代码：

```
<IfModule mpm_winnt_module>
    ThreadsPerChild        125
    MaxRequestsPerChild      0
</IfModule>
```

(2) ThreadsPerChild 是 Apache 为每个进程分配的最大线程数，当前值是 125，无法满足测试的要求，将其修改成 256，以支持 30 个用户并发的要求。

(3) 打开 apache\conf\httpd.conf 配置文件，找到代码 Include conf/extra/httpd-mpm.conf，将其之前的注释符号#去掉，使得 Apache 服务器下次启动时加载相关配置文件。

(4) 重新启动 Apache 服务器，进程可分配的最大线程数即可生效。

2. 30 个 Vuser 并发测试结果分析

修改完最大线程数后，重新执行混合业务测试场景，得到的事务摘要信息如图 4-117 所示。从图上可以看出除了退出事务的平均响应时间超过 3 秒，其他事务的平均响应时间都在 3 秒以内。表面上看，上述测试结果表明响应时间能够满足预期的指标要求，实则不然。因为如果各个事务响应时间的标准偏差较大，说明在场景运行过程中，响应时间指标上下波动比较大。当响应时间走势波动比较大时，就不适合用平均值来衡量，应该依据 90% 的事务响应时间来衡量响应时间指标。

从图 4-117 可以看出，大多事务的 "90 Percent" 响应时间超过了 3 秒，因此不符合测试用例的预期要求。

事务：通过总数：17,494 失败总数：18 停止总数：0　　　平均响应时间

事务名称	SLA 状态	最小值	平均值	最大值	标准偏差	90 Percent	通过	失败	停止
Action Transaction	〇	4.907	13.71	32.154	3.954	17.454	2,904	11	0
vuser_end Transaction	〇	0	0	0	0	0	30	0	0
vuser_init Transaction	〇	0	0	0.001	0	0	30	0	0
任务_登录	〇	0.178	1.534	4.439	1.064	3.109	165	0	0
任务_退出	〇	3.082	3.907	15.712	1.088	4.671	165	0	0
商机_登录	〇	0.17	1.917	11.158	1.296	3.623	642	2	0
商机_退出	〇	3.083	4.399	15.456	1.095	5.581	641	1	0
客户_登录	〇	0.169	2.06	12	1.352	3.439	744	0	0
客户_退出	〇	3.075	4.228	14.47	0.984	5.314	742	0	0
打开任务	〇	0.23	1.414	3.464	0.858	2.589	165	0	0
打开商机	〇	0.083	0.722	6.741	0.494	1.297	642	0	0
打开客户	〇	0.255	1.734	11.987	1.123	2.918	742	2	0
打开日程	〇	0.166	1.59	11.275	1.026	2.64	282	0	0
打开线索	〇	0.041	0.368	9.497	0.464	0.666	1,075	0	0
提交任务	〇	0.318	1.853	4.938	1.135	3.394	165	0	0
提交商机	〇	0.335	2.449	12.816	1.388	4.009	642	0	0
提交客户	〇	0.307	2.197	10.521	1.233	3.699	742	0	0
提交日程	〇	0.22	2.044	11.928	1.409	3.402	282	0	0
提交线索	〇	0.22	2.148	12.978	1.215	3.501	1,075	0	0
新建任务	〇	0.137	1.082	4.103	0.775	2.118	165	0	0
新建商机	〇	0.364	1.496	8.443	0.793	2.405	642	0	0
新建客户	〇	0.372	1.366	3.729	0.657	2.214	742	0	0
新建日程	〇	0.129	1.338	11.17	0.986	2.322	282	0	0
新建线索	〇	0.35	1.475	10.744	0.754	2.426	1,075	0	0
日程_登录	〇	0.172	1.87	13.004	1.274	3.341	282	0	0
日程_退出	〇	3.082	4.286	13.078	0.972	5.364	282	0	0
线索_登录	〇	0.172	1.947	11.6	1.166	3.33	1,075	1	0
线索_退出	〇	3.07	4.214	16.169	1.112	5.201	1,074	0	0

图 4-117　混合业务场景测试结果的事务摘要

将 "运行 Vuser" 图和 "每秒事务总数" 图合并，X 轴粒度设为 15 秒，如图 4-118 所示。从图上可以看出，在 5 分 15 秒之后，每秒事务总数不会随着 Vuser 数的增加而增加。根据预先设计，每 15 秒加载启动 1 个 Vuser，5 分 15 秒时已经启动了 21 个 Vuser。这说明服务器的某种资源可能存在瓶颈。

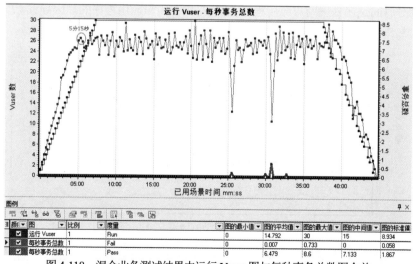

图 4-118　混合业务测试结果中运行 Vuser 图与每秒事务总数图合并

将 Windows 资源与 "正在运行的 Vuser" 图合并，筛选出 %Processor Time 和运行

Vuser 指标,修改 Vuser 指标的 Y 轴度量,使之与%Processor Time 指标匹配,如图 4-119 所示。从图上可以看出,Vuser 还未完全加载,CPU 的利用率就达到 100%,高于测试用例中规定的预期值 75%,说明该指标不符合要求。

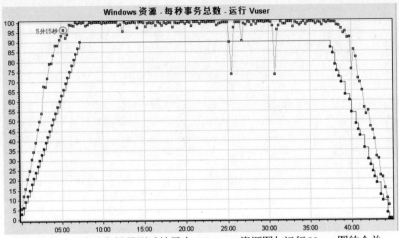

图 4-119　混合业务场景测试结果中 Windows 资源图与运行 Vuser 图的合并

进一步分析 CPU 的其他几个主要指标,如图 4-120 所示。其中,Processor Queue Length(处理队列中的线程数)指标在 30 个 Vuser 持续运行过程中的指标值在 10 左右,说明有 10 个线程在排队等待 CPU 处理,该值偏大。这是因为本次测试使用的服务器 CPU 为两核,如果超过 3 个线程在等待,说明 CPU 处理能力不足。从% User Time(用户模式时间的百分比)和% Privileged Time(特权模式时间的百分比)看出,CPU 绝大部分时间是在处理用户应用程序,说明是由于用户应用程序的原因导致 CPU 使用率高,与操作系统本身无关。

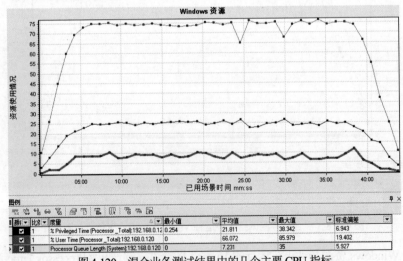

图 4-120　混合业务测试结果中的几个主要 CPU 指标

综上分析可知，当前服务器的 CPU 无法有效支持 30 个用户的并发。

由于测试用例中有对内存使用率的要求，下面分析内存的几个主要指标，如图 4-121 所示。从图上可以看出，这几个指标的走势比较平稳，没有明显的异常，也没有内存泄漏的迹象。其中，Memory\Available MBytes(可用物理内存数)为 3262.077MB，服务器内存 4GB，可以算出内存的使用率为 20.36%，符合测试用例的预期要求。总的来说，内存各项指标正常，可以支持 30 个 Vuser 的运行。

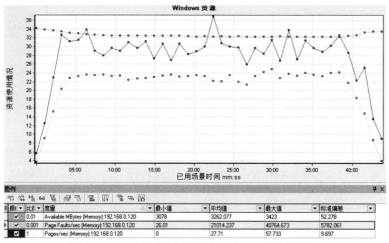

图 4-121 混合业务测试结果中几个主要的内存指标

另外，磁盘和 Apache 的各项指标均正常，这里就不再一一列出。通过上述结果分析，可以得出如下测试结果记录表，如表 4-20 所示。

表 4-20 100%混合业务场景执行测试结果表

测试项	目标值	实际值	是否通过
商机_退出	≤3 秒	5.581 秒	N
日程_退出	≤3 秒	5.364 秒	N
客户_退出	≤3 秒	5.314 秒	N
线索_退出	≤3 秒	5.201 秒	N
任务_退出	≤3 秒	4.671 秒	N
提交商机	≤3 秒	4.009 秒	N
提交客户	≤3 秒	3.699 秒	N
商机_登录	≤3 秒	3.523 秒	N
提交线索	≤3 秒	3.501 秒	N
客户_登录	≤3 秒	3.439 秒	N
提交日程	≤3 秒	3.402 秒	N

测试项	目标值	实际值	是否通过
提交任务	≤3 秒	3.394 秒	N
日程_登录	≤3 秒	3.341 秒	N
线索_登录	≤3 秒	3.33 秒	N
任务_登录	≤3 秒	3.109 秒	N
打开客户	≤3 秒	2.916 秒	Y
打开日程	≤3 秒	2.64 秒	Y
打开任务	≤3 秒	2.589 秒	Y
新建线索	≤3 秒	2.426 秒	Y
新建商机	≤3 秒	2.405 秒	Y
新建日程	≤3 秒	2.322 秒	Y
新建客户	≤3 秒	2.214 秒	Y
新建任务	≤3 秒	2.116 秒	Y
打开商机	≤3 秒	1.297 秒	Y
打开线索	≤3 秒	0.666 秒	Y
事务成功率	≥98%	100%	Y
CPU 利用率	≤75%	均值 87.8%，最高 100%	N
内存使用率	≤70%	20.36%	Y

从测试结果表表 4-20 中可以看出，大多数事务的响应时间超过 3 秒，不符合预期的要求。经过初步分析，造成响应时间过长的主要原因是 CPU 的处理能力不足。

接下来，继续对 CRM 系统的混合业务进行负载测试，目的是测试出当前系统可支持的最大并发用户数。具体思想是：逐步减少并发用户数，然后回放脚本，检查事务的响应时间、成功率、CPU 利用率和内存使用率的具体指标值是否符合预期，直到这些指标值符合预期时，停止测试。在这里，由于退出事务响应时间过长很可能是代码原因造成的，因此暂不考虑退出事务响应时间。

3. 15 个 Vuser 并发测试结果分析

经过多轮负载测试，确定当前系统可支持的最大并发用户数为 15 个，具体的事务摘要如图 4-122 所示。可以看出除了退出事务响应时间，其他事务的平均响应时间或 90%的响应时间均低于 3 秒。

事务名称	SLA 状态	最小值	平均值	最大值	标准偏差	90 Percent	通过	失败	停止
Action Transaction	◎	4.511	6.066	9.748	0.7	6.951	2,104	0	0
vuser end Transaction	◎	0	0	0	0	0	15	0	0
vuser init Transaction	◎	0	0	0.001	0	0	15	0	0
任务_登录	◎	0.176	0.354	1.834	0.231	0.632	354	0	0
任务_退出	◎	3.074	3.141	3.894	0.101	3.261	354	0	0
商机_登录	◎	0.163	0.367	2.03	0.23	0.667	500	0	0
商机_退出	◎	3.075	3.172	3.909	0.115	3.327	500	0	0
客户_登录	◎	0.166	0.358	1.553	0.234	0.695	368	0	0
客户_退出	◎	3.072	3.159	3.864	0.094	3.274	368	0	0
打开任务	◎	0.225	0.419	1.854	0.247	0.7	354	0	0
打开商机	◎	0.082	0.181	1.158	0.138	0.331	500	0	0
打开客户	◎	0.262	0.515	3.15	0.312	0.872	368	0	0
打开日程	◎	0.164	0.355	2.277	0.253	0.641	259	0	0
打开线索	◎	0.042	0.107	0.855	0.101	0.23	623	0	0
提交任务	◎	0.278	0.475	1.82	0.229	0.785	354	0	0
提交商机	◎	0.256	0.719	2.756	0.356	1.188	500	0	0
提交客户	◎	0.312	0.584	1.712	0.247	0.919	368	0	0
提交日程	◎	0.208	0.474	1.432	0.256	0.83	259	0	0
提交线索	◎	0.209	0.629	2.179	0.291	1.03	623	0	0
新建任务	◎	0.134	0.237	1.309	0.155	0.425	354	0	0
新建商机	◎	0.183	0.606	2.377	0.274	0.91	500	0	0
新建客户	◎	0.184	0.523	1.31	0.166	0.75	368	0	0
新建日程	◎	0.128	0.283	1.536	0.19	0.543	259	0	0
新建线索	◎	0.179	0.544	2.767	0.209	0.779	623	0	0
日程_登录	◎	0.166	0.405	2.271	0.275	0.732	259	0	0
日程_退出	◎	3.074	3.181	3.955	0.139	3.366	259	0	0
线索_登录	◎	0.163	0.402	1.631	0.261	0.758	623	0	0
线索_退出	◎	3.074	3.175	4.402	0.138	3.309	623	0	0

图 4-122　混合业务场景_15_测试结果事务摘要

将"运行 Vuser"图与"每秒事务总数"图合并，如图 4-123 所示，随着 Vuser 数量的变化，每秒事务总数也相应地变化，走势一致，符合要求。

接下来，查看 CPU 的使用率等指标，如图 4-124 所示，CPU 的使用率指标平均值为 66.92%，指标走势比较稳定，且大部分值都在 75%以下，符合"CPU 使用率不超过 75%"的要求。CPU 排队处理队列数指标平均值为 3.13，并不高，说明 CPU 有足够的处理能力处理当前的业务。

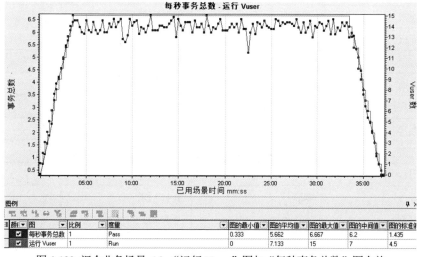

图 4-123　混合业务场景_15_"运行 Vuser"图与"每秒事务总数"图合并

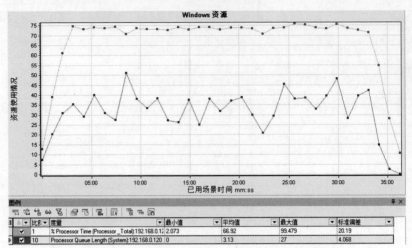

图 4-124　混合业务场景_15_CPU 的几个关键指标

15 个并发用户的测试结果记录表如表 4-21 所示。

表 4-21　15Vuser 混合业务场景执行测试结果表

测试项	目标值	实际值	是否通过
日程_退出	≤3 秒	3.181 秒	N
线索_退出	≤3 秒	3.175 秒	N
商机_退出	≤3 秒	3.172 秒	N
客户_退出	≤3 秒	3.159 秒	N
任务_退出	≤3 秒	3.141 秒	N
提交商机	≤3 秒	0.719 秒	Y
提交线索	≤3 秒	0.629 秒	Y
新建商机	≤3 秒	0.606 秒	Y
提交客户	≤3 秒	0.584 秒	Y
新建线索	≤3 秒	0.544 秒	Y
新建客户	≤3 秒	0.523 秒	Y
打开客户	≤3 秒	0.515 秒	Y
提交任务	≤3 秒	0.475 秒	Y
提交日程	≤3 秒	0.474 秒	Y
打开任务	≤3 秒	0.419 秒	Y
日程_登录	≤3 秒	0.405 秒	Y
线索_登录	≤3 秒	0.402 秒	Y
商机_登录	≤3 秒	0.367 秒	Y

(续表)

测试项	目标值	实际值	是否通过
客户_登录	≤3 秒	0.358 秒	Y
打开日程	≤3 秒	0.355 秒	Y
任务_登录	≤3 秒	0.354 秒	Y
新建日程	≤3 秒	0.283 秒	Y
新建任务	≤3 秒	0.237 秒	Y
打开商机	≤3 秒	0.181 秒	Y
打开线索	≤3 秒	0.107 秒	Y
事务成功率	≥98%	100%	Y
CPU 利用率	≤75%	66.92%	Y
内存使用率	≤70%	18.33%	Y

从表 4-21 可以看出，除了退出事务的响应时间，其他指标值均符合测试用例的预期要求。

同理，可采用上述测试方法继续对 CRM 系统的登录业务进行负载测试，测试出当前系统可支持的最大并发用户数。具体思想是：逐步增加并发用户数，然后回放脚本，检查事务的响应时间、成功率、CPU 利用率和内存使用率的具体指标值是否符合预期，直到这些指标值符合预期时，停止测试。

4.8.3　系统性能调优

性能测试的一个重要目的是发现系统的性能缺陷和瓶颈，进而对软件系统的性能进行调优，使软件能够安全、可靠、稳定地运行。在前面的测试工作中，已经完成了前两个目的的要求，接下来要做的是：针对系统存在的问题，分析出产生问题的原因，给出优化系统的建议，使经过优化的系统的性能能够满足用户的使用需要。

在登录业务和混合业务的性能测试过程中，主要发现了系统的两个问题。

① 退出事务的响应时间过长。

② CPU 使用率过高。

1. 退出事务的响应时间过长

首先应该排除硬件出问题的可能性，主要依据如下。

① 如果是硬件有问题，其他事务的响应时间也应该相应变长。通常情况下，退出操作并不比登录、数据提交操作对服务器的压力大。

② 通过对 Windows 资源计数器的 CPU、内存、磁盘等主要指标的分析，可以得出这几个部件均未出现异常。

然后，进一步分析测试结果中的页面细分图，找出是哪些组件导致事务响应时间过长，以及事务响应时间过长是由于什么因素造成的。通过对退出事务的"页面下载细分"图的分析，发现组件 crm/index.php?m=user&a=logout 下载时间过长。通过该组件的"第一次缓冲时间细分"图的分析，发现该组件响应时间过长主要是由服务器而非网络问题引起的。

经过以上分析，提出的优化建议为：对组件 crm/index.php?m=user&a=logout 的相关代码进行优化，提高代码的执行效率。

2. CPU 使用率过高

CPU 使用率高是 CRM 系统运行的性能瓶颈，主要依据如下。

① 在混合业务场景测试结果分析中，当系统加载到 3 分 30 秒(加载到 14 个 Vuser)的时候，CPU 使用率已经超过了 75%，此后使用率一直居高不下，甚至到达上限 100%。

② 等待 CPU 处理的排队进程数均值达到了 10 个，而 CPU 只有两核，CPU 处理压力大。

③ CPU 大部分时间是在处理用户应用程序，而服务器上主要运行的用户应用程序就是 CRM 系统，这说明由于 CRM 系统的高并发运行导致了 CPU 使用率过高，也就意味着 CPU 无法支持当前并发用户数的运行。

④ 内存和磁盘的指标均正常，说明 CPU 是主要瓶颈。

经过以上分析，提出优化建议：更换使用处理能力更强的四核或八核处理器，或者再增加一台同样配置的服务器，两台服务器均摊 CRM 系统的访问压力。由于后者成本较高，建议优先考虑前者。

4.8.4 编制性能测试报告

性能测试的所有工作结束后，根据测试得到的数据就可以进行性能测试报告的编写。与其他文档模板一样，一般情况下公司都会有比较规范的性能测试报告模板，测试人员只需要根据这些模板进行性能测试报告的编写即可。一般情况下，性能测试报告包括测试的背景、测试的人员、测试的进度、测试的工具、测试的环境、测试的场景、测试的结果、测试的缺陷及说明、测试的结论、优化建议等内容。上述内容在本章都有说明，只需要把相应的内容放在性能测试报告模板中即可，《性能测试报告》模板详见附录 B。

4.9　实验

实验九：单业务脚本性能测试

一、实验目的

1. 掌握 VuGen 组件的作用及常见操作，常见操作包括开始录制设置、录制选项设置、运行时设置；

2. 掌握 VuGen 中常用的脚本完善技术，包括事务技术、集合点技术、文本检查点技术、参数化技术；

3. 掌握 Controller 组件的作用以及常见的场景设计操作，包括 VuGen 测试脚本加载与设置、虚拟用户数设置、Vuser 调度策略、集合点调度策略、负载发生器与负载均衡、IP 欺骗技术等；

4. 掌握常见资源计数器，包括 Windows 资源计数器、Apache 资源计数器等；

5. 熟悉场景监控的常见对象；

6. 掌握 Analysis 组件的作用及常见操作；

7. 掌握 Analysis 的常用数据分析图及技术，包括坐标粒度修改、筛选、合并、页面诊断等；

8. 了解测试结果分析的主要策略。

二、实验的环境及设备

硬件：PC。

软件：Windows 7 操作系统，LoadRunner 12，IE9.0。

三、实验内容

【登录业务脚本开发】

1. 准备 50 条用户数据；

2. 录制登录业务脚本，定义集合点和事务；

3. 添加文本检查点，利用文本检查点技术检测是否登录成功；

4. 参数化用户名，设置参数取值和参数化策略；

5. 设置思考时间，模拟真实用户的使用；

6. 添加注释；

7. 设置迭代次数和日志设置，回放和调试脚本。

【登录业务的场景设计】

1. 计算并设置并发的 Vuser 数；

2. 设置 Vuser 的调度策略：每 15 秒加载一个虚拟用户，虚拟用户加载完成后，场景持续运行 30 分钟，结束后，每 15 秒释放一个虚拟用户；

3. 设置集合点策略：所有正在运行的用户到达集合点才可往下运行，禁用集合点(集合点策略在实际应用中不宜过多使用，其影响对数据分析图的分析)；

4. 使用 IP 欺骗技术，在负载机虚拟 1 个 IP 地址；

5. 添加 Windows、Apache 资源计数器。

四、实验步骤

1. 测试脚本开发步骤请参见 4.5.1 节；

2. 场景设计操作请参见 4.6 节；

3. 测试数据准备操作请参见 4.7.1 节；

4. 场景执行与监控操作请参见 4.7 节；

5. 测试结果分析操作请参见 4.8 节。

实验十：混合业务脚本性能测试

一、实验目的

1. 掌握 VuGen 组件的作用及常见操作，常见操作包括开始录制设置、录制选项设置、运行时设置；

2. 掌握 VuGen 中常用的脚本完善技术，包括事务技术、集合点技术、文本检查点技术、参数化技术；

3. 掌握 Controller 组件的作用以及常见的场景设计操作，包括 VuGen 测试脚本加载与设置、虚拟用户数设置、Vuser 调度策略、集合点调度策略、负载发生器与负载均衡、IP 欺骗技术等；

4. 掌握混合业务场景设计技术；

5. 掌握常见资源计数器，包括 Windows 资源计数器、Apache 资源计数器等；

6. 熟悉场景监控的常见对象；

7. 掌握 Analysis 组件的作用及常见操作；

8. 掌握 Analysis 的常用数据分析图及技术，包括坐标粒度修改、筛选、合并、页面诊断等；

9. 了解测试结果分析的主要策略。

二、实验的环境及设备

硬件：PC；

软件：Windows 7 操作系统，LoadRunner 12，IE9.0。

三、实验内容

【创建线索业务脚本】

1. 准备 50 条用户数据；

2. 录制线索创建业务脚本，定义事务；

3. 自动关联；

4. 添加文本检查点；

5. 参数化用户名，设置参数取值和参数化策略；

6. 设置思考时间；

7. 添加注释；

8. 设置迭代次数和日志设置，回放和调试脚本。

【创建客户业务脚本】

1. 准备 50 条用户数据；

2. 录制客户创建业务脚本，定义事务；

3. 自动关联；

4. 添加文本检查点；

5. 参数化用户名和客户名称，设置参数取值和参数化策略；

6. 设置思考时间；

7. 添加注释；

8. 设置迭代次数和日志设置，回放和调试脚本。

【创建商机业务脚本】

1. 准备 50 条用户数据；

2. 利用创建客户业务脚本为每个用户新建 1 个客户；

3. 录制商机创建业务脚本，定义事务；

4. 自动关联，手工关联；

5. 添加文本检查点；

6. 参数化用户名和商机名称，设置参数取值和参数化策略；

7. 设置思考时间；

8. 添加注释；

9. 设置迭代次数和日志设置，回放和调试脚本。

【创建日程业务脚本】

1. 准备 50 条用户数据；

2. 录制日程创建业务脚本，定义事务；

3. 自动关联；

4. 添加文本检查点；

5. 参数化用户名，设置参数取值和参数化策略；

6. 设置思考时间；

7. 添加注释；

8. 设置迭代次数和日志设置，回放和调试脚本。

【创建任务业务脚本】

1. 新建 1 位"销售助理岗位"用户，销售助理是销售的下属岗位；

2. 录制任务创建业务脚本，定义事务；

3. 自动关联；

4. 添加文本检查点；

5. 参数化用户名，设置参数取值和参数化策略；

6. 设置思考时间；

7. 添加注释；

8. 设置迭代次数和日志设置，回放和调试脚本。

【混合业务的场景设计】

1. 计算并设置并发的 Vuser 数；

2. 将线索创建、客户创建、商机创建、任务创建、日程创建业务脚本加载到控制器中，并按照并发百分比设置其并发用户数；

3. 设置 Vuser 的调度策略：每 15 秒加载一个虚拟用户，虚拟用户加载完成后，场景持续运行 30 分钟，结束后，每 15 秒释放一个虚拟用户；

4. 使用 IP 欺骗技术，在负载机虚拟 10 个 IP 地址；

5. 添加 Windows、Apache 资源计数器。

四、实验步骤

1. 测试脚本开发步骤请参见 4.5 节；

2. 场景设计操作请参见 4.6 节；

3. 测试数据准备操作请参见 4.7.1 节；

4. 场景执行与监控操作请参见 4.7 节；

5. 测试结果分析操作请参见 4.8 节。

《功能测试报告》模板

1. 总体介绍

【本次测试总体概述】

1.1 测试目标

【本次测试目标】

1.2 先决条件

【本次测试进行的前提条件，如：已完成系统测试】

1.3 测试范围

【概括描述本次测试所包含的模块、业务流程等】

2. 人员与职责

【本次测试人员角色安排，可参考测试计划】

3. 测试工具与测试环境

【本次测试所使用的测试工具、测试的软、硬件环境等】

4. 测试内容

4.1 本次测试包含的内容

【本次测试所测的业务流程、测试案例等】

4.2 本次未测试的内容

【本次未测试的业务流程、未执行的测试案例等】

5. 测试过程

5.1 测试轮次
【本次测试共进行了几轮测试，每轮测试的执行情况介绍】

5.2 测试案例
【本次测试案例介绍】

5.3 测试数据
【本次测试所用的数据介绍】

5.4 测试方式
【本次测试方式介绍，如：自动化测试、在 ALM 中运行测试案例、交叉测试等】

6. 测试结果

【介绍每轮次执行案例数、案例状态(pass/failed/norun)、缺陷数、缺陷严重程度、缺陷是否关闭等，具体内容可在下表中填写】

测试轮次	测试状态									百分比 / %					
	计划执行数	通过案例数	失败案例数				未执行	无数据	总计完成	已完成			未完成		
			致命的	重大	微小	总计				通过	失败	完成总计	未执行	无数据	总计未完成
1	0	0	0	0	0	0	0	0	0	0.00	0.00	0.00	0.00	0.00	0.00
2	0	0	0	0	0	0	0	0	0	0.00	0.00	0.00	0.00	0.00	0.00
3	0	0	0	0	0	0	0	0	0	0.00	0.00	0.00	0.00	0.00	0.00

7. 测试结论与建议

【本次测试结论与建议描述】

附录 B

《性能测试报告》模板

1. 总体介绍

【本次性能测试总体概述】

1.1 测试目标

【本次性能测试目标】

1.2 先决条件

【本次性能测试进行的前提条件，如：已完成功能测试】

2. 人员与职责

【本次性能测试人员角色安排，可参考测试计划】

3. 测试工具与测试环境

【被测系统的版本，及测试过程采用的测试工具等】

4. 测试内容

4.1 性能指标要求

【收集本次测试的性能指标，并给出具体的指标要求】

4.2 典型业务

【本次性能测试的业务模型】

5. 测试场景方案

【本次测试的场景模型，有多个场景模型可以分小节列出】

6. 测试结果说明

【分析每种场景方案的执行结果，将测试结果摘要图、关键指标图列出来，并做相应的分析说明】

7. 测试结论与建议

【本次性能测试的结论以及调优的建议】